新型电源变换与控制

辛伊波　编著

西安电子科技大学出版社

内容简介

本书主要介绍各类开关电源的基本电路和工作原理。全书共8章，内容包括开关电源的基本原理、通用开关电源、集成开关电源、基础变换电路、电源控制新技术、多重变换在电源中的应用、多电平结构电源和开关电源设计。

本书可作为高等院校电力电子等相关专业本科生、研究生的教材，也可作为开关电源研究开发领域的工程技术人员的参考书。

图书在版编目(CIP)数据

新型电源变换与控制/辛伊波编著. —西安：西安电子科技大学出版社，2014.1 (2025.3 重印)
ISBN 978-7-5606-3230-8

Ⅰ. ① 新… Ⅱ. ① 辛… Ⅲ. ① 电源—变流 ② 电源控制器
Ⅳ. ① TM46 ② TM91

中国版本图书馆 CIP 数据核字(2013)第 261808 号

策　　划　毛红兵
责任编辑　王　瑛　毛红兵
出版发行　西安电子科技大学出版社(西安市太白南路2号)
电　　话　(029)88202421　88201467　　邮　　编　710071
网　　址　www.xduph.com　　电子邮箱　xdupfxb001@163.com
经　　销　新华书店
印　　刷　广东虎彩云印刷有限公司
版　　次　2014年1月第1版　2025年3月第2次印刷
开　　本　787毫米×1092毫米　1/16　印张 11.5
字　　数　266千字
定　　价　32.00元
ISBN 978-7-5606-3230-8
XDUP 3522001-2

前 言

新型电源作为研究电力电子技术理论及应用的一门学科，其应用前景十分广阔。新型电源是由电工理论、电力半导体器件、控制理论三者相互交叉而形成的新型边缘学科。随着现代新技术的快速发展，新型电源的性能越来越好，技术含量也越来越高，并具有体积小、重量轻、耗能低、使用方便等优点，在邮电通信、航空航天、仪器仪表、工业设备、商用电器等领域得到了广泛应用。目前新型电源技术正以高频开关变换技术为基础，朝着高效率、大功率、模块化和无污染的方向发展。

本书融入了作者多年的开关电源理论教学和研究实践的体会、方法、经验等，以开关电源的结构及控制技术的发展过程为主线，介绍各类开关电源的基本电路和工作原理。

本书共8章：第1章介绍基本开关电源的工作原理；第2章讨论通用开关电源的特点；第3章分析典型的集成开关电源；第4章介绍基本变换电路的原理及应用；第5章讨论电源变换及控制的新技术；第6章讨论电源多重变换的理论及应用；第7章介绍电源多电平结构及控制；第8章讨论开关电源的设计理论及方法。

本书在编写过程中参考了大量国内外相关文献，在此谨向这些文献的作者表示衷心的感谢。本书的出版得到了洛阳理工学院的大力支持和资助，西安电子科技大学出版社的毛红兵编辑为本书的出版做了大量工作，特此致谢。

由于作者水平有限，书中难免存在不妥之处，敬请广大读者批评指正。

作 者

2013年4月

目　　录

第1章　开关电源的基本原理

开关电源是利用现代电力电子技术控制开关管开通和关断的时间比率来稳定输出电压或电流的一种电源。开关电源中的功率调整管工作在开关状态，具有功耗小、效率高、电源体积小等突出优点，在通信设备、数控装置、仪器仪表、视频音响、家用电器等电子电路中得到了广泛应用。开关电源被誉为高效节能电源，代表着稳压电源的发展方向，现已成为稳压电源的主流产品。采用控制集成电路的开关电源更具有输出稳定、可靠性高、可实现远程控制等功能，是当今电源的发展趋势。

1.1　开关电源基础

1.1.1　开关电源的工作原理及组成

1. 开关电源的工作原理

开关电源的工作原理可以用图1-1进行说明。图中输入的直流不稳定电压U_i经开关S加至输入端，S为受开关脉冲控制的开关调整管。对开关S进行周期性的通、断控制，就能把输入的直流电压U_i变成矩形脉冲电压。这个脉冲电压经滤波电路进行平滑滤波就可得到稳定的直流输出电压U_o，通过控制脉冲电压的占空比还可以控制输出电压U_o。

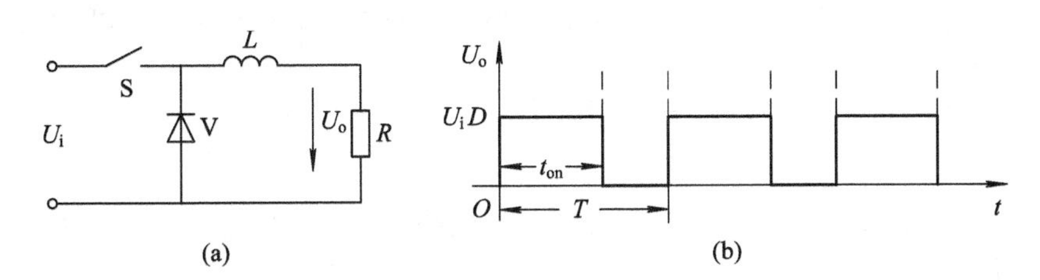

图1-1　开关电源的工作原理

(a)原理电路图；(b) 波形图

脉冲占空比D定义如下：

$$D=\frac{t_{on}}{T} \tag{1-1}$$

式中：T为开关S的开关工作周期；t_{on}为开关S在一个开关周期中的导通时间。

图1-1所示的开关电源输出电压U_o与输入电压U_i之间有如下关系：

$$U_o=U_iD \tag{1-2}$$

由式(1-1)和式(1-2)可以看出：

(1) 若开关周期T一定，只改变开关S的导通时间t_{on}，即可改变脉冲占空比D，达到调节输出电压的目的。这种保持T不变而只改变t_{on}来实现占空比调节的方式，称为脉冲宽度调制(PWM)方式。由于PWM方式的开关频率固定，输出滤波电路比较容易设计，易实现最优化，因此PWM方式的开关电源用得较多。

(2) 若保持t_{on}不变，利用改变开关频率$f=1/T$来实现脉冲占空比调节，从而实现输出直流电压U_o稳压的方式，称为脉冲频率调制(PFM)方式。由于开关频率不固定，所以PFM方式的输出滤波电路的设计不易实现最优化。

(3) 既改变t_{on}，又改变T，从而实现脉冲占空比的调节的稳压方式，称为脉冲调频调宽方式。

在各种开关电源中，以上三种脉冲占空比调节方式均有应用。

2. 开关电源的组成

开关电源采用功率半导体器件作为开关元件，通过周期性地通断开关，控制开关元件的占空比来稳定输出电压。开关电源主要由DC/DC变换器、驱动器、信号源和比较放大器四个基本环节组成，如图1-2所示。

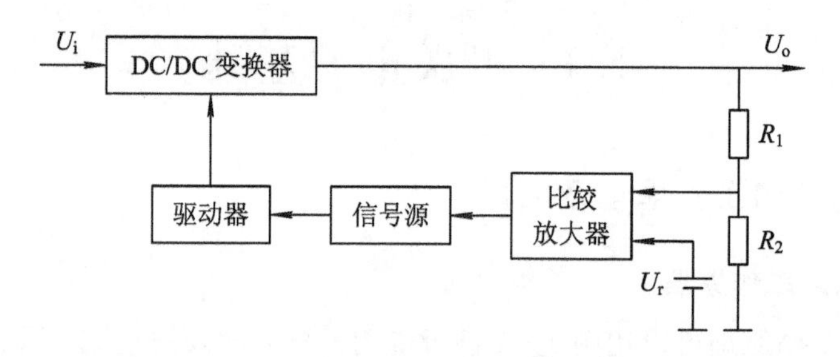

图1-2　开关电源的基本组成框图

各环节的作用如下：

(1) DC/DC变换器：用于进行功率变换，是开关电源的核心部分。DC/DC变换器有多种电路形式，其中控制波形为方波的PWM变换器以及工作波形为准正弦波的谐振变换器应用较为普遍。

(2) 驱动器：开关信号的放大部分，对来自信号源的开关信号放大、整形，以适应开关管的驱动要求。

(3) 信号源：产生控制信号，由它激或自激电路产生，可以是PWM信号，也可以是PFM信号或其他信号。

(4) 比较放大器：对给定信号和输出反馈信号进行比较运算，控制开关信号的幅值、频率、波形等，通过驱动器控制开关器件的占空比，达到稳定输出电压的目的。

除此之外，开关电源还有辅助电路，包括启动电路、过流过压保护电路、输入滤波电路、输出采样电路、功能指示电路等。

开关电源与线性电源相比，输入的瞬态变换比较多地表现在输出端，提高开关频率时，反馈放大器的频率特性得到改善，从而使开关电源的瞬态响应指标也得到改善。负载变换瞬态响应主要由输出端LC滤波器的特性决定，所以通过提高开关频率、降低输出滤波器LC的值的方法可以改善瞬态响应特性。

1.1.2　开关电源的主要结构

开关电源的主要结构有串联型结构、并联型结构、正激式结构、反激式结构、半桥型结构和全桥型结构。

1. 串联型结构

串联型开关电源原理图如图 1-3 所示。功率开关晶体管 VT 串联在输入与输出之间，VT 在开关驱动控制脉冲的作用下周期性地在导通和截止之间交替转换，使输入与输出之间周期性地闭合与断开。输入不稳定的直流电压通过功率开关晶体管 VT 后输出为周期性脉冲电压，再经滤波后就可得到平滑的直流输出电压 U_o。U_o与控制脉冲的占空比 D 有关，见式(1-2)。

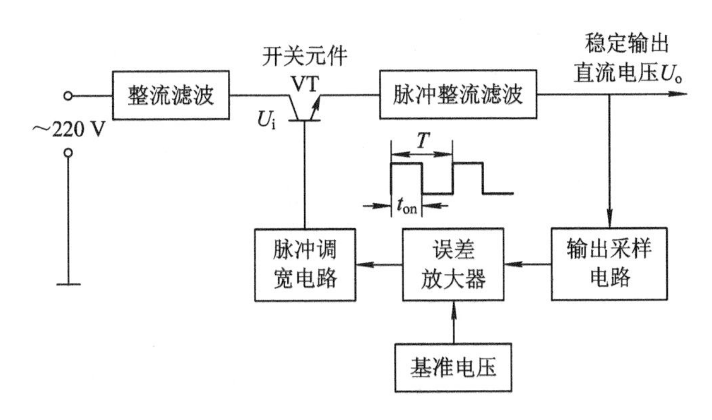

图 1-3　串联型开关电源原理图

输入交流电压或负载电流的变化将引起输出直流电压的变化，通过输出采样电路将采样电压与基准电压相比较，误差电压通过误差放大器放大，去控制脉冲调宽电路的脉冲占空比 D，即可达到稳定直流输出电压 U_o的目的。

串联型开关电源中的功率开关晶体管 VT 串联在输入电压 U_i与输出电压 U_o之间，因此对开关管耐压要求较低，但是由于输入电压和输出电压共用地线，故电源输入与输出之间不隔离。

2. 并联型结构

并联型开关电源原理图如图 1-4 所示。功率开关晶体管 VT 与输入电压、输出负载并联，输出电压为

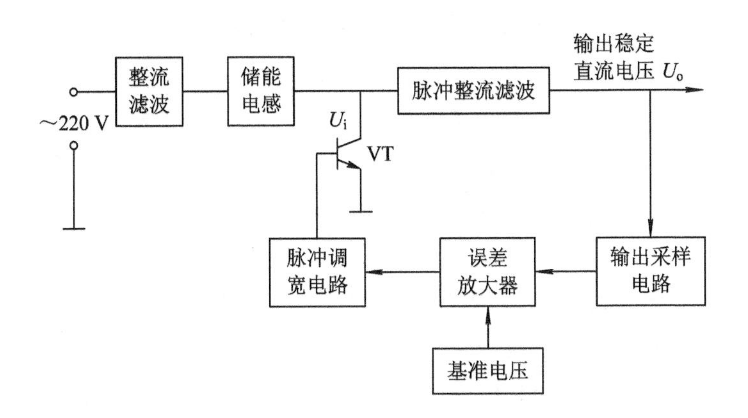

图 1-4　并联型开关电源原理图

$$U_o = U_i \frac{1}{1-D} \tag{1-3}$$

图 1-4 是一种输出升压型开关电源，电路中有一个储能电感，适当利用这个储能电感可将并联开关电源转变为变压器耦合并联型开关电源。变压器耦合并联型开关电源原理图如图 1-5 所示。功率开关晶体管 VT 与开关变压器的初级绕组串联，连接在电源供电输入端，VT 在开关脉冲信号的控制下周期性地导通与截止，集电极输出的脉冲电压通过变压器耦合在次级得到脉冲电压，这个脉冲电压经整流滤波后得到直流输出电压 U_o。经过输出采样电路将采样电压与基准电压进行比较，误差电压通过误差放大器放大后输出至功率开关晶体管 VT，通过控制功率开关晶体管 VT 的导通与截止达到控制脉冲占空比的目的，从而稳定直流输出电压。

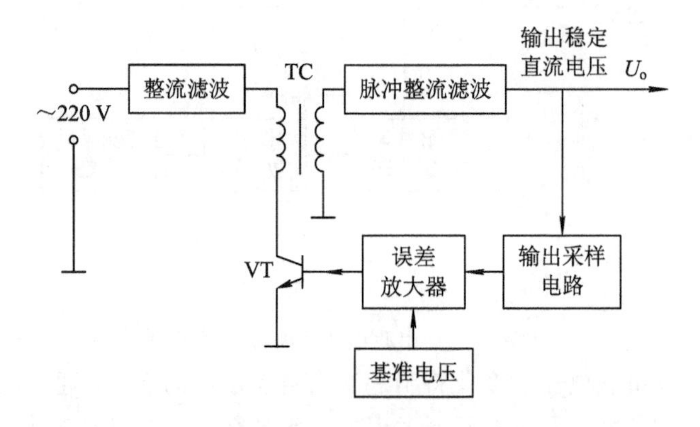

图 1-5　变压器耦合并联型开关电源原理图

由于采用变压器耦合，变压器的初、次级相互隔离，使初级电路地与次级电路地分开，做到次级电路地不带电，使用时很安全。同时，由于变压器耦合，可以使用多组次级绕组，在次级得到多组直流输出电压。

3. 正激式结构

正激式开关电源电路如图 1-6 所示，该电源是一种采用变压器耦合的降压型开关稳压电源。加在变压器 N_1 绕组上的脉冲电压振幅等于输入电压 U_i，脉冲宽度为功率开关晶体管 VT 的导通时间 t_{on}，变压器次级侧开关脉冲电压经二极管 V_1 整流输出。电源中功率开关晶体管 VT 导通时变压器初级绕组励磁电流最大值为

$$I_{N_1} = \frac{U_i}{L_{N_1}} DT \tag{1-4}$$

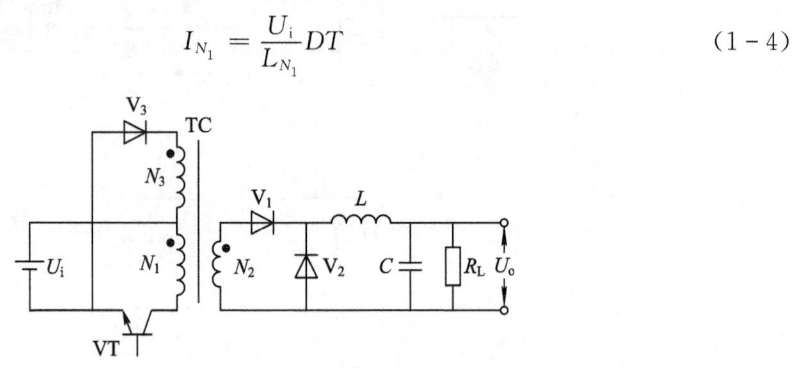

图 1-6　正激式开关电源电路

式中：L_{N_1}表示变压器初级绕组N_1的电感量；D表示脉冲占空比；T表示脉冲开关周期。

图1－6中续流二极管V_2在整流二极管V_1由导通变为截止期间将储存在电感L中的磁能按原电流方向释放给负载。二极管V_3和绕组N_3在功率开关晶体管VT关断时对变压器进行消磁。N_3绕组同名端脉冲信号极性变负，励磁能量经二极管V_3、绕组N_3回馈到电源输入端。

综上可知，正激式开关电源的特点是：当初级的功率开关晶体管VT导通时，电源输入端的能量由次级侧二极管V_1经输出电感L为负载供电；功率开关晶体管VT关断时，由续流二极管V_2继续为负载供电，并由消磁绕组N_3和消磁二极管V_3将初级绕组N_1的励磁能量回馈到电源输入端。

4. 反激式结构

反激式开关电源电路如图1－7所示。功率开关晶体管VT导通时，输入端的电能以磁能的形式存储在变压器的初级绕组N_1中，二极管V_1不导通，负载没有电流流过。功率开关晶体管VT关断时，变压器的次级绕组以输出电压U_o为负载供电，并对变压器消磁。

反激式开关电源通过改变变压器变比，既可实现升压又可实现降压。

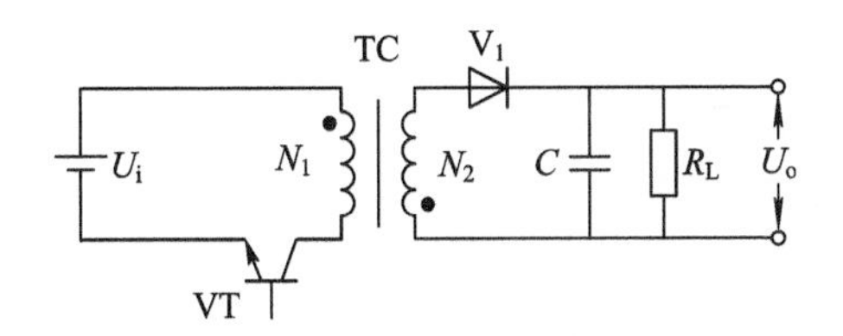

图1－7　反激式开关电源电路

5. 半桥型结构

半桥型开关电源电路如图1－8所示。功率开关晶体管VT_1和VT_2在开关驱动脉冲的作用下交替地导通与截止。当VT_1导通、VT_2截止时，在输入电压U_i的作用下，有电流经功率开关晶体管VT_1、变压器初级绕组N_1和电容C_2给变压器初级绕组N_1励磁，同时经次级侧二极管V_1、绕组N_2给负载供电。当VT_1截止、VT_2导通时，输入电压经C_1、变压器初级侧绕组N_1、功率开关晶体管VT_2给变压器初级绕组N_1励磁，同时经次级侧二极管V_2给负载供电。所以，初级侧电源通过功率开关晶体管VT_1和VT_2交替给变压器初级绕组N_1励磁并为负载供电。变压器初级侧的脉冲电压幅度为$U_i/2$。同样，电容C_1、C_2上的电压均为$U_i/2$。

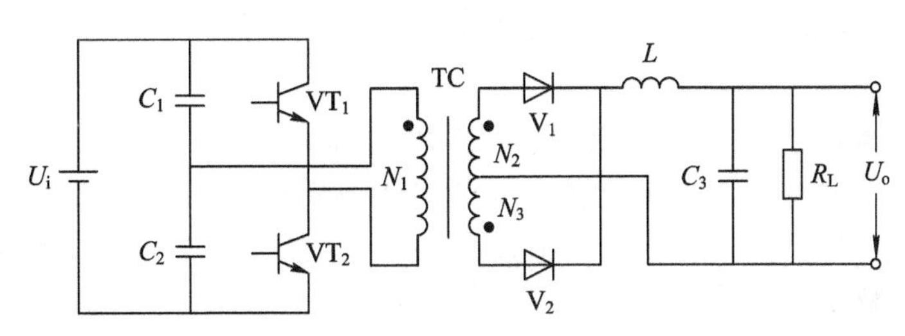

图1－8　半桥型开关电源电路

在VT_1、VT_2导通时间不一致的条件下，变压器初级侧绕组N_1的励磁电流大小不一样，致使电容 C_1、C_2 上的电压不相等，励磁电流越大，对应的电容器电压越小，从而起到自平衡对称作用，所以电源不会由于 VT_1、VT_2 的导通时间不一致而使变压器产生磁饱和现象，导致 VT_1、VT_2 损坏。由于每个功率开关晶体管上的电压仅为 $U_i/2$，因此要输出同样的功率，每个功率开关晶体管中流过的电流将要增大一倍。半桥型开关电源中需要避免 VT_1、VT_2 同时导通，为此需使 VT_1、VT_2 的导通时间相互错开，相互错开的最小时间称为死区时间。

6. 全桥型结构

全桥型开关电源电路如图 1-9 所示。四个功率开关晶体管 VT_1、VT_2、VT_3、VT_4 组成桥式电路，VT_1 和 VT_4、VT_2 和 VT_3 分别组成两个导通回路。当 VT_2、VT_3 的触发控制信号有效时，VT_1、VT_4 的触发控制信号无效。VT_2、VT_3 导通时，输入电压 U_i 经功率开关晶体管 VT_2、变压器的初级绕组 N_1 和功率开关晶体管 VT_3 形成电流回路，加至变压器初级绕组的电压幅度为电源电压 U_i，并经次级绕组 N_2 和二极管 V_1 整流、滤波后输出，为负载供电。同理，当 VT_2、VT_3 关断，VT_1、VT_4 导通时，输入电压 U_i 从与 VT_2、VT_3 导通时电流相反的方向为变压器初级绕组 N_1 励磁，并通过次级绕组 N_3 和整流二极管 V_2 为负载供电。

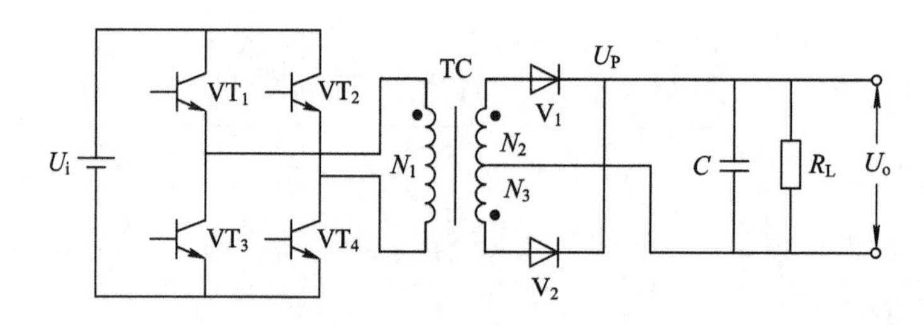

图 1-9 全桥型开关电源电路

和半桥型开关电源相比，由于加在全桥型变压器初级绕组上的电压和电流比半桥型开关电源的各增大一倍，在同样的电源供电电压 U_i 下，全桥型开关电源的输出功率比半桥型开关电源大四倍。

1.1.3 开关电源的类型

开关电源可以从输出稳压控制方式、触发方式、输出采样方式等多种角度进行分类。

1. 按输出稳压控制方式分类

开关电源的控制体现在对功率开关晶体管的调制方式上。

1）脉冲宽度调制(PWM)

由开关电源输出直流电压表达式(1-2)可知，控制开关管的导通时间 t_{on}，可以调整输出电压 U_o，达到输出稳压的目的，这种调节方式称为脉冲宽度调制(PWM)方式。PWM 方式采用恒频控制，即固定开关周期 T，通过改变脉冲宽度 t_{on} 来实现输出稳压。开关器件的开关频率 f 由自激或它激方式产生。

2）脉冲频率调制(PFM)

脉冲频率调制(PFM)方式是利用反馈来控制开关脉冲频率或周期，实现调节脉冲占空比 D，从而达到输出稳压的目的。

3）脉冲调频调宽

脉冲调频调宽方式是利用反馈控制回路，既控制脉冲宽度 t_{on}，又控制脉冲开关周期 T，实现调节脉冲占空比 D，从而达到输出稳压的目的。

2. 按触发方式分类

开关电源按触发方式可分为自激式和它激式。

1）自激式

自激式开关电源中的开关管触发信号利用电源电路中的功率开关晶体管、高频脉冲变压器构成正反馈环路，完成自激振荡，控制电源工作。

2）它激式

它激式开关电源需要外部振荡器，用以产生开关脉冲来控制功率开关晶体管，使开关电源工作，输出直流电压。它激式电源需要专用的PWM触发集成电路。

3. 按输出采样方式分类

输出采样电路是开关电源反馈电路的重要部分，要求采样不能破坏系统的隔离，不能引起输出值变换，采样方式对系统的稳定性起决定性作用。开关电源按输出采样方式的不同可分为直接输出采样和间接输出采样两种。

1）直接输出采样电路

图1-10所示为直接输出采样电路在开关电源中的应用实例。光电耦合器中三极管集电极电流 I_C 的大小与发光二极管电流 I_F 成正比关系，即

$$I_C = hI_F \tag{1-5}$$

式中，h 为光电耦合系数。

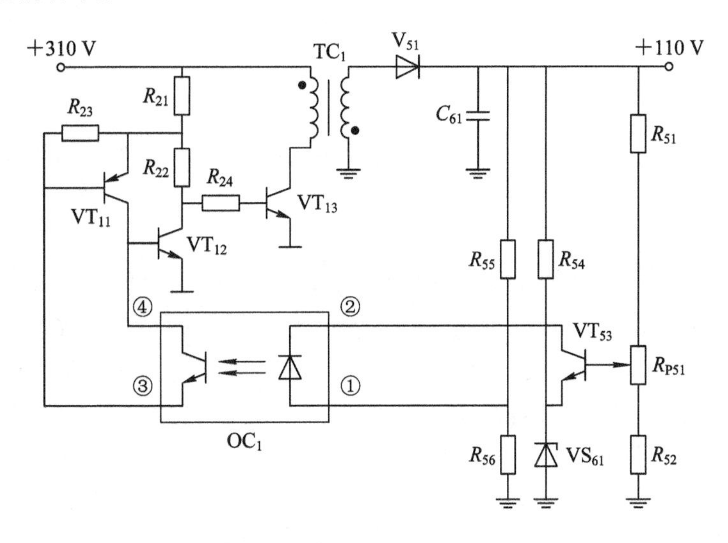

图1-10　直接输出采样电路

当开关电源的输出电压因输入电压升高或负载减轻而升高时，输出电压+110 V升高的电压值一路经采样电阻 R_{55}、R_{56} 采样，光电耦合器 OC_1 的①脚电压升高，即发光二极管正极电位升高；另一路经采样电阻 R_{51}、R_{P51}、R_{52} 采样，误差放大管 VT_{53} 的基极电位升高，由于 VT_{53} 发射极接有稳压管，其发射极电位不变，所以 VT_{53} 加速导通，集电极电位下降，

于是光电耦合器OC_1内的发光二极管发光强度增大，光电三极管内阻下降，脉宽调节电路的VT_{11}、VT_{12}相继导通，VT_{13}导通时间减小，使输出电压下降到正常值。

采用直接输出采样方式的开关电源安全性好，且具有便于空载检修、稳压反应速度快、瞬间响应时间短等优点。

2）间接输出采样电路

图 1-11 所示为间接输出采样电路。在开关变压器上专门设置有采样绕组(即①、②绕组)，采样绕组感应的脉冲电压经V_{11}整流，在滤波电容C_{15}两端产生供采样的直流电压。由于采样绕组与次级绕组采用了紧耦合结构，所以滤波电容C_{15}两端电压的高低间接反映了开关电源输出电压的高低。输出电压因在干扰作用下发生突变时须经开关变压器磁耦合才能反映到采样绕组，所以间接输出采样方式与直接输出采样方式相比响应稍慢，但电路简单、运行可靠的优势使得间接输出采样方式仍在大量使用。

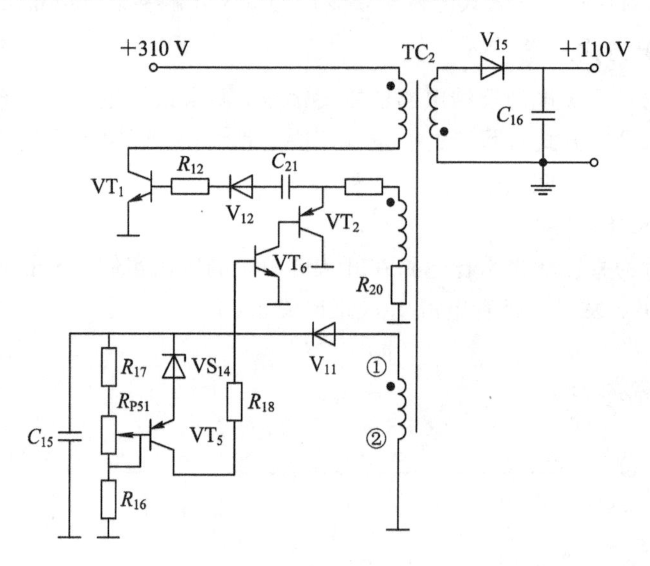

图 1-11　间接输出采样电路

4. 其他分类

开关电源以功率开关晶体管的连接方式分类，可分为单端正激式开关电源、单端反激式开关电源、半桥型开关电源、全桥型开关电源等；以功率开关晶体管与供电电源、储能电感的连接方式以及电压的输出方式分类，可分为串联开关电源、并联开关电源等。

串联开关电源、并联开关电源、单端正激式开关电源、单端反激式开关电源、半桥型开关电源及全桥型开关电源的工作原理将在以后章节分别讨论。

1.2　开关电源辅助技术

1.2.1　整流技术

整流电路是组成基础开关电源的主要部分。整流电路的单相半波、单相全波、单相桥式、倍压整流和多相整流等形式，可以直接或间接用于开关电源中。部分整流电路的工作频率与开关频率一致，远远高于普通的线性稳压电源的整流电路。

1. 恒功率整流

普通限流型整流器分为恒压型限流整流器和恒流型限流整流器。恒压型限流整流器的输出电压保持不变；恒流型限流整流器的输出电流保持不变。如果负载电流超过限流值，整流器输出电压将随电流的增加迅速下降，直至整流器过流而关断。恒流型限流整流器的额定电流、限定电流和过流三个电流值相当接近，要求整流器在输入电压和输出电压的变化范围内均能输出额定功率。

恒功率整流器与普通限流型整流器相比有三种不同的输出阶段，即在恒压阶段和恒流阶段中插入了一个恒功率阶段。恒压阶段和恒流阶段的工作情况与普通限流型整流器的完全相同，恒功率阶段可使整流器输出功率保持不变。普通限流型整流器的输出电流超过限定值时，输出电压大幅度降低，不能保证输出功率不变。在恒功率整流器中，随着输出电流超过限定值，输出电压会降低，但下降速率较慢，基本保持输出功率不变，负载可以正常工作。所以，在采用恒功率整流器的开关电源的设计中，只需考虑电子设备的最大负荷和整流器的冗余，即可确定额定输出功率及输出电压和输出电流的调整指标。

2. 倍流整流

倍流整流器由高频变压器次级绕组、两个电感器、两个整流二极管和输出电容器组成。倍流整流器的高频变压器次级绕组没有中心抽头，两个滤波电感器绕制在同一磁心上，其电感量相等。这样，流过变压器次级绕组和两个电感器的电流只是输出负载电流的一半，因此简化了高频变压器和滤波电感器的结构设计，也缩小了倍流整流器的尺寸。倍流整流器的输出电流是两个滤波电感器电流之和，而两个滤波电感器电流的脉动电流可以相互抵消，所以倍流整流器可以得到脉冲电流很小的直流输出。

3. 同步整流

在高速数据处理系统、计算机等需要低电压的超大规模高速集成电路中，电源的整流损耗变成了主要损耗。由于 MOSFET 的正向压降很小，因此在整流电路中采用具有低导通电阻的 MOSFET 器件整流，可大大提高变换器的效率。

图 1-12 是用 MOSFET 作为整流二极管的整流电路。MOSFET 器件作为开关使用时，驱动信号加在栅极(G)和源极(S)之间。MOSFET 作为同步整流器件使用时，漏极(D)和源极(S)间仍类似一个开关管。

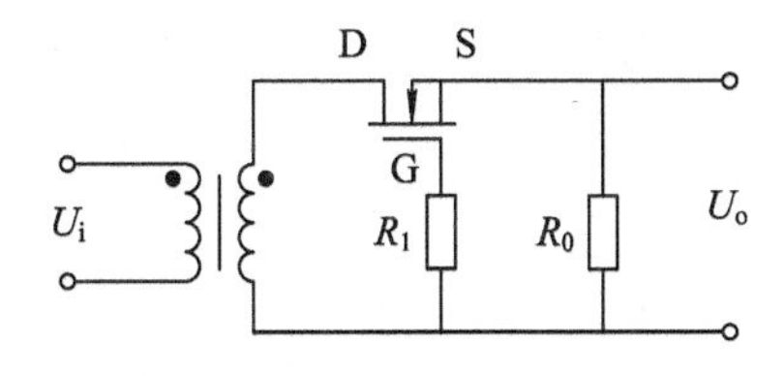

图 1-12　MOSFET 组成的同步整流电路

该整流电路属于半波整流电路，MOSFET 的 D 极接在变压器的输出同名端，G 极通过电阻 R_1 接在变压器输出的另一端。当 D 为高电位时，G 为低电位，MOSFET 被阻断；当 D 为低电位时，G 为高电位，MOSFET 导通，在负载 R_0 上得到整流输出。由于利用变压器实现了 MOSFET 器件的 G 极驱动信号与 D、S 极间开关的同步，所以将这种方式称为同步整流。用于同步整流的 MOSFET 开关器件称为同步整流管(SR)。SR 的优点是导通电阻小，可做到 mΩ 量级，正向压降小，功率变换器的效率高，同时还有阻断电压高、反向电流小等优点。

4. 倍压/桥式整流切换

倍压/桥式整流自动切换电路可使电源在 110 V 交流输入电压下工作在倍压整流方式，在 220 V 交流输入电压下工作在桥式整流方式，从而使电源在 110 V/220 V 两种交流供电情况下均能正常工作。

倍压/桥式整流自动切换电路的原理图如图 1－13 所示。当交流输入电压为 220 V 时，通过电压检测电路使双向晶闸管 V 截止，电容 C_1、C_2 串联，电路形成桥式整流方式，整流输出电压 U_o 为 310 V 左右的直流电压；当交流输入电压为 110 V 时，通过电压检测电路使双向晶闸管 V 导通，电路形成倍压整流方式。在交流电压的正半周，交流电经二极管 V_1、电容 C_1、双向晶闸管 V 形成回路，并给电容 C_1 充电；在交流电压的负半周，交流电经双向晶闸管 V、电容 C_2 和二极管 V_4 形成回路，并给电容 C_2 充电，输出电压 U_o 为电容 C_1、C_2 上电压之和，亦为 310 V 左右的直流电压。

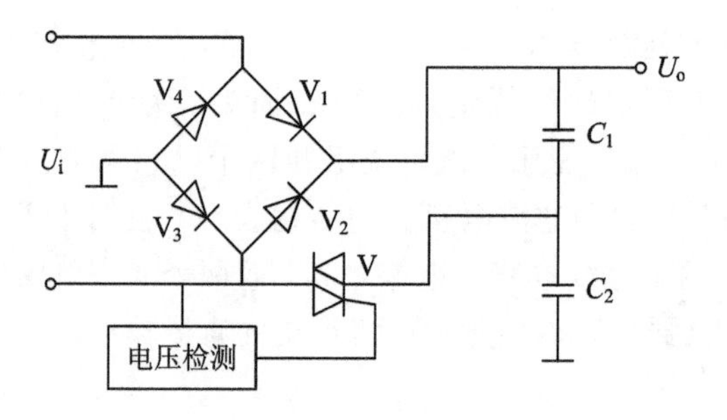

图 1－13　倍压/桥式整流自动切换电路的原理图

1.2.2　待机控制电路

供电系统的节电控制包含实现转换、待机、遥控等功能。待机状态，即休眠状态时仍需继续保持微处理器控制电路的＋5 V 供电，整机功耗可下降到 10 W 以下。

待机工作方式分为三种：第一种是手动待机方式，通过待机键使设备在工作状态与待机状态间转换；第二种是定时待机方式，利用定时键设定所需的定时待机时间；第三种是无信号自动待机方式，微处理器通过信号检测判定电路为无信号时，延时后设备自动进入待机状态。

几种典型的待机控制电路如图 1－14 所示。

图 1－14(a)所示的待机控制电路中，微处理器在待机状态下输出的高电平使 VT_1 饱和导通、VT_2 截止，将行振荡电路的供电电压切断，整机处于待机状态。为了降低待机状态下的整机功耗，微处理器还要使开关电源由正常振荡转变为低频弱振荡，使主要输出电压减小到正常值的二分之一，但仍为微处理器控制电路提供＋5 V 电压。这种待机控制电路的特点是整机需设单独电源。

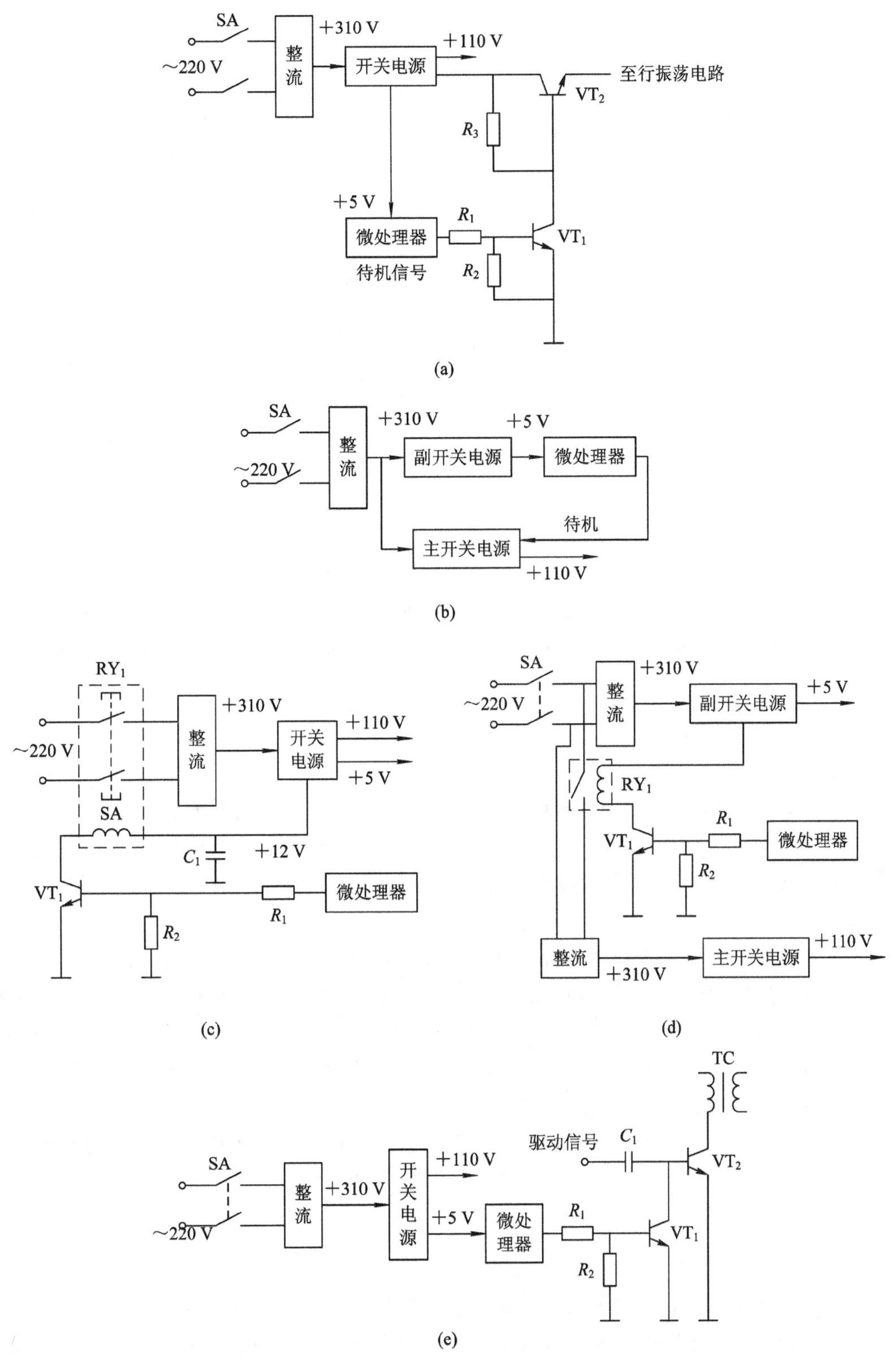

图 1-14　几种典型的待机控制电路

图 1-14(b)所示的待机控制电路中，微处理器在待机状态下输出的待机控制信号使主开关电源停止工作，从而使负载处于静止的待机状态。这种待机控制电路必须有一个副开关电源，为微处理器提供+5 V 电压。由于在待机状态下主开关电源完全停振，因此整机功耗很小，节能效果好。这种待机控制电路的主、副电源共用一个整流电路。

图 1-14(c)所示的待机控制电路中，微处理器在待机状态下输出的高电平使 VT_1 饱和导通，继电器 RY_1 线圈中有电流通过，线圈产生的电磁力使交流触点开关断开，将负载电源切断。这种待机控制电路一旦进入待机状态，微处理器便失去+5 V 供电，无法再使负载进入正常运行状态，所以这种待机控制电路大量用做交流关机控制。

图 1-14(d)所示的待机控制电路中，微处理器在待机状态下输出的低电平使 VT_1 截止，继电器 RY_1 线圈断电，继电器开关断开，交流 220 V 主开关电源被切断，设备进入待机状态。这种待机控制电路可用于 kW 设备的大电流控制。

图 1-14(e)所示的待机控制电路中，微处理器在待机状态下输出的高电平使 VT_1 饱和导通，主开关管 VT_2 基极上的驱动脉冲短路，电路停止工作，负载处于待机状态。

1.2.3 防干扰技术

开关电源工作在高频开关状态，会产生极大的高频谐波成分，而这些高频谐波成分辐射到空间，极易干扰其他设备正常工作。干扰有两个方面的含义：一是开关电源本身产生的干扰信号对其他机器正常工作的影响；二是开关电源本身抗外界干扰，保证自身正常工作的能力，即所谓抗干扰性。

1. 干扰产生的原因

干扰产生的原因如下：

(1) 开关管开关工作状态。开关管工作在开关状态会产生较大的脉冲电压和脉冲电流，而脉冲电压、脉冲电流中含有许多高次谐波。同时，在开关管导通时，由于开关变压器漏感和输出整流二极管的恢复特性形成的电磁振荡，在二极管上会产生浪涌电压；在开关管断开时，变压器漏感也会产生浪涌电压。这些都将成为噪声干扰源。

(2) 二极管的恢复特性。二极管在反向恢复时间内，由于反向电压较大，会产生较大损耗。如果反向电流恢复时的电流上升率 $\mathrm{d}i/\mathrm{d}t$ 较大，就会形成恢复噪声，恢复噪声是干扰源之一。肖特基二极管没有载流子积蓄效应，所以恢复噪声很小，在恢复电路中应用较多。

(3) 变压器。变压器绕组中，电流形成的磁通大部分通过高磁导率的磁心，但仍会有一部分漏磁通通过绕组与间隙辐射出去，形成电磁感应干扰。

(4) 整流滤波电容。开关电源在输入端接有整流滤波电路，使整流二极管的导通角很小，整流电流的峰值很大，这种脉冲状的二极管整流电流也会产生干扰。

2. 抑制干扰的方法

1) 抑制干扰的幅值

电流、电压急剧变化的部分是干扰源，其干扰是由功率开关管、整流二极管与周围电路引起的。为此，应尽量降低电流与电压波形的变化率。利用吸收电路可以降低浪涌电压，并减少开关变压器的漏感。

图 1-15 所示的 RC、RCD 吸收回路可以起到减少脉冲电流、电压变化率的效果，改

善开关电路的工作条件，从而减少干扰，保护功率开关管。

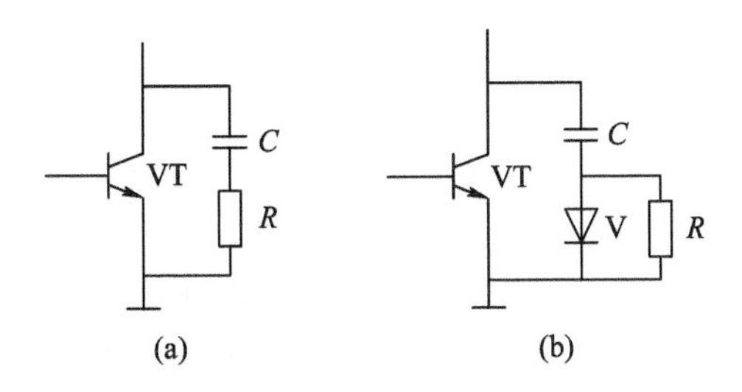

图 1-15　RC、RCD 吸收回路

(a) RC 吸收电路；(b) RCD 吸收电路

图 1-15(a)所示的 RC 吸收电路中，当开关管 VT 导通时，吸收电容 C 通过吸收电阻 R 放电，R 限制放电电流；当开关管 VT 关断，积蓄在寄生电感中的能量对开关管的寄生电容充电时，通过吸收电阻 R 对吸收电容 C 充电，吸收电容等效地增加了开关的并联电容容量，因而抑制了开关管断开时的尖峰电压。图 1-15(b)所示的 RCD 吸收电路中，当开关管 VT 导通时，吸收电容 C 通过开关管 VT 和吸收电阻 R 放电，吸收电阻限制了放电电流，二极管 V 的存在使 VT 上的电压不高于吸收电容 C 上的电压，二极管 V 起钳位作用；当开关管 VT 关断，积蓄在漏感中的能量对开关管的寄生电容充电时，只要吸收电容 C 上的电压低于脉冲尖峰电压，二极管 V 就导通，脉冲尖峰电压对开关管的寄生电容和吸收电容充电，由于充电等效电容是开关管的寄生电容和吸收电容的并联，等效充电电容加大，因此可以平缓脉冲尖峰电压。

吸收电容 C 的计算公式为

$$C=\frac{LI_{\mathrm{o}}^{2}}{U_{\mathrm{CEF}}-E_{\mathrm{d}}} \tag{1-6}$$

式中：L 为主回路电感；I_{o}为开关管关断电流；U_{CEF}为吸收电容电压稳态值；E_{d}为直流电源电压。

吸收电阻的计算是按照希望开关管在关断信号到来之前将吸收电容所积累的电荷放净的原则进行的，其计算公式为

$$R\geqslant 2\sqrt{\frac{L}{C}} \tag{1-7}$$

式中：L 为主回路电感。

如果吸收电阻过小，会使电流波动，开关管开通时的漏极电流初始值将增大，因此在满足式(1-7)的前提下，希望选取尽可能大的值。吸收电阻的功率与阻值无关，可由下式计算：

$$P_{R}=\frac{L\times I_{\mathrm{o}}^{2}\times f}{2} \tag{1-8}$$

式中：L 为主回路电感；f 为开关频率。

由于 RC、RCD 吸收电路简单，保护效果明显，所以在开关电源中广泛使用。

2) 利用 LC 干扰抑制电路

LC 干扰抑制电路如图 1-16 所示，起电源输入端与开关电源端干扰信号的双向抑制作用。图中的电抗器 L 的匝数比为 1，是一种共模干扰抑制电感，对电源输入端或开关电

源端产生的共模干扰信号等效阻抗很大，从而起到共模干扰信号的抑制作用。

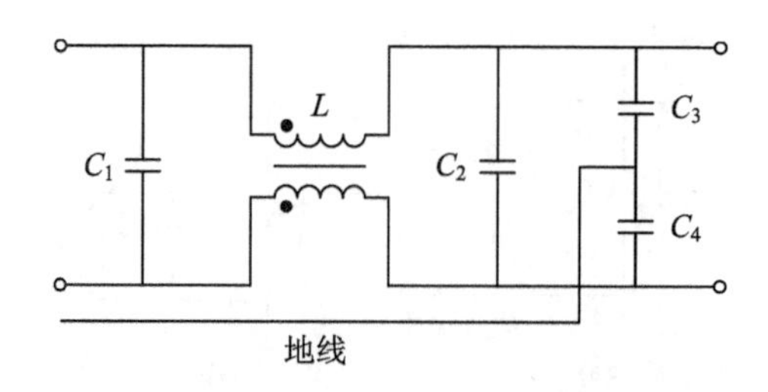

图 1-16　*LC* 干扰抑制电路

3. 防开机浪涌电流

防开机浪涌电流电路如图 1-17(a)所示。在电源设备开机瞬间，因滤波电容 C_1 上的初始电压为零，所以 C_1 的起始充电电流很大。传统电路简单地用大功率电阻 R_1 来限制开机浪涌电流，但是此电阻在负载进入正常工作状态后，仍串接在电路中，这会使整机功耗增大，同时也易引起整机温升。

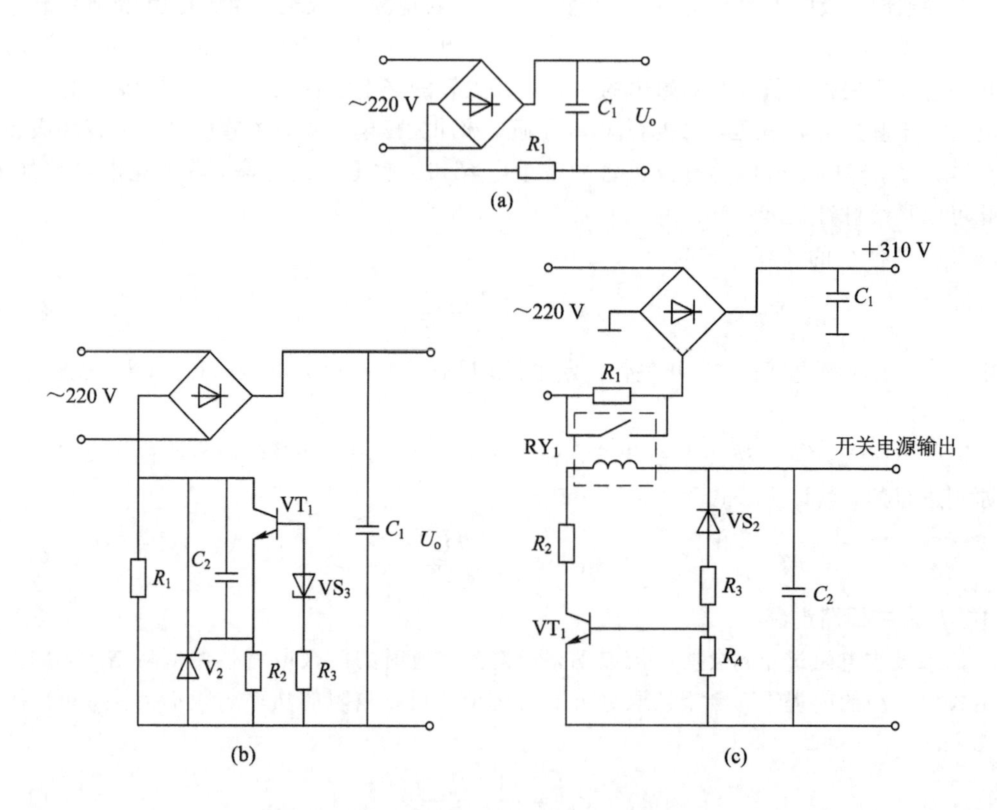

图 1-17　防开机浪涌电流电路

(a) 限流电阻；(b) 晶闸管控制；(c) 继电器控制

晶闸管控制的防开机浪涌电流电路如图 1-17(b)所示。在负载进入正常工作状态后，限流电阻 R_1 被短路，从而降低电路的功耗。由于开机瞬间浪涌电流很大，所以在电阻 R_1 上的压降也很大，VS_3 被击穿并引起 VT_1 导通。VT_1 的 c-e 极导通使晶闸管 V_2 的触发极被短路，V_2处于截止状态，开机浪涌电流全部从限流电阻 R_1 中流过。当滤波电容 C_1 充电结束，负载进入正常工作状态后，流经电阻 R_1 的电流为正常工作电流，限流电阻 R_1 两端的压降下降，VS_3和 VT_1恢复截止，晶闸管 V_2的控制极经电阻 R_2获得触发电压，晶闸管 V_2导通，整机电流不再流经电阻 R_1，而经晶闸管 V_2旁路，电阻 R_1不消耗功率。

图 1-17(c)为采用继电器控制的防开机浪涌电流电路。开机瞬间开关电源还未正常工作，电容 C_2上无电压，VS_2和 VT_1均截止，继电器 RY_1线圈中无电流通过，RY_1的触点开关断开，开机浪涌电流从电阻 R_1中流过。当开关电源正常工作后，C_2上有正常电源电压，这时 VS_2、VT_1导通，RY_1线圈中有电流通过，继电器触点开关闭合将 R_1短路，电阻 R_1不消耗功率。

1.3 电磁兼容技术

1.3.1 电磁兼容性标准

电磁兼容性是指设备或系统在其电磁环境中能正常工作且不对该环境中的任何设备构成不能承受的电磁干扰的能力。

要彻底消除设备的电磁干扰是不可能的，只能通过系统地制定设备与设备之间相互允许产生的电磁干扰的大小及抵抗电磁干扰的能力的标准，才能使电气设备及系统间达到电磁兼容的要求。国内外大量的电磁兼容性标准为系统内的设备相互达到电磁兼容性制定了约束条件。

国际无线电干扰特别委员会(CISPR)是国际电工委员会(IEC)下属的一个电磁兼容标准化组织，其中第六分会(SCC)主要负责制定关于干扰测量接收机及测量方法的标准。《无线电干扰和抗干扰度测量设备规范》(CISPR 16)对电磁兼容性测量接收机、辅助设备的性能以及校准方法给出了详细的要求；《无线电干扰滤波器及抑制元件的抑制特性测量》(CISPR 17)制定了滤波器的测量方法；《信息技术设备无线电干扰限值和测量方法》(CISPR 22)规定了信息技术设备在 0.15 MHz～1000 MHz 频率范围内产生的电磁干扰限值；《信息技术设备抗扰度限值和测量方法》(CISPR 24)规定了信息技术设备对外部干扰信号的时域及频域的抗干扰性能要求。其中 CISPR 16、CISPR 22 及 CISPR 24 构成了信息技术设备包括通信开关电源设备的电磁兼容性测试内容及测试方法要求，是目前开关电源电磁兼容性设计的最基本要求。

IEC 公布有大量的基础性电磁兼容性标准，其中最有代表性的是 IEC 61000 系列标准。美国联邦委员会制定的 FCC15、德国电气工程师协会制定的 VDE0871 2A1、VDE0871 2A2、VDE0878 等，都对通信设备的电磁兼容性提出了要求。

我国国标采用了相应的国际标准。如 GB/T 17626.1～GB/T 17626.12 系列标准等同采用了 IEC 61000 系列标准；《信息技术设备的无线电干扰限值及测量方法》(GB 9254—1998)等同采用 CISPR 22；《信息技术设备抗扰度限值和测量方法》(GB/T 17618—1998)等同采用 CISPR 24。

1.3.2 开关电源的电磁兼容性

1. 电磁兼容性

开关电源需要有很强的抗电磁干扰能力，如对浪涌、电网电压波动的适应能力，对静电干扰、电场、磁场及电磁波等的抗干扰能力，以保证自身能够正常工作以及对设备供电的稳定性。因开关电源内部的功率开关管、整流或续流二极管及主功率变压器是在高频开关的方式下工作的，其电压、电流波形多为方波。在高压大电流的方波切换过程中，将产生严重的谐波电压及电流。这些谐波电压及电流一方面通过电源输入线或开关电源的输出线传出，对与电源在同一电网上供电的其他设备及电网产生干扰，使设备不能正常工作；另一方面严重的谐波电压电流在开关电源内部产生电磁干扰，从而造成开关电源内部工作的不稳定，使电源的性能降低。还有部分电磁场通过开关电源机壳的缝隙向周围空间辐射，与通过电源线、直流输出线产生的辐射电磁场一起通过空间传播的方式，对其他高频设备及对电磁场比较敏感的设备造成干扰，引起其他设备工作异常。

因此，对开关电源要限制由负载线、电源线产生的传导干扰及有辐射传播的电磁场干扰，使处于同一电磁环境中的设备均能够正常工作，互不干扰。

2. 电磁兼容的要素

电磁兼容的三个要素为干扰源、传播途径及受干扰体。

开关电源中功率管工作在开关状态下，其引起的电磁兼容性问题是相当复杂的。从整机的电磁兼容性讲，主要有共阻抗耦合、线间耦合、电场耦合、磁场耦合和电磁波耦合几种。

（1）共阻抗耦合主要是干扰源与受干扰体在电气上存在共同阻抗，通过该阻抗使干扰信号进入受干扰对象。

（2）线间耦合主要是产生干扰电压及干扰电流的导线或PCB线，因并行布线而产生的相互耦合。

（3）电场耦合主要是因电位差而引起的感应电场对受干扰体产生的耦合。

（4）磁场耦合主要是大电流的脉冲电源线附近的低频磁场对干扰对象产生的耦合。

（5）电磁波耦合主要是由于脉动的电压或电流产生的高频电磁波，通过空间向外辐射，对相应的受干扰体产生的耦合。

开关电源主功率开关管在高电压下以高频开关方式工作，开关电压及开关电流均为方波，该方波所含的高次谐波的频谱可达方波频率的1000次以上。同时，由于电源变压器的漏电感和分布电容，以及主功率开关器件的工作状态并非理想，在高频开或关时，常常产生高频高压的尖峰谐波振荡，该谐波振荡产生的高次谐波通过开关管与散热器间的分布电容传入内部电路，或通过散热器及变压器向空间辐射。用于整流及续流的开关二极管也是产生高频干扰的一个重要原因。整流及续流二极管工作在高频开关状态，由于二极管的引线寄生电感、结电容的存在以及反向恢复电流的影响，使之工作在很高的电压及电流变化率下，而产生高频振荡。整流及续流二极管一般离电源输出线较近，其产生的高频干扰最容易通过直流输出线传出。

为了提高功率因数，开关电源均采用有源功率因数校正电路。同时，为了提高电路的效率及可靠性，减小功率器件的电应力，大量采用了软开关技术，其中零电压、零电流或零电压零电流开关技术应用最为广泛。软开关技术极大地降低了开关器件所产生的电磁干扰。但是，软开关无损吸收电路多通过 L、C 进行能量转移，利用二极管的单向导电性能实现能量的单向转换，因而该谐振电路中的二极管成为电磁干扰的一大干扰源。

开关电源中一般利用储能电感及电容器组成 L、C 滤波电路，实现对差模及共模干扰信号的滤波，以及交流方波信号转换为平滑的直流信号。由于电感线圈分布电容导致了电感线圈的自谐振频率下降，从而使大量的高频干扰信号穿过电感线圈，沿交流电源线或直流输出线向外传播。随着干扰信号频率的上升，滤波电容器由于引线电感的作用而使电容量及滤波效果不断下降，直至达到谐振频率以上时，完全失去电容器的作用而变为感性。不正确地使用滤波电容及引线过长，也是产生电磁干扰的一个原因。

开关电源 PCB 布线不合理、结构设计不合理、电源线输入滤波不合理、输入/输出电源线布线不合理、检测电路设计不合理，均会导致系统工作的不稳定，并降低对静电放电、快速瞬变脉冲串、雷击、浪涌及传导干扰、辐射干扰和辐射电磁场等的抗扰能力。

在进行电源电磁兼容性研究时，一般运用 CISPR 16 及 IEC 61000 中规定的电磁场检测仪器及各种干扰信号模拟器、辅助设备，在标准测试场地或实验室内部，通过详尽的测试分析，结合对电路性能的理解来进行。

1.3.3 提高开关电源电磁兼容性的方法

从电磁兼容性的三要素讲，要提高开关电源的电磁兼容性，需从以下三个方面进行：

(1) 减小干扰源产生的干扰信号。

(2) 切断干扰信号的传播途径。

(3) 增强受干扰体的抗干扰能力。

对开关电源产生的对外干扰，如电源线谐波电流、电源线传导干扰、电磁场辐射干扰等，只能用减小干扰源的方法来解决。一方面，可以增强输入/输出滤波电路的设计，改善有源功率因数校正(APFC)电路的性能，减少开关管和整流及续流二极管的电压电流变化率，采用各种软开关电路拓扑及控制方式等；另一方面，加强机壳的屏蔽效果，改善机壳的缝隙泄漏，并进行良好的接地处理。

在传播途径方面，适当地增加高抗干扰能力的 TVS 管及高频电容、铁氧体磁珠等元器件，以提高小信号电路的抗干扰能力；与机壳距离较近的小信号电路，应加适当的绝缘耐压处理等；功率器件的散热器、主变压器的电磁屏蔽层要适当接地；各控制单元间的大面积接地用接地板屏蔽；在整流器的机架上，要考虑各整流器间电磁耦合、整机地线布置等，以改善开关电源内部工作的稳定性。

对外部的抗干扰能力，如浪涌、雷击应优化交流输入及直流输出端口的防雷能力，对雷击可采用氧化锌压敏电阻与气体放电管等的组合方法来解决。对于静电放电，采用 TVS 管及相应的接地保护，加大小信号电路与机壳等的电距离，或选用具有抗静电干扰的器件来解决。

减小开关电源的内部干扰，应从以下几个方面入手：注意数字电路与模拟电路 PCB 布线的正确区分，数字电路与模拟电路电源的正确去耦；注意数字电路与模拟电路单点接地，大电流电路与小电流特别是电流电压采样电路的单点接地，以减小共阻干扰及地环的影响；布线时注意相邻线间的间距及信号性质，避免产生串扰；减小地线阻抗；减小高压大电流线路特别是变压器原边与开关管及电源滤波电容电路所包围的面积；减小输出整流电路及续流二极管电路与直流滤波电路所包围的面积；减小变压器的漏电感、滤波电感的分布电容；采用谐振频率高的滤波电容器等。

1.4 电源管理与电源指标测试

1.4.1 电源管理技术

1. 集中监控管理系统

当前的电源集中监控管理系统在进一步完善之中，在建设该系统时应将重点放在直流系统，特别是在基础电源系统为 48 V 的主蓄电池、发电机组的启动电池、UPS 后备电池的智能化管理方面，要加强告警装置的智能设计。

2. 防雷问题

雷电易引起火灾、爆炸，对电力、通信领域危害更严重。全面防雷应采取综合治理、整体防御、多重保护、层层设防的原则，特别是要严格控制雷击点，安全引导雷电流入地、完善低电阻地网、消除地面回路、增加电流浪涌保护与信号及数据线瞬变保护等是行之有效的防雷措施。

由于雷电的产生受周边环境等多种因素的影响，因此不管采用任何型号的防雷器、过电压保护器、过流型避雷器、过压型浪涌抑制器等，都必须与良好的联合接地系统相配合才能有效发挥作用。

3. 交流不间断电源系统

不间断电源系统的高可靠性是基本要求，其负载主要是信息系统，是全面计算机化的系统，重要性会越来越高，所以提高不间断电源供电系统的可靠性是一大研究重点。品质好的不间断电源系统设备应该具备以下基本功能：

(1) 能在各种复杂的电网环境下投入运行，在电网电压变化范围较大的情况下仍能正常运行。

(2) 在运行中不会对供电电网产生其他附加的干扰。

(3) 输出电性能指标应是全面的、高质量的，能够持续满负荷运行。

(4) 本身具有高效率。

(5) 有高智能化的自动管理功能。

4. 整流器设备

对于整流器设备，我们要选择输出能力强、效率高的产品。由于电子设备多是在开、关机的瞬间出现故障的，因此在验收设备时应增加开、关机的次数。

5. 蓄电池

由于电池使用场所及放电方式不同，因此对其要求也是不一样的。

(1) 接入网所用电池应选择适合小电流、长时间深度放电的电池。

(2) 不间断电源系统所用电池应选择适合大电流、短时间深度放电的电池。

(3) 太阳能供电系统配套的电池应选择具有长时间深度放电、回充速度快、充放电效率高、充放电无规律、充电电流可波动等特点的电池。

6. 热设计

温度是影响电源设备可靠性的最重要因素。统计资料表明，电子元件温度每升高 2℃，可靠性下降 10%，温升为 50℃时的寿命只有温升 25℃时的 1/6。因此，需要在技术上控制电源设备及器件的温升，这就是热设计。

热设计的原则如下：

(1) 减少发热量，要选用新的控制技术和低功耗的器件，减少发热器件的数量等。

(2) 强化散热，利用传导、对流、辐射等方法转移器件及设备热量。

1.4.2 开关电源指标与测试

电源设备的高质量是负载电源系统优质供电的基础和保障。虽然人们在不断完善电源指标检测标准和检测方法，但是在使用和操作过程中难免会产生一些误解或被一些误导所困惑。为此，在综合分析、科学判定的基础上，总结了一些规律和经验，在此供从事电源设备研究、生产、使用者参考。

常规指标是指诸如精度、失真度、平衡度、转换时间、动态反应等。目前很多电源产品都已经达到了该产品标准的较高指标，但过高指标未必就是实际使用所需要的。某一项性能指标的高低不能成为判定产品品质优劣的标准。判定产品优劣最重要的指标是可靠性，提高可靠性是电源产品永恒的主题，离开可靠性谈先进性和可使用性都是毫无意义的。而可靠性指标一般都是根据可靠性设计和大量的统计数据进行综合评估的，短时间内难以检测校对，但是可以通过检测输出能力和效率来评定。在同一规格的产品中，其输出能力强就意味着在正常使用的情况下不是满负荷运行，效率高则意味着温升低，还有储备的能量多，故障比较少，符合这些要求的产品一般来说可以认为其可靠性高。

1. 开关电源的主要技术指标

国标规定的开关电源的主要技术指标如下：

(1) 输入电压变化范围：表示当稳压电源的输入电压发生变化时，使输出电压保持不变的输入电压变化范围。这个范围越宽，表示电源适应外界电压变化的能力越强，电源使用范围越宽，它和电源的误差放大、反馈调节电路的增益及占空比调节范围有关。目前开关电源的稳压范围已可做到 90 V～270 V，提高了电源的使用安全性。

(2) 输出内阻 R_o：指输出电压的变化量 ΔU 与输出电流变化量 ΔI 的比值。R_o越小，表示电源输出电压随负载电流的变化越小，稳压性能越好。

(3) 效率 η：指电源输出功率 P_o与输入功率 P_i的比值。效率越高，开关电源的体积越小，同时可靠性也越高。目前开关电源的效率可达到 90%以上。

(4) 输出纹波电压：开关电源的稳压过程是不断反馈调节的过程，所以在输出的直流电压 U_o上会叠加一个波动的纹波电压，这个值越小则表示电源的输出性能越好。输出纹波电压可以用有效值或峰-峰值 U_{p-p}表示。

(5) 输出电压调节范围：电源的输出电压只和基准电压与输出采样电路的元器件参数有关，反映在线性电源上是稳压调整管集电极电流的变化范围，而反映在开关电源上则是开关调整管脉冲占空比 D 的变化范围。

(6) 输出电压稳定性：表示输出电压随负载变化而变化的特性。这个变化量越小越好。这个参数与反馈调节回路的增益及频响特性有关，反馈调节回路增益越高，基准电压 U_r 越稳定，输出电压 U_o 的稳定性也越好。

(7) 输出功率 P_o：表示电源能输出给负载的最大功率。P_o 与负载功率有关，为了保证电源安全，一般要求该值有 20%～50%的裕量。

2. 电源技术指标测试

1) 输出电压调整率

当设计制作开关电源时，最基本的要求是输出电压需调整至指标之内。此步骤完成后才能确保后续的指标是否符合要求。通常当调整输出电压时，将输入交流电压设定为正常值，并将输出电流设定为正常值或满载电流，然后测量电源的输出电压值并调整电压值位于要求的范围内。

2) 电源调整率

电源调整率是指电源供应器在输入电压变化时提供其稳定输出电压的能力。此项测试用来验证电源在最恶劣的电源电压环境下，电源供应器的输出电压的稳定度是否满足需求规定。如高温、高湿等条件下，当用电需求量最大时，其电源电压最低；低温条件下，当用电需求量最小时，其电源电压最高。

3) 电压调整率

能提供可变电压的电源需提供电源的最低到最高输出电压范围。电压调整率 ρ 定义为

$$\rho = \frac{U_{omax} - U_{omin}}{U_o} \times 100\% \tag{1-9}$$

式中：U_{omin} 为最低输出电压；U_o 为正常输出电压；U_{omax} 为最高输出电压。

4) 负载调整率

负载调整率是指开关电源的输出负载电流变化时能够提供稳定输出电压的能力。此项测试用来验证电源在最恶劣负载环境下，电源供应器的输出电压的稳定度是否满足需求规定。如在负载断开、用电需求量最小、负载电流最低，以及在负载最多、用电需求量最大、负载电流最高的两个极端条件下，验证电源供应器的输出电压的稳定度是否满足需求规定。

负载调整率测试所需的设备和连接与电源调整率相似，唯一不同的是需要精密的电流表与待测电源的输出串联。测试步骤如下：将待测电源以正常输入电压及负载状况下稳定供电时，测量正常负载下输出电流值，再分别在轻载、重载负载下，测量并记录其输出电流值。负载调整率通常用额定输入电压下由负载电流变化所造成其输出电流偏差率的百分比表示。当输出负载电流变化时，其输出电压偏差量须在规定的输出电压的上、下限绝对值以内。

5) 综合调整率

综合调整率是指电源供应器在输入电压与输出负载电流变化时能够提供稳定输出电压的能力。此项测试是电源调整率与负载调整率的综合，可提供电源供应器在改变输入电压与负载状况下更正确的性能验证。

6) 输出噪声

输出噪声是指在输入电压与输出负载电流均不变的情况下，其平均直流输出电压上的周期性与随机性偏差量的电压值，用 P_{ARD} 表示。输出噪声指直流输出电压中所含有的交流

和噪声成分，包含低频(50 Hz 电源倍频信号)、高频(高于 20 kHz 的高频信号及其谐波)，以及其他随机信号等，通常以峰峰值电压来表示。开关电源的指标以输出直流电压的 1%以内为输出噪声规格，其频率为 20 Hz～20 MHz，或其他更高的频率，如 100 MHz 等。一般要求开关电源在恶劣环境下(如输出负载电流最大、输入电源电压最低等)，其输出直流电压加上干扰信号后的输出瞬时电压仍能够维持稳定的输出电压不超过输出高、低电压界限，否则将可能导致电源电压超过或低于逻辑电路(如 TTL 电路)所承受的电源电压而误动作，进而造成死机等故障。

标准 5 V 稳压电源的输出噪声要求为 50 mV 以下。此时，电源调整率、负载调整率、动态负载等其他条件都变动，其输出瞬时电压介于 4.75 V～5.25 V 之间为合格。在测量输出噪声时，负载的 P_{ARD}必须比待测电源的 P_{ARD}值低，才不会影响输出噪声的测量。同时，测量电路必须有良好的隔离处理及阻抗匹配。为避免导线上产生不必要的干扰、振铃和驻波，一般都采用在双同轴电缆的端点并联一个 50 Ω 电阻，并使用差动式测量方法(以避免接地回路噪声电流)，来获得准确的测量结果。

第2章　通用开关电源

电源犹如人体的心脏，是所有用电设备的动力来源。电源不像心脏那样形式单一，而是多种多样，以满足功率、电压、频率及负载等的不同需求。在同一种指标要求下，又有体积、重量、效率等多种指标，人们需要以此设计各种不同的电源。本章以自激式和它激式为主线，分析讨论通用电源的基本原理与应用。

2.1　自激式开关电源原理

2.1.1　自激式开关电源电路

1. 自激式降压型开关电源

1）基本结构

降压型开关电源是最基本的开关电源，图2-1所示为自激式降压型开关电源的结构图。输入的直流电压经过开关管通/断控制变成周期性矩形波。设开关周期为T，开关管导通时间为t_{on}，开关管截止时间为t_{off}。当开关管导通时，续流二极管V反偏截止，输入电压通过电容器C加在电感L两端，L中的电流随时间t_{on}呈线性增长。与此同时，C充电电压上升。由于C的容量选择范围较大，在t_{on}的全部时间内，C建立的充电电压极小，以保证t_{on}期间的电能全部变成L的磁场能量。当开关管截止时，L释放磁能，其感应电压与输入电压极性相反，使V导通，对C充电，从而使负载上有持续的电流。C在两次充电过程中，两端建立的充电电压正比于开关管的导通时间t_{on}。为了达到降压的目的，在此类开关电源中，t_{on}/T的值常小于0.5，因此C两端电压也小于输入电压的1/2，控制开关管的导通时间t_{on}即可控制负载两端的电压。

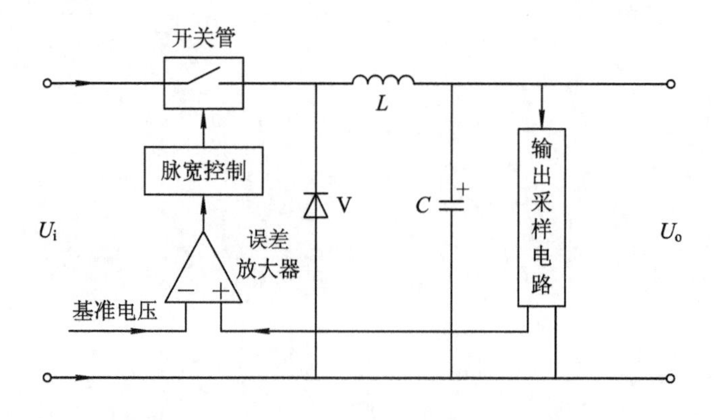

图2-1　自激式降压型开关电源的结构图

为了控制输出电压，用分压器对输出电压采样，并将其送入比较器的正向输入端。比较器的反向输入端接入稳定的基准电压。当输出电压升高时，比较器的输出电压升高，通过脉宽控制电路使开关管提前截止，脉冲宽度 T_1减小，迫使输出电压降低。

输出电压 U_o的表达式为

$$U_o = DU_i = \frac{t_{on}}{T}U_i \tag{2-1}$$

2）工作原理

图 2-2 所示为自激式降压型开关电源的原理图。其中：VT_1为开关管；V_1为续流二极管；C_2、C_3分别为输入和输出电压滤波电容；VT_2为脉宽调制器；VT_3为误差检出放大器；VS_2、R_4构成基准电压；R_5、R_6为输出电压采样分压器。VT_1和 TC 组成最基本的间歇振荡电路。TC 的初级绕组①-②构成储能电感，次级绕组③-④构成脉冲变压器，VT_1依靠脉冲变压器的正反馈作用产生振荡。

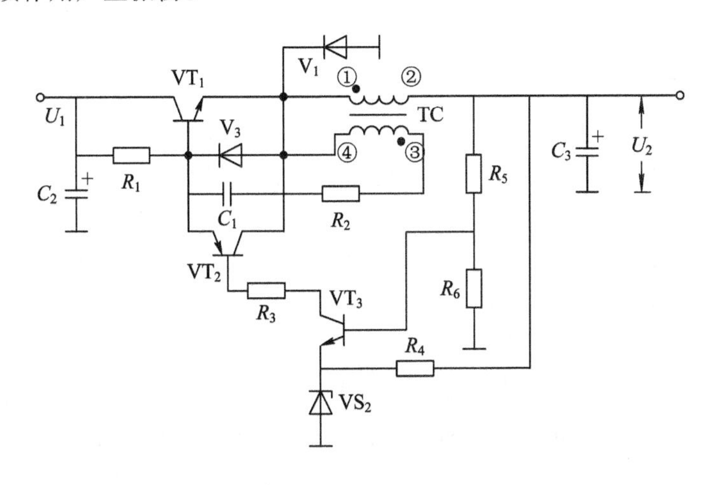

图 2-2　自激式降压型开关电源的原理图

VT_1随每个振荡周期通/断一次完成开关功能。导通时输入电流通过 R_1 给 VT_1基极提供初始偏置电流 I_B，VT_1产生发射极电流 I_E，向 C_3 充电。充电开始，输入电压全部加在 TC 绕组①-②两端，线性上升的 TC 初级电流在 TC 次级绕组产生感应电压，从 TC 绕组③端经 R_2、C_1加到 VT_1的基极。由于 TC 的初、次级相位关系，使 TC 绕组③端脉冲与①端同相位，构成正反馈。

VT_1发射极电流 I_E上升，使 TC 绕组③端产生加强的感应脉冲，加入 VT_1基极使 I_B上升，从而使得 I_E以 $I_E=I_B(\beta+1)$倍的速度增长，直到达到饱和，使 VT_1基极电流失去对 I_E的控制功能为止，此时 VT_1进入饱和区。饱和以后，VT_1基极不能继续控制 I_E，正反馈作用消失，C_1通过 V_3放电，I_B下降，VT_1发射极电流开始减小。TC 绕组③端输出下降的感应脉冲，加到 VT_1基极，同样的正反馈过程使 VT_1快速截止，完成一个振荡周期，开关管完成一次通/断过程。

在上述振荡过程中，R_2、C_1构成充电时间常数电路，同时 R_2还有限制正反馈电流的作用。V_3为 C_1放电通路，VT_2构成 VT_1振荡脉宽调制器，对 VT_1基极电流分流。在 VT_1振荡过程中，导通状态转为截止状态的转折点是 $I_B \cdot \beta < I_C$的某一点。在振荡过程中，如果 VT_2导通使 VT_1正反馈电流被分流，即减小 VT_1的 I_B，使 VT_1提前进入转折点。VT_1导通期减

小，提前进入截止状态，导致脉冲宽度减小，储能电感的储能减少，开关电源输出电压必然降低。

VT_2电流的大小受控于VT_3，VT_3的发射极接有简单的稳压电路，电源输出电压U_2经R_4限流，向VT_3发射极提供稳定的基准电压。因VT_3发射极电压固定，其集电极电流受基极电流的控制。当输出电压U_2升高时，VT_3的集电极电流增大，其输出端接入VT_2基极，使VT_2基极电位被拉向VS_2稳压值与VT_3的c、e极电压之和。VT_2发射极电压基本与输入电压近似，因而VT_2始终工作于正向偏置状态的线性区，一旦VT_2饱和导通，VT_1就截止。若VT_2截止，VT_1将失去控制，因此VT_2的工作点是自激式开关电源调整的重点之一。

理论上在设计降压电源时，VT_1的占空比应在0.5以下，以使U_1与U_2之降压比在2∶1以内。但是用此类开关电源实现大降压比需压缩VT_1的导通期，导通期的过度减小会使VT_1的自激振荡状态处于临界振荡，导致振荡不稳定，使U_2的稳定性受到影响。同时U_2输出纹波增大，难以滤除。此外，VT_1导通期过小，输出电流也无法增大，从而影响某些场合的使用。

2. 自激式升压型开关电源

自激式升压型开关电源的原理图如图2-3(a)所示。为了使$U_2>U_1$，续流二极管V与储能电感L是串联的，开关管VT通过V与负载电路并联。设开关管VT的开关周期为T，导通时间为t_{on}，截止时间为t_{off}，占空比为D，其基本工作原理是：当VT导通时，输入电压U_1通过VT并联在储能电感L两端，二极管V因被反向偏置截止，流过储能电感L的电流为近似线性上升的锯齿波电流，并以磁能的形式在L存储磁场能量；VT截止时，储能电感L两端的电压极性相反，二极管V处于正向偏置而导通，储能电感的感应电势U_L和U_1串联加在续流二极管V的阳极，因此输出端得到的电压是U_1和U_L整流滤波后的电压之和，达到了升压的目的。电路通过控制开关管导通脉冲宽度达到稳压目的。输出电压U_2的表达式为

$$U_2=\frac{1}{1-D}U_1=\frac{T}{t_{off}}U_1 \tag{2-2}$$

通过控制开关管VT驱动信号的占空比D，就可以克服由于电压波动或其他原因引起的对输出电压的影响，能够起到降低输出电压波动和稳定输出电压的作用。

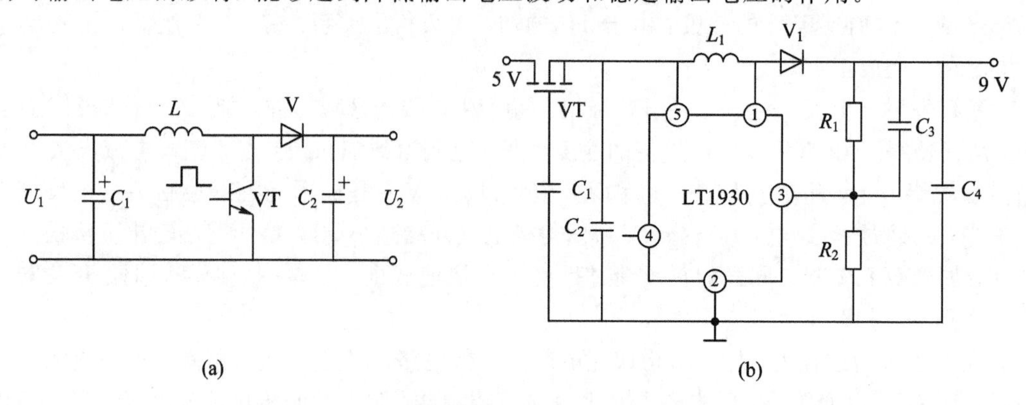

图2-3 自激式升压型开关电源原理与应用

(a) 原理图；(b) 实用电源电路

作为实例，可利用电路 LT1930 实现升压大功率输出的电源，该电源适用于便携式电子产品。LT1930 组成的电源电路如图 2-3(b)所示，输入为 3 V～6 V，输出为 9 V。电感 L_1取 6.5 μH；电容 C_2取 4.7 μF；输出电容 C_4取 10 μF；C_3取 10 pF；二极管 V_1反压大于等于 30 V。输出电压 U_o与 R_1、R_2的关系为

$$U_o=\left(1+\frac{R_1}{R_2}\right)\times 1.255\ \text{V} \tag{2-3}$$

式中：1.255 V 为内部的基准电压。R_2的阻值大于等于 13 kΩ，按给定设定的电压值计算 R_1。

2.1.2 辅助电路

1. 过流保护电路

过流保护可通过在电路中加入负载电流 I_0采样电路实现，原理见图 2-4。在开关电源稳压输出端，设置负载电流采样电阻 R_0，通过 R_0将负载电流 I_0变成过流电压 $U_0=I_0R_0$。VT_2作为过流控制管，当 $I_0R_0>0.7$ V 时，VT_2导通，稳压管输出电压 U_2经 VT_2集电极输出，触发晶闸管导通，将开关电源负载短路，实现停振保护。该电路具有自锁功能，一旦负载电流增大的持续时间超过 C 的充电时间，电路触发后，即使负载电流恢复正常也不能解除保护状态，必须关断电源排除过流因素，晶闸管才能复位。电路中 R_0阻值极小，在开关电源正常负载电流时其压降小于 0.3 V。R_1和 C_1构成保护启动延时电路，防止开机瞬间负载电流冲击造成电路误动作。

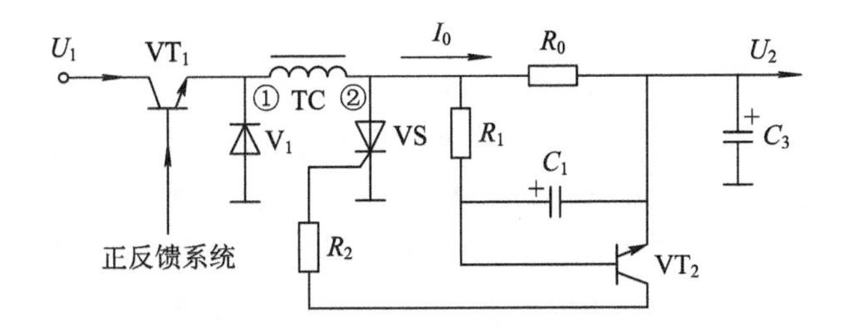

图 2-4　自激式开关电源的过流保护电路

利用晶闸管的短路保护可以实现更精确的过压保护。用分压电阻将 U_2分压，将分压点经过稳压二极管接入晶闸管控制极。如果 U_2升高，分压点电压使稳压管反向击穿，触发晶闸管导通。这种过压保护精度可以达到输出电压 2%以内，优于一般简单的过压保护电路。

2. 降压比增大电路

将储能电感改为脉冲变压器可增大降压比。开关管导通期间通过脉冲变压器初级储存能量，开关管截止时脉冲变压器通过次级向负载释放能量。如果此脉冲变压器初、次级绕组的匝数比增大，次级释放能量形成的感应电压必然较低。假设脉冲变压器能量存储与释放是相等的，其次级电路将感应出低脉冲幅度、大电流的感应电压向负载及滤波电容放电。除此之外，脉冲变压器代替储能电感后，电路的降压功能不只依靠调节脉宽，还可以通过改变脉冲变压器初、次级变比的方式得到设定的降压输出。

自激式降压型开关电源的降压比增大电路如图 2-5 所示。脉冲变压器 TC 增设输出副绕组⑥-⑦，电路的振荡过程与图 2-2 所示的相同。电源加电后，开关管 VT_1和脉冲变压

器 TC 组成间歇振荡电路，由 R_1 获得启动偏置，VT_1 导通进入饱和区，TC 的初级绕组①-② 电感通过 C_3 存储能量。当开关管截止时，TC 的磁场突然减小，在 TC 绕组③-⑤产生感应电压。其中 TC 绕组③-④的感应电压作为正反馈脉冲加到 VT_1 的 b－e 结上，控制 VT_1 的通/断。TC 绕组③-⑤之间的感应电压经续流二极管 V_1 整流加到输出端，向 C_3 充电，并向负载提供电压。该电源的 TC 绕组①-②与绕组③-⑤的匝数比小于 1，负载上得到较低的输出电压。采用降压比脉冲变压器的降压型开关电源，可以采用较大的 VT_1 导通脉宽，增大 TC 的储能，在降压后的低电压输出时得到较大的负载电流。

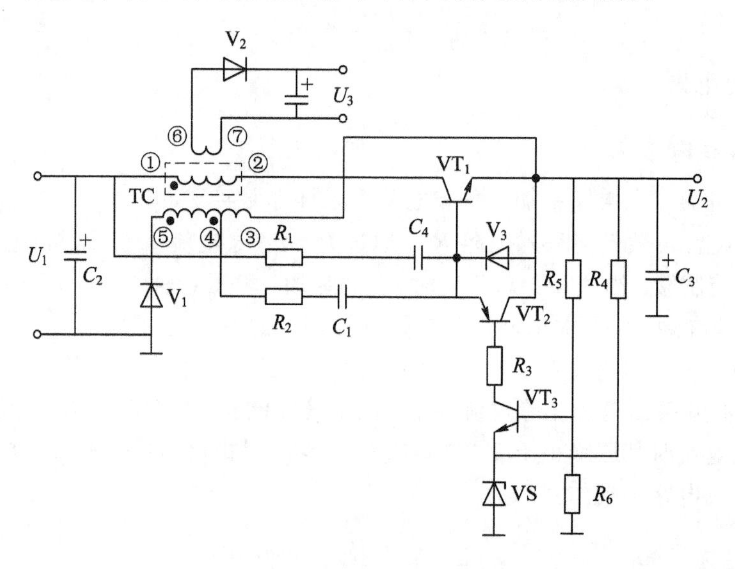

图 2－5　降压比增大电路

在图 2－5 所示的电路中，还可以用增加副绕组的方式获得另一组更低的输出电压，如图中的 U_3。因为电源工作在稳压状态，U_3 基本上是稳定的，但 U_3 并未反馈到脉宽控制系统，故 U_3 的负载电流的变动将使其输出电压产生相反的变动，即负载调整率极低。此外，U_3 负载电流的变动还影响 TC 初级的能量释放过程，使输出端 U_2 受到影响，稳压器的稳定度变差。为了改善电源特性，要求 U_3 的输出功率不能高出主负载端输出功率的 1/4，且 U_3 的负载必须是恒定的，输出 U_3 与输入电压需要隔离。

3. 同频控制

视听负载的信号放大器为宽带放大器，其频响从零至几十兆赫兹，因而对开关脉冲的高次谐波干扰极为敏感。为防止产生干扰，需将行逆程正脉冲加到开关管的基极，使开关管的自激振荡与行扫描同频。

下面以 TC－29CX 电源为例说明其工作原理。TC－29CX 电源电路原理图如图 2－6 所示。由于其待机/工作状态时负载电流有大幅度变化，因此电源的工作状态也必须改变。振荡电路由开关管 VT_1 和储能电感 L_1 组成。当电源接通后，输入端有约 310 V 直流电压直接进入 VT_1 的集电极。R_2、R_3、R_4 和 C_3 构成启动电路。310 V 电压经 R_2、R_3 和 R_4 分压，得到约 100 V 电压对 C_3 充电，其充电电流作为启动脉冲送入 VT_1 基极。VT_1 集电极电流逐渐增大，此电流通过 L_1 绕组①-②到负载。在此过程中，L_1 绕组①-③感应的脉冲电压以正反馈的形式加到 VT_1 基极，使 VT_1 快速饱和。当 L_1 绕组①-②和①-③匝数比确定以后，其正

反馈量取决于 R_5 和 R_6。反馈量增大，V_{10} 对正反馈脉冲进行钳位，维持振荡稳定。

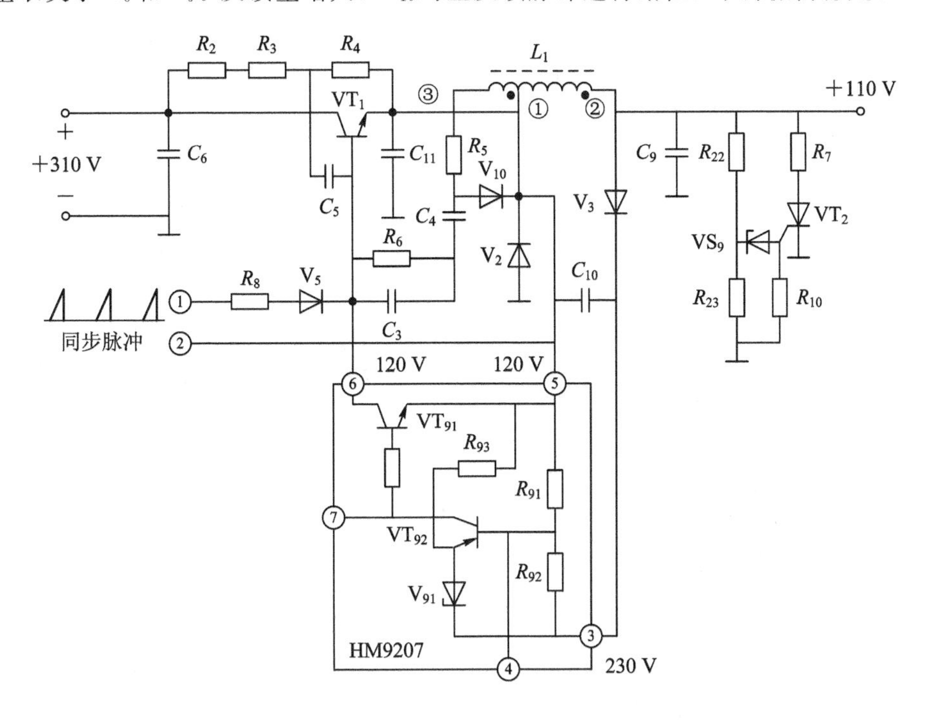

图 2-6　TC-29CX 电源电路

启动电路采用电容启动，将 C_3 的充电电流作为 VT_1 的启动电流。这种启动方式具有保护作用。在启动过程中，C_3 充满电荷后即无电流流过。在 VT_1 截止期，续流二极管 V_2 导通，C_3 通过 R_4 放电。如果电源发生故障，则造成振荡电路停振，V_2 始终是截止的。因为 C_3 的放电通路是负载，其处于非工作状态，所以负载等效电阻极大，C_3 放电时间常数增大。电源故障排除后，开机前需将 C_3 放电，电源才能启动。这种保护称为“多次启动保护”，在开关电源有故障时，只要一次未启动，即无电流进入 VT_1 基极电路，以免因多次启动而损坏 VT_1。

L_1 的接法构成了负载与开关管串联电路。输入电压经开关管进入 L_1 的储能绕组①-②，此绕组成为 VT_1 的电流通路。VT_1 截止期，L_1 绕组①-②释放储能，V_2 导通，对 C_9 充电，形成整流电压供给负载。

L_1 绕组①-②输出脉冲经 V_3 整流和 C_{10} 滤波，得到采样电压，正极进入采样放大器 HM9207 的 3 脚，负极进入 5 脚(即 VT_{91} 发射极)，经 R_{91}、R_{92} 分压后进入 VT_{92} 基极。VT_{92} 发射极由稳压管 V_{91} 钳位使之与 3 脚压差为−6 V，因此 VT_{92} 集电极电流受控于 HM9207 的 3、5 脚电压差。当电源输出电压升高时，C_{10} 两端电压也升高，VT_{92} 基极电压变负，其集电极电流增大，使 VT_{91} 导通，其内阻降低，电流增大，VT_1 输入电流被分流而提前截止，振荡脉宽变窄，输出电压降低。

开关电源负载电流过大时会造成电源间歇振荡器停振，这一特点被用来实现过流短路保护功能。

串联型开关电源开关管一旦被击穿，输入的 310 V 整流电压将通过 L_1 绕组①-②加到负载上，会造成设备损坏，因此应在主电压输出端接入过压保护电路，即在图中的主电压输出端接入过压保护晶闸管 VT_2。当输出电压为 110 V 时，根据 R_{22} 和 R_{23} 的阻值计算正常时的中点分压值为 22 V～23 V，VS_9 的稳压值为 30 V。当主输出电压超过 140 V 时，VS_9 被击穿，晶闸管 VT_2 导通，将电压输出端短路，开关电源停振处于保护状态。

4. 开关电源的隔离

大规模集成电路和数字处理电路不能与输入供电采用同一参考点。用电设备与供电电源电路共地，为不隔离电源，存在潜在危险。即使是普通设备，随着功能的扩展，具有多种规格的音、视频或数字信号接口，信号地与输入供电也必须隔离。

并联型开关电源的开关管和负载电路是并联的，用于升压型不隔离开关电源中。隔离开关电源或脉冲变压器耦合的开关电源通过开关管控制脉冲变压器初级绕组的能量存储，能量释放则通过脉冲变压器次级进行。改变脉冲变压器的匝数比可得到不同的脉冲电压，经整流滤波后为负载供电，电源的输入和输出端通过脉冲变压器的磁耦合传递能量。从电网直接输入的供电设备几乎全部采用此类开关电源，取代了传统的工频变压器和线性稳压器。

自激式电路以开关管为主组成脉冲变换器，将直流电变成脉冲波，通过脉冲变压器耦合输出到负载。自激式隔离型开关电源的原理图如图 2-7 所示，该电路包括开关管 VT 和 TC 组成的自激振荡电路、脉冲宽度调制的控制系统、采样系统和次级的脉冲整流滤波电路等。

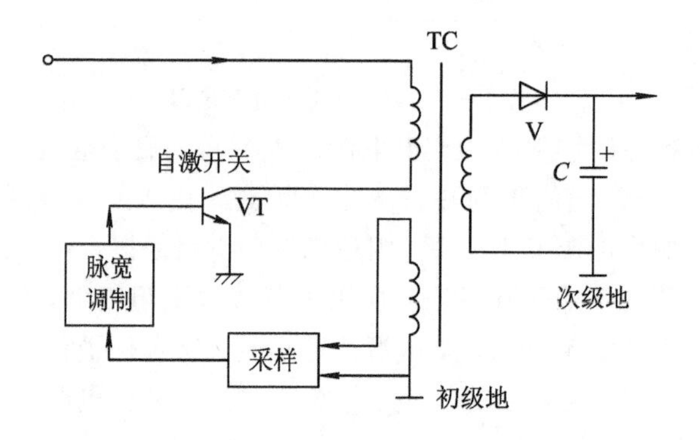

图 2-7 自激式隔离型开关电源的原理图

图 2-8 所示为典型自激式隔离型开关电源电路。开关管 VT_4 和脉冲变压器 TC_1 构成的振荡器组成主电路，将输入的直流电变换成矩形波，加在 TC_1 的初级。接通电源后，输入电压通过启动电阻 R_2 给 VT_4 基极施加启动信号，其集电极电流开始增加，使 TC_1 正反馈绕组⑨端产生正的感应电压，加到 VT_4 基极，形成正反馈，从而使 VT_4 导通电流进一步增大。VT_4 进入饱和状态，在此过程中，C_{13} 充电，随着充电电流逐渐减小，VT_4 基极电流随之减小，集电极电流随之下降，造成 TC_1 正反馈绕组⑨端形成的自感电动势脉冲反相，VT_4 因正反馈作用迅速截止。同时，C_{13} 通过 V_8 快速放电，以准备进入下一个振荡周期。振荡过程中，R_{14} 不仅限制 C_{13} 的充电电流，同时还和 C_{13} 共同决定振荡电路的脉冲宽度。

当 VT_4 集电极电流减小趋向快速截止时，TC_1 正反馈绕组⑨端为负向脉冲，⑩端为正向脉冲，通过二极管 V_7 向 C_{14} 充电，形成极性为左正右负的反偏电压，此电压作用于 VT_4 的 b-e 极。当 VT_4 下一个导通周期开始时，通过改变 VT_3 的集电极电流，可控制 VT_4 的截止时间。如果 VT_2、VT_3 集电极电流增大，C_{14} 放电电流也增大，则 VT_4 基极电流减小，使 VT_4 提前截止。这一过程即是 C_{14} 和 VT_2、VT_3 对 VT_4 导通脉冲宽度的控制过程。

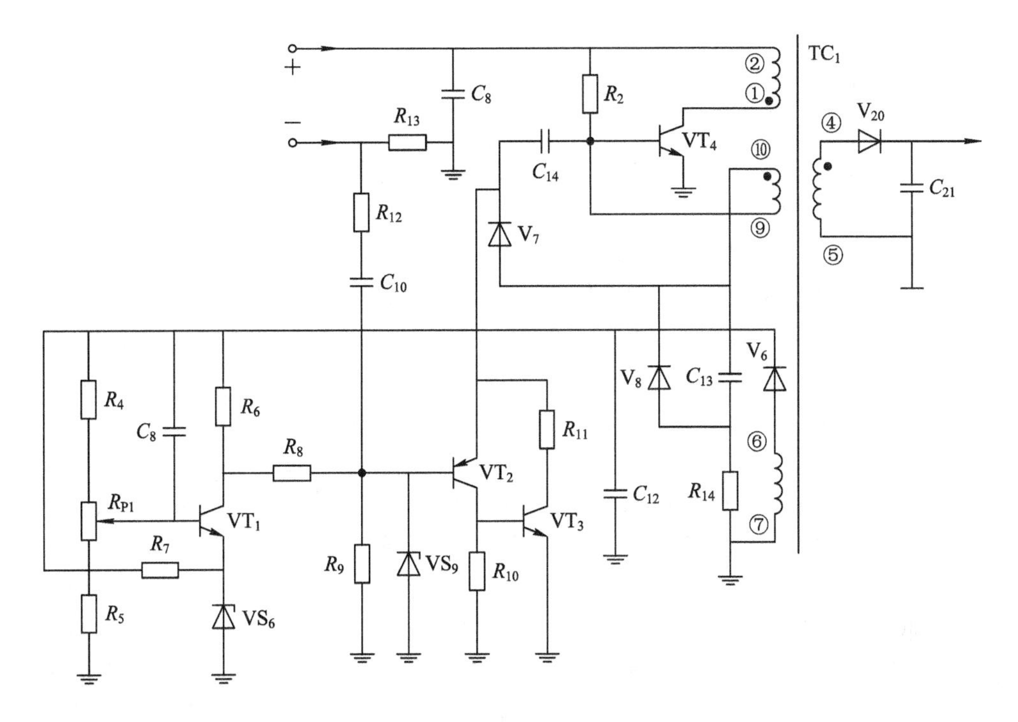

图 2-8　自激式隔离型开关电源电路

一旦 VT_4 处于截止状态，TC_1 的感应脉冲和供电电压串联加在 VT_4 集电极。V_{20} 导通将次级绕组⑤-④的感应脉冲整流后为负载供电。振荡过程中，C_{13} 充电时间决定了 VT_4 导通的最大脉冲宽度。电容充电时间临近结束时，加到开关管 VT_4 基极正反馈电流减小，开关管进入 $I_B \cdot \beta < I_C$ 的线性放大状态，使 I_C 减小，通过正反馈重新转入截止状态。反馈电路加入 V_8，加快了 C_{13} 的放电速度，使 VT_4 提前截止。C_{13} 的快速放电，导致下一个导通周期提前，使脉宽变化的同时频率也在改变，这是此类开关电源的特点之一。

电路中，TC_1 绕组⑦-⑥为采样绕组，其感应电压经 C_{12} 滤波形成采样电压。R_4、R_5 和 R_{P1} 组成采样分压器，同时也构成 C_{12} 的放电电阻。VT_1 为误差检出放大器，采样电压分压后加到 VT_1 基极，其发射极由稳压管 VS_6 提供基准电压。当开关电源输出电压升高时，VT_1 集电极电流增大使集电极电压下降，VT_2 的基极电压也下降。与此同时，VT_2 集电极电流增大，R_{10} 的压降增大使 VT_3 集电极电流也增大，C_{14} 放电电流也随之增大，VT_4 提前截止，使输出电压稳定。

电路中有过压、过电流控制电路。输入电压的负极经输入电流采样电阻 R_{13} 接入开关变换电路。当负载电流增大或开关管意外出现导通脉宽增大时，输入电流增大，使 R_{13} 压降增大，形成负极性的脉冲，该脉冲经 R_{12}、C_{10} 加到脉宽调制放大器 VT_2 的基极，使 VT_2、VT_1 集电极电流瞬时增大，VT_4 截止，降低开关电路的电流和输出电压。

电源运行中若因故障引起 R_{P1} 开路或 VT_1 失效、开路，必然引起 VT_2、VT_3 截止，脉宽调制器开路失效，VT_4 将处于 C_{13}、R_{14} 决定最大脉宽的振荡状态，输出电压将大幅升高，致使 VT_4 热击穿。为了防止故障引起的采样、误差放大器开路损坏造成的过压输出，电路中设置有稳压管 VS_9，可将 VT_2 基极电压钳位于其稳压值，使 VT_2、VT_3 有一定导通电流，限制 VT_4 最大脉宽，输出电压则被限制。

5. 反馈电路

反馈电路的优劣直接影响电源系统的稳定性，在输入电压波动等电路参数变动的条件下，实现输出稳定。

图 2－9(a)是一种典型的反馈方式，通过加入正反馈脉冲钳位电路，可抑制 U_i对驱动电流的干扰，保证负载电压稳定。N_2是反馈驱动绕组，R_2的大小控制反馈量。当 U_i在输入下限范围内时，调节 R_2可得到理想的 I_B，使 VT 工作于正常的开关状态；随着 U_i的上升，绕组 N_2的感应电势呈线性比例上升，VT 的 I_B增大；当 U_i继续升到一定幅度时，绕组 N_2的感应电压经二极管 V 整流后，使稳压管 VS 反向击穿，将反馈脉冲的峰值钳位；如果输入电压继续增加，VT 的驱动电流将在一定范围内保持不变，电源系统输出处于稳定状态。电路中，R_2和 VS 的取值是电源设计的关键技术，决定了电源的指标参数。

图 2－9(b)为双路正反馈电路，该电路可以得到更加稳定的效果。电路的反馈一路是由 R_1、C_1组成的普通 RC 正反馈电路。正反馈支路按照电源输入电压在额定值以上时的反馈量设定，保证在输入电压上限时，正反馈量增大不会使开关管进入饱和状态。另一路是由二极管 V 和 VT_2、VS 组成的线性稳压器构成恒流源。当输入电压低至使 N_2感应脉冲峰值小于 VS 稳压值时，VS 截止，VT_2等效于阻值为 $R_2/(1+\beta)$的电阻，与 V 构成辅助正反馈电路。在低电压下，两路正反馈电路为 VT_1提供足够的正反馈量，维持开关电源正常工作。当输入电压升高时，VS 被击穿，将 VT_2输出电流稳定于该点，即使输入电压持续上升，此路的正反馈电流也维持不变。恒流驱动电路通过线性稳压方式来稳定开关管基极与发射极的驱动电流，是自激式开关电源普遍采用的电路。

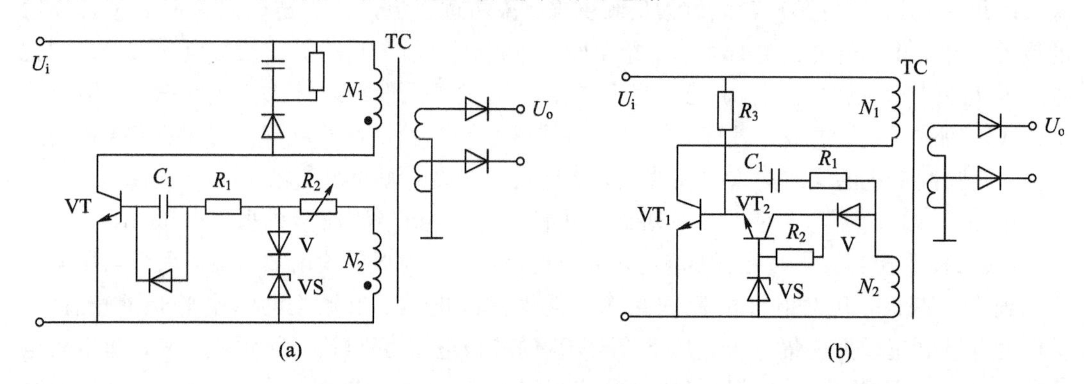

图 2－9　反馈电路

(a) 脉冲钳位反馈电路；(b) 双路正反馈电路

2.1.3　PWM 控制

1. 双 PWM 控制

为了提高稳压效果，自激式开关电源可以采用双路或多路 PWM 控制。采用两只脉宽控制管或两路独立的控制电路，即可扩大脉宽调制器的控制能力，也可提高其可靠性。

图 2－10 所示为双路 PWM 电路。输入电压通过 R_1为开关管 VT_1提供启动电流，脉冲变压器 TC 绕组④-⑤输出脉冲，经 C_1、R_2向 VT_1提供正反馈电流，使 VT_1完成自激振荡和开关过程。VT_2和 VT_4组成主 PWM 系统，TC 绕组⑤-⑥为采样绕组，其输出脉冲经 V_2

整流、C_3滤波，得到正比于 VT_1导通脉宽的采样电压，电阻 R_6、R_7将其分压后输入 VT_4基极，其作用为误差检出放大器。VT_4发射极由 R_9、VS_2提供基准电压，误差电压经放大后，形成与误差电压成正比的集电极电流，对 VT_2、VT_1实现控制。当 VT_1导通时间过长或 U_i升高，或负载电流减小时，C_3电压升高，使 VT_4集电极电流增大。由于 VT_4的集电极电流构成 VT_2的偏置电流，因此 VT_2的集电极电流也随之增大，从而使 VT_1基极电流分流增大，I_B减小，VT_1提前进入 $I_B\beta<I_C$的状态，I_B失去对 I_C的控制能力，I_C立即下降，VT_1提前截止，存储于 TC 绕组①-③的磁能减小，输出电压下降。在双路 PWM 控制系统中，TC 采样绕组④-⑤与初级绕组①-③应选取较大的匝数比，以使开关电源的自激振荡电路在输入电压下限和负载电流上限均能正常工作。

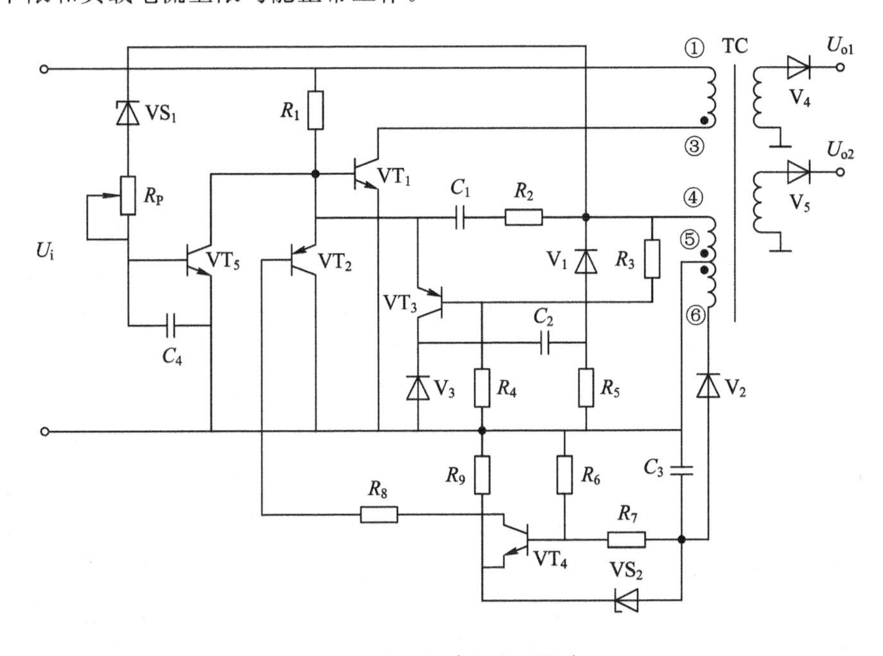

图 2-10　双路 PWM 电路

设置大的正反馈量，当输入电压升高或负载电流减小时，PWM 系统必须要对正反馈电流有大的分流能力。若单纯靠 VT_2分流，则需要 VT_2 有极大的工作范围。若 VT_2 的工作范围不足，一旦进入其截止区或饱和区，开关电源将失控。为了降低 VT_2的电流，电路中加入第二组 PWM 控制管 VT_5和 VT_3。驱动电路为大电容 C_2钳位电路，TC 正反馈绕组④-⑤输出脉冲，经 V_1整流，在 R_5两端形成上负下正的整流电压。由 TC 各绕组相位关系不难看出，只有开关管 VT_1进入截止期时，TC 的绕组④才变为负脉冲，即 V_1的整流电压正比于 TC 能量释放过程中产生的电压或正比于开关电源的输出电压。VT_1截止期间，R_5上的电压经 V_3向 C_2充电，其充电电压正比于 TC 绕组④-⑤的脉冲电压幅度和持续时间。此时，TC 绕组④为负脉冲，VT_3反偏截止，C_2无放电通路。当 VT_1进入下一个导通周期时，TC 绕组④为正脉冲，⑤为负脉冲，V_1、V_3均截止，因此 C_2所充的电压得以保持。当 VT_1导通后，正反馈脉冲经 R_3、R_4分压使 VT_3导通，C_2经 R_5、VT_3的 c-e 极对 VT_1的b-e 结放电，构成 VT_1正反馈电流的一部分。瞬间降低输入电网电压或增大负载电流而使正反馈电压的下降不敏感，VT_1仍处于理想的开关状态，提高了开关电源的稳压性。

第二组 PWM 电路由 VT_5和稳压管 VS_1组成。VT_5和主 PWM 控制管 VT_2均并联在开

关管 VT_1 的 b－e 极间，VT_5 基极由 6.8 V 稳压管 VS_1 接入 TC 的正反馈绕组④端，在正常状态下，④端正反馈脉冲峰值低于 VS_1 稳压值，该电路不起作用。如果输入电压高于开关电源允许输入供电电压的上限，则正反馈脉冲峰值随之升高，VS_1 反向击穿，VT_5 瞬间导通，使 VT_1 提前截止，以稳定输出电压。脉宽调制管 VT_5 使输入供电电压升高时，通过压缩 VT_1 振荡脉宽使输出电压稳定，分担了 VT_2 的分流作用，提高了开关电源的可靠性。

由第二路 PWM 控制系统的工作过程可以看出，VT_3 的采样电压来自开关管导通期的正反馈脉冲，因此该电路在输入电压变动时可以有效地稳定正反馈量。此类双路 PWM 控制的开关电源，可以将单端自激式开关电源的输入供电电压的稳压范围扩大近一倍以上，实现宽电压输入。

2. 开关管的保护电路

1）软启动电路

在开关电源启动时，开关管振荡过程中的振荡脉宽不是突然进入额定脉宽，而是有一段启动过程，以避免接通电源瞬间冲击电流对元器件的破坏。例如，图 2－8 所示电路在开机瞬间，C_{12} 两端的采样电压达到额定值需有一定时间，在 C_{12} 充电过程中，误差放大器检出的采样电压偏低，因而脉宽控制电路减小了对开关管基极的分流，使振荡电路脉宽增大，形成开机冲击电流。脉宽的增大，使开关管在开机瞬间有一较大的冲击电流。为了避免这种硬启动过程带来的危害，需要在采样分压电路中加入软启动电路。

2）过流保护电路

开关电源中，必需设置开关管的过流保护电路，其电路组成见图 2－11。由 VT_1、V_2 和 VS_2 组成的开关管过流保护电路接入开关管 VT_2 的发射极。电阻 R_3 为 VT_2 发射极电流采样电阻。当 VT_2 振荡脉宽过大时，其平均电流增大，R_3 上产生的压降超过 1.4 V，即二极管 V_2 与 VT_1 的 b－e 结的正向压降之和使 VT_1 导通，将 VT_2 基极激励脉冲短路，VT_2 停振而截止。若这种过流是瞬态的，则当 VT_2 电流恢复正常时，开关电源可以自动恢复工作；若过流是持续的，则开关电源保护性停振。

上述保护电路中，VT_1 构成辅助脉宽控制器，受控于 VT_2 平均导通电流。V_2 为隔离二极管；R_4 是 VT_1 基极分流电阻，以避免 VT_1 损坏。VS_2 的作用是：当 VT_2 意外被击穿时，稳压管 VS_2 也被击穿，既避免了 VT_1 随 VT_2 击穿而损坏，又避免了 R_3 开路时 VT 发射极出现高电压而损坏电路。

开关管的过流限制实际上对负载过流也有效，因为不管任何一组负载电流增大，都将使脉冲变压器初级等效感抗降低，开关管的导通电流也随之增大。不过这种保护是间接的，对电压精确度要求高的负载端，仍需设置前述过流保护电路。

开关电源有输入电压超压保护电路，目的是在输入电压超高时，使开关电源停止工作，以避免因开关管击穿而引起开关电源大面积损坏。输入过压保护电路常和开关管过流保护电路共用控制电路，如图 2－11 中，电阻 R_1、R_2 对开关电源输入电压分压采样，当输入电压超过上限输入电压时，稳压管 VS_1 反向击穿，R_2 两端电压经 V_1 加到控制管 VT_1 的基极，使 VT_1 饱和导通，开关管停振。在开关管截止期，VT_2 集电极加有 U_i 和 TC 初级绕组自感电动势，即使正常工作的开关电源，开关管由导通进入截止状态时，脉冲变压器初级绕组感应电动势也近似等于或大于输入电压 U_i，因此开关管集电极实际承受的反压应大

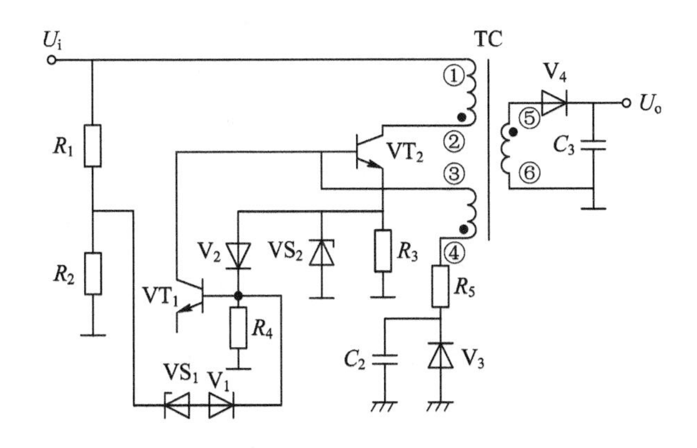

图 2-11　开关管过流和输入过压保护电路

于等于 $2U_i$。当输入电压升高时，开关管集电极反压成倍升高，甚至超过其 U_{CEO} 而被击穿。此时，若开关电源停振，则此反压只等于输入电压，可以避免被击穿。

3. 反馈控制应用

图 2-12 所示电源电路中脉冲变压器 TC 正反馈绕组⑤-⑦输出脉冲电压分为两路：第一路经 R_{26}、C_{20} 反馈到开关管 VT_{83} 的基极，为了使 VT_{83} 在输入电压上限不产生过激励，此路正反馈的振荡脉冲宽度设计较窄，C_{20} 的容量极小，因而 C_{20} 的充电时间短，在 PWM 电路的作用下，正反馈形成的占空比较小，在输入电压的上限 290 V 时，VT_{83} 也不会产生过激励；第二路经 R_{23} 送到 VT_{20} 的基极，当输入电压较低时，TC 绕组⑦端反馈脉冲电压幅度也较低，稳压管 VS_{28} 截止，VT_{20} 处于正常放大状态，使 VT_{83} 有足够的激励脉冲，随着输入电压的升高，TC 绕组⑦端输出的脉冲电压幅度增大，当大于 7.5 V 时被 VS_{28} 钳位，正反

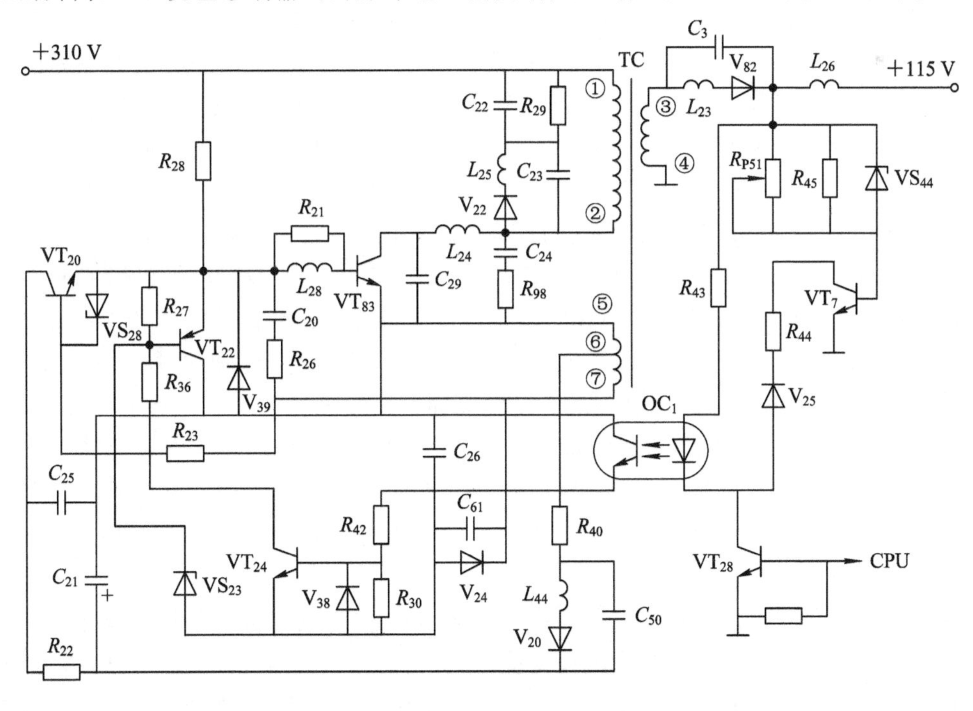

图 2-12　两路正反馈电源电路

馈电流不再随输入电压的升高而增大，构成恒流驱动电路。

PWM控制主回路通过对主负载端的采样，对振荡脉宽进行调节，使电源有稳定的输出。VT_{22}为脉宽调制管。TC绕组⑤-⑦输出的脉冲电压经V_{24}整流，在C_{26}产生电压，其负极向VT_{24}的发射极供电，其正极经光电耦合器OC_1的输出端为VT_{24}提供正偏置电流。OC_1的发光二极管受采样电路VT_7的控制，OC_1从输出端＋115 V电压采样。当输出电压上升时，VT_7电流增大，使OC_1中的发光二极管电流增大、亮度增强，OC_1中的光敏三极管导通，VT_{24}的集电极电流增大，VT_{22}导通电流增大，使VT_{83}的集电极电流减小而提前截止，稳压器输出电压降低。改变R_{P51}可调节＋115 V输出电压。

2.2　自激式开关电源

设备的功率在200 W左右适合采用自激式开关电源。

2.2.1　办公设备电源

1. 打印机电源

打印机的特点是负载功率变动大，如字车电机、走纸电机、打印头移动电机、压纸杆电磁铁等均属间歇性工作，比如35 V供电时负载电流在0 A～3 A之间。为了适应大范围负载电流变化，打印机电源中的PWM系统可采用双路控制。打印机电源输入要求较高，需稳定在220 V～240 V，以避免降低开关电源负载调整率。典型打印机电源大多采用正激式变换器，其特点是带负载能力较强，输出电压值取决于供电电压，脉冲变压器初、次级匝数比和开关电源脉冲的占空比，而与负载电流无直接相关性。

典型打印机电源电路见图2－13。脉冲变压器TC_1和开关管VT_1组成间歇振荡电路；R_{14}为VT_1的启动电阻；R_4、V_2、C_7为正反馈定时元件；VT_4为稳压系统的控制器，通过光电耦合器OC_2受控于次级采样放大器；VT_6为可调稳压器TL431。35 V输出电压经R_{20}、R_{21}分压后送入VT_6的控制级，检出误差电压控制VT_6的A－K极电流，使之与串联的OC_2发光二极管产生相应的电流变化。OC_2的次级内阻变化，直接控制脉宽调制管VT_4的导通电流。当35 V输出电压升高时，VT_6电流增大，经OC_2使VT_4对正反馈脉冲分流增大，VT_1提前截止，输出电压下降。光电耦合器OC_2的次级光敏三极管供电由TC_1正反馈绕组⑦-⑧输出脉冲电压经V_6整流供给。因此，OC_2的光敏三极管电流同时受控于该供电电压。设脉冲宽度不变，当输入电压升高时，正反馈脉冲电压幅度增大，V_6整流电压升高，OC_2的三极管电流增大，VT_4集电极电流增大，使脉冲宽度减小，保持输出电压稳定。

第二路脉宽控制管由VT_2组成，VT_3为VT_2的驱动器。VT_2、VT_3的导通电流受控于VT_5，当VT_5的A－K极电流增大时，VT_3集电极输出电压升高，VT_2导通电流增大，使开关管导通时间缩短。

输出过电压保护电路由光电耦合器OC_1构成。OC_1内部的二极管阳极经稳压管VS_1对35 V输出采样，当输出电压达到VS_1设定值时，OC_1的二极管触发晶闸管导通，V_8整流的负电压经晶闸管的K－A极和V_7，使开关管VT_1基极为负电压，迫使VT_1截止，开关电源停振保护。

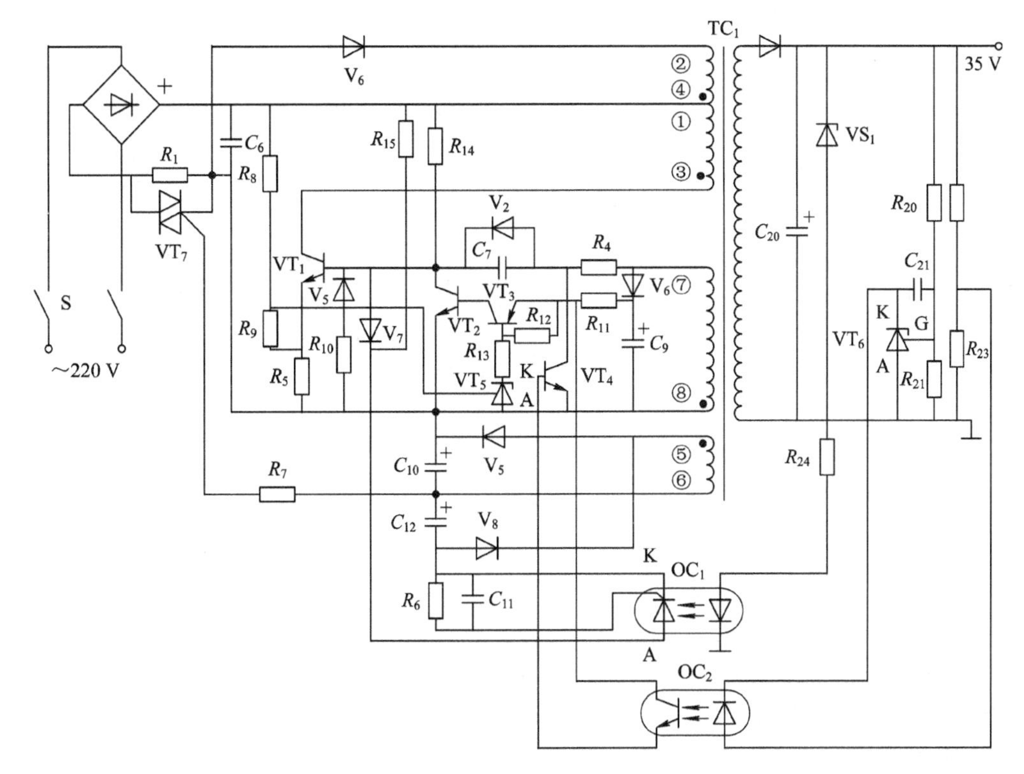

图 2－13　打印机电源电路

电路中采取由双向晶闸管 VS$_7$组成的限流电阻短路电路。开机后，TC$_1$绕组⑤-⑥输出脉冲电压，经 V$_5$整流的负电压触发 VS$_7$导通，将电阻 R_1短路。TC$_1$ 绕组②-①可实现磁场能量释放。当开关管 VT$_1$截止时，TC$_1$绕组②端为负脉冲，V$_6$导通，向滤波电容 C_6充电，将能量返回供电电路。此电路既可提高开关电源效率，还会使开关管截止时反压降低，避免开关管击穿。

2. 视听设备电源

视听设备需避免电源脉冲辐射干扰。图 2－14 所示为一种平板显示器电源电路。输入交流电压经 L_1、C_1组成的共模滤波器进行双向隔离。L_1有较宽的共模抑制频谱，其干扰脉冲磁场方向相反，使对称双线干扰相互抵消。C_3和 C_4与 L_1的两绕组构成 LC 式滤波器，两电容接地点为信号接地点。用负温度系数热敏电阻 NTC 作为滤波电容充电的限流电阻。

电源的初级部分由 VT$_{92}$与 TC 构成自激振荡 DC/AC 变换电路，电阻 R_1、R_2作为 VT$_{92}$的启动偏置电路。电阻 R_7与 C_{13}将 TC 绕组③-④的脉冲以正反馈形式引入 VT$_{92}$基极，使 VT$_{92}$随着间歇振荡过程不断导通、截止。在 VT$_{92}$截止期，TC 向次级负载电路提供电压。VT$_{91}$与光电耦合器 OC$_1$(4N35)、可调稳压管 VS$_2$(TL431)构成稳压系统。电源的行供电 45 V 电压经 R_{57}、R_{63}、R_{P1}分压得到 2.25 V～2.5 V 的采样电压，送到 VS$_2$ 的控制极，当输出电压升高时，VS$_2$ 电流增大，使光电耦合器 OC$_1$ 的发光二极管亮度增强，次级三极管 c、e 间的内阻降低，V$_5$的整流电压在三极管 c－e 的压降减小。VT$_{91}$的偏置电流增大，导通程度增强，开关管 VT$_{92}$正反馈电路分流增大，VT$_{92}$提前截止，迫使输出电压降低。当输出电压降低时，电路动作与上述相反，VT$_{92}$的振荡脉宽增大，输出电压升高，以维持输出

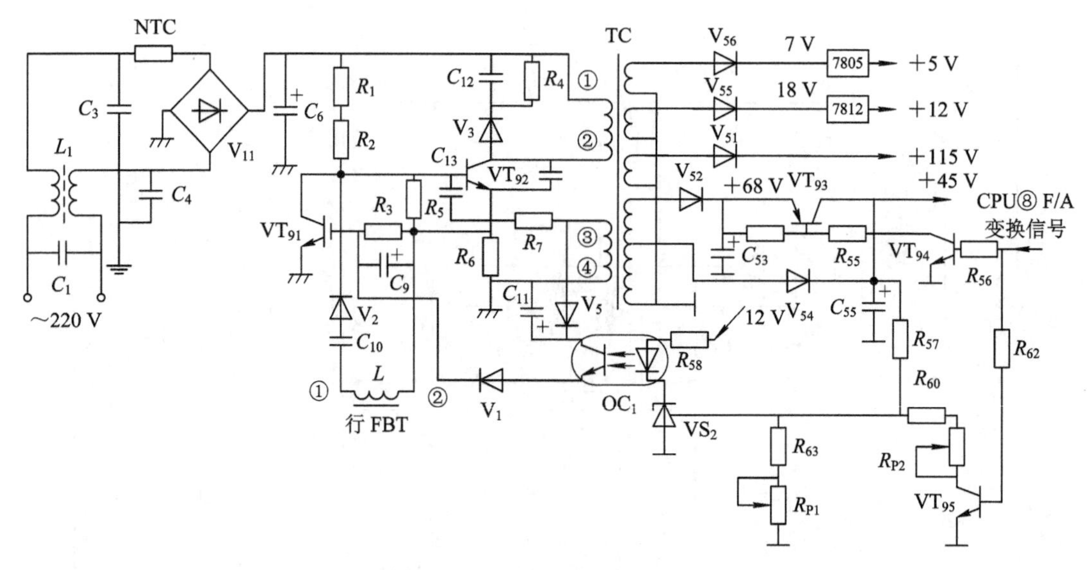

图 2-14　显示器电源电路

电压的稳定。

VT_{91}的另一作用是对开关管 VT_{92}过电流限制，VT_{92}导通电流，在电阻 R_6产生与此成正比的电压降，该电压降经 R_3、C_9加到 VT_{91}的基极。当 VT_{92}电流增大使 R_6电压降达到 0.6 V 时，VT_{91}瞬间导通，对正反馈电路分流，迫使 VT_{92}集电极电流减小。如 VT_{92}导通电流持续增大，VT_{91}导通将使 VT_{92}停振。图中①-②端的 L 产生感应行逆程脉冲。行逆程期间，其极性为①端正、②端负。正脉冲通过 C_{10}使 V_2导通，开关管 VT_{92}触发导通，以使自激振荡与行频同步。

高档视听设备可兼容多种显示模式，其行扫描频率需要适应低频和高频多种频率。由于行频的差别较大，转换显示模式时行输出级的供电电压必须改变。当行频升高时，需提高行扫描供电电压，使行偏转电流增大。当行频降低时，需降低输出电压，但此时降低的只是行输出级的供电，而其他各组供电应保持不变。

开关电源次级电路的行供电设有两组电压：一组是由 V_{52}整流、C_{53}滤波输出的 68 V 电压；一组是由 V_{54}整流、C_{55}滤波输出的 45 V 电压。

当处于低行频显示状态时，行输出级供电为 45 V，模式识别电路输出低电平，使 VT_{93}、VT_{94}、VT_{95}截止。因为 VT_{93}截止，C_{53}两端电压是断开的，C_{55}充电电压向行输出级提供 45 V 电压。VT_{95}截止，使采样电路分压电阻 R_{60}、R_{P2}断开，采样电路由 R_{57}与 R_{63}、R_{P1}之比设定。微调 R_{P1}可使 45 V 电压稍有波动。

当处于高频模式时，模式识别电路输出高电平，VT_{93}、VT_{94}、VT_{95}都导通。VT_{93}导通，使 V_{52}、C_{53}整流的 68 V 电压与输出端接通，向行扫描提供 65 V±5 V 的供电。与此同时，C_{55}充电到 68 V，使 V_{54}反偏截止，只由 V_{52}提供整流电压。为了保证 68 V 输出电压的稳定，VT_{95}导通，将 R_{60}、R_{P2}与 R_{63}、R_{P1}并联，采样比增大。微调 R_{P2}维持 2.25 V～2.5 V 的采样控制电压，可使 68 V 电压在 60 V～70 V 之间变动，以使稳压系统正常工作，保证高频模式下有足够的行幅度，并且在显示模式变换过程中，开关电源的其他各组输出电压没有变化。

2.2.2 谐振开关电源

谐振开关电源的谐振电流的波形随输入电压、负载电流而变化。在谐振状态下，开关器件驱动脉冲的宽度与输出电压的关系不易分析计算。本节以典型谐振开关电源实例进行分析。

1. 低通滤波式谐振变换器

图 2－15 是根据低通滤波原理滤除三次以上谐波组成的小功率准正弦波逆变电源电路。图中，时基电路 555 为 50 Hz 的方波振荡器，其 3 脚输出单向脉冲，驱动 PNP 和 NPN 互补功率开关电路。当其波形上升沿使 VT_1 导通时，＋12 V 电源向 C_4 充电，充电电流经变压器 TC_1 初级形成回路。当输出脉冲下降到某一电压时，VT_1 截止，PNP 管 VT_2 基极电压也随之下降，因其发射极为 C_4 充电正电压，因而 VT_2 导通，C_4 通过 VT_2 的 c－e 极和 TC_1 初级形成放电回路，此时变压器 TC_1 的电流与 VT_1 导通时的电流方向相反。555 产生的单向脉冲通过互补开关电路后，每个周期内通过变压器 TC_1 初级的是双向交变电流，在 TC_1 的初级的串联接入了 C_4 和 L_1 构成的低通滤波回路。C_4 容量越大，对基波频率的阻抗越低，即可减小基波频率输出的损耗。L_1 电感量较大，可增大对高次谐波的阻抗。如果 L_1 的感抗在基波频率 f_1 时为 X_L，则对三次谐波的感抗将为 $3X_L$，五次谐波的感抗为 $5X_L$，降低了基波频率的损耗。

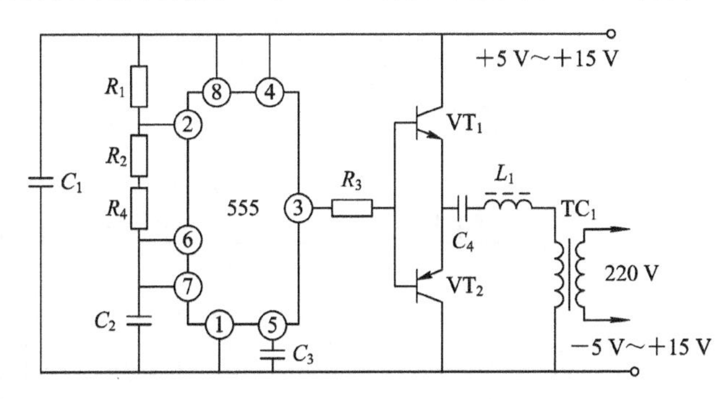

图 2－15　小功率准正弦波逆变电源电路

2. 并联谐振电源

谐振式变换器基本电路见图 2－16，其中 R_1、R_2 和 R_3、R_4 构成 VT_1、VT_2 的启动偏置电路。开关管采用 MOSFET 管，TC 初级绕组 N_1、N_2 两端并联接入 C_2，绕组的电感量与 C_2 谐振于自激振荡频率。TC 绕组 N_4 为正反馈绕组，使电路维持自激振荡。通电后，若 VT_1 首先导通，电压经 L_1 和 VT_1 加到 N_1 的两端，在 N_1、N_2 和 C_2 之间产生谐振电流，此电

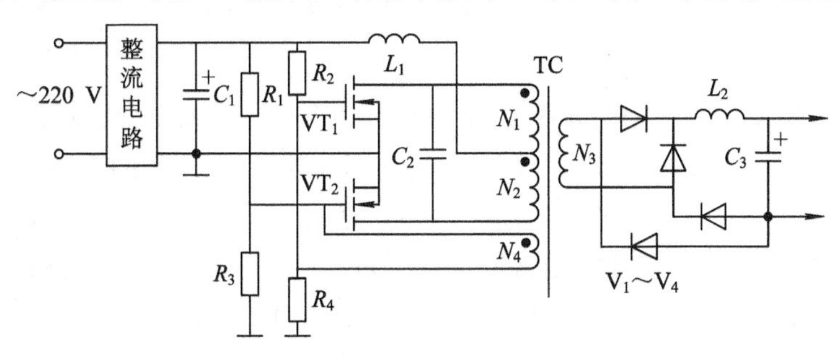

图 2－16　谐振式变换器基本电路

流在 N_3 两端产生相同波形的感应电压输出。加到 VT_1 的是同相位的正反馈电压，使 VT_1 维持导通，直到谐振电压过零时才截止。然后谐振电压反相，VT_2 导通，VT_1 截止。如此周而复始，产生类似正弦波的振荡波形。

典型的 DC/DC 谐振升压变换器电路见图 2－17，输入为 12 V，输出为 ±30 V。电路中三极管 VT_6 和 VT_7 等组成对称的多谐振荡器，VT_1 为变换器开关控制三极管，VT_3、VT_5 和 VT_2、VT_4 等组成推挽缓冲级，VT_8、VT_9 组成射极输出驱动级。输出级 VT_{11}、VT_{13} 和 VT_{10}、VT_{12} 并联接入脉冲变压器 TC_1。脉冲变压器初级的波形为近似正弦波。二极管 V_6、V_{11} 控制三极管 VT_2、VT_3 的 b－e 结反相脉冲。脉冲变压器附加绕组的输出脉冲经 V_{13} 整流、C_6 滤波后向 VT_6、VT_7 提供负电压，以控制振荡器输出脉冲，通过控制输出三极管稳定输出电压。若输出级电流增大，该负电压升高。

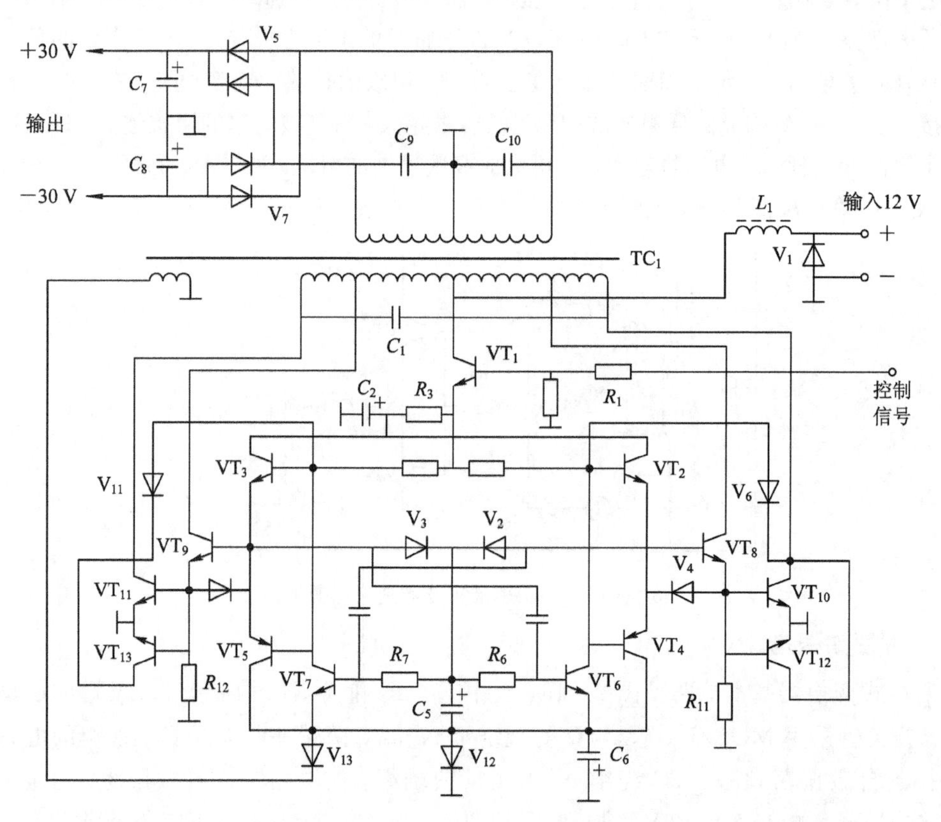

图 2－17　DC/DC 谐振升压变换器电路

3. 串联谐振电源

降压型电源串联谐振原理图如图 2－18 所示。如果耦合电容 C_3 和脉冲变压器 TC 的初级电感 L 的自然谐振频率 f_0 接近 VT_1、VT_2 输出脉冲频率 f_1，则电路的性质将发生变化。当 $f_1=f_0$ 时，谐振回路阻抗中电抗部分 $X_C=X_L$，总阻抗只等于变压器 TC 的次级负载电阻反映到初级的等效电阻。此时，谐振回路电流最大，因而电感 L 上的压降也最大，同时 U_L 和 U_C 的值不等于 VT_1、VT_2 输出脉冲的值，而是各为其 Q 倍。一般取驱动脉冲频率 f_1 小于 $0.75f_0$，即外加脉冲频率低于 LC 回路的谐振频率。由于此点正处于谐振曲线的左侧，因此利用此点的斜率即可控制电感 L 的电压 U_L。

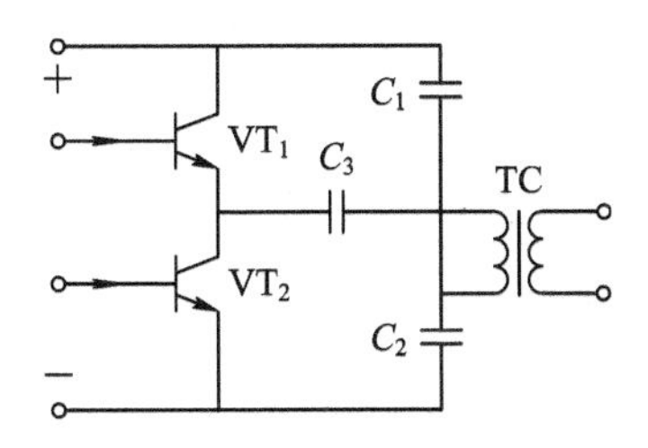

图 2-18　降压型电源串联谐振原理图

利用 STR-Z3202/3302 系列电路，可构成典型的半桥型开关电源，如图 2-19 所示。该电路内部由它激脉冲产生和控制电路以及两只 MOSFET 开关管组成，具有它激调频式开关变换电路的所有功能。

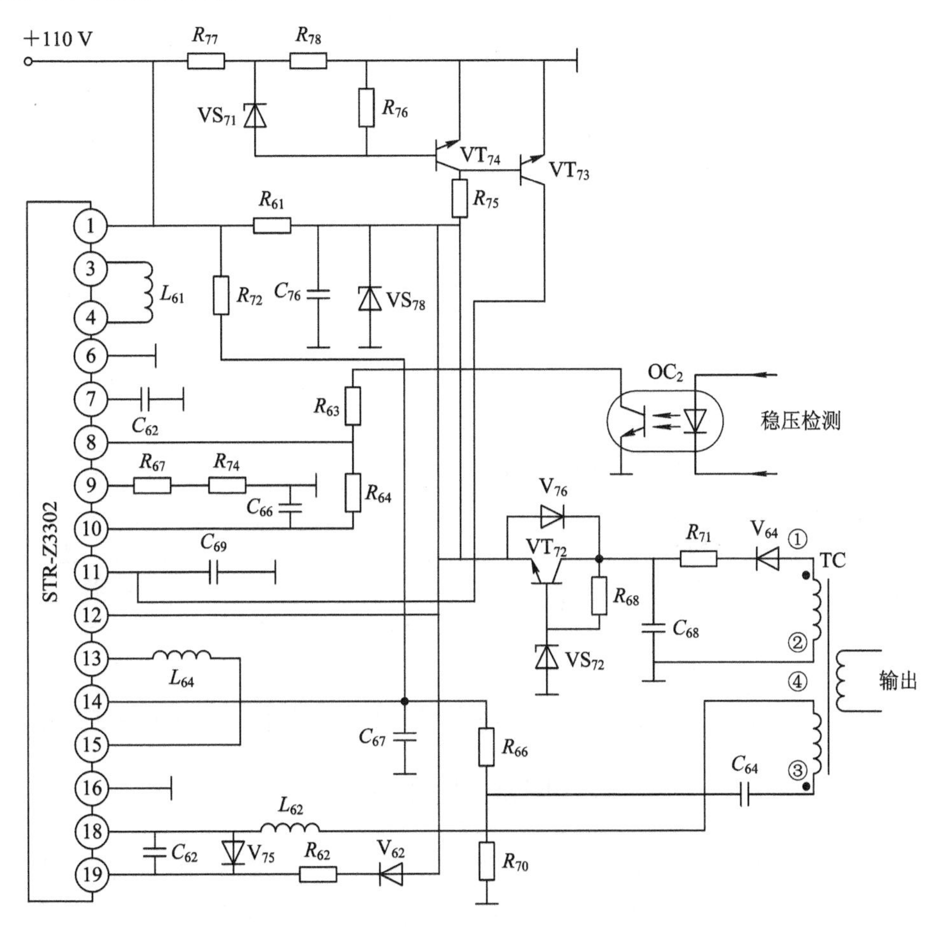

图 2-19　由 STR-Z3302 构成的半桥型开关电源电路

芯片内部设有驱动 MOSFET 开关管，工作频率为 20 kHz。高端驱动器的供电端单独引出，外电路通过 19 脚加入自举升压电路，使高端驱动器的供电为芯片供电电压的 2 倍。

4. 节能灯谐振器

图 2-20 所示为半桥自激节能灯谐振器电路。自激振荡的正反馈元件是脉冲变压器 TC(L_1、L_2、L_3)，它由双磁环构成，L_1、L_2各绕在一个磁环上，L_3则穿绕在两个磁环的内孔中。L_3为初级电感，L_2、L_1为 VT_1、VT_2基极绕组。这种结构使得 L_3对 L_1、L_2有必需的

互感，而 L_1、L_2之间互感近似为零，以避免 L_1、L_2对 VT_1、VT_2开关动作的影响。

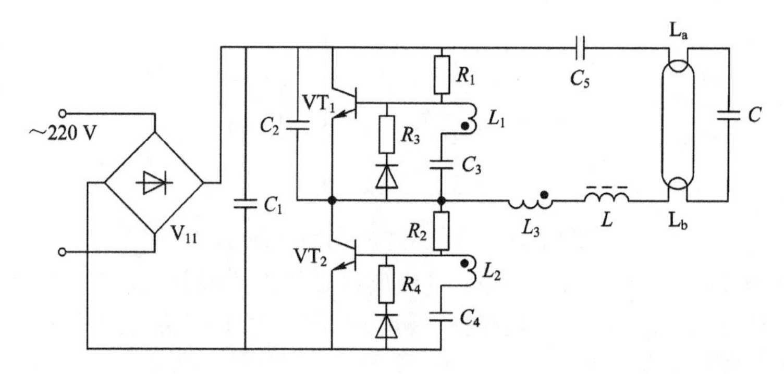

图 2-20　半桥自激节能灯谐振器电路

加电后，由脉冲变压器 L_3端输出双向矩形脉冲，C_5作为变换器输出参考点。电源启动后，矩形波经电感 L、灯管灯丝 L_a、电容 C、灯丝 L_b构成负载回路。C_5的容量远大于电容 C，其作用只是隔离直流。电路中 L、C 的值设定以后，谐振于自激变换器的脉冲频率，灯丝 L_a、L_b的电阻 R 构成 LC 振荡的串联衰减电阻。在开关频率为设定值时，电路的总阻抗为灯丝电阻 R 与 LC 谐振回路的谐振阻抗 ρ 之和。在灯丝电阻已固定的情况下，灯丝预热电流取决于谐振阻抗 ρ。选择 L、C 值的原则是在开关频率下使 $X_L=X_C$。在此原则下选择不同数值的 L，配合不同的 C 值，设定灯管所需要的预热电流。在灯丝预热的同时，谐振电容 C 上产生谐振电压，其值正比于谐振回路 Q 值，该电压的最大值大于输出脉冲的峰值。当灯丝发射电子以后，该电压将灯管气体电离而点亮。灯管点亮以后，其内阻降低，此内阻并联于 C 的两端，等效于谐振回路衰减电阻增大，Q 值降低，U_C降低，向灯管提供工作电压。

为提高功率因数，谐振器可采用单周滤波电路，见图 2-21。整流后的脉冲电压经 C_2、V_2、C_1充电，此时 V_1、V_3截止。当放电时间大于充电时间时，C_1、C_2各自充电至交流电峰值的 1/2。当 C_1、C_2放电时，V_2截止，V_1、V_3导通，C_1通过 V_1、C_2、V_3并联放电，使放电电压为 1/2 交流峰值，脉冲电压降低到其峰值 1/2 时整流管导通。

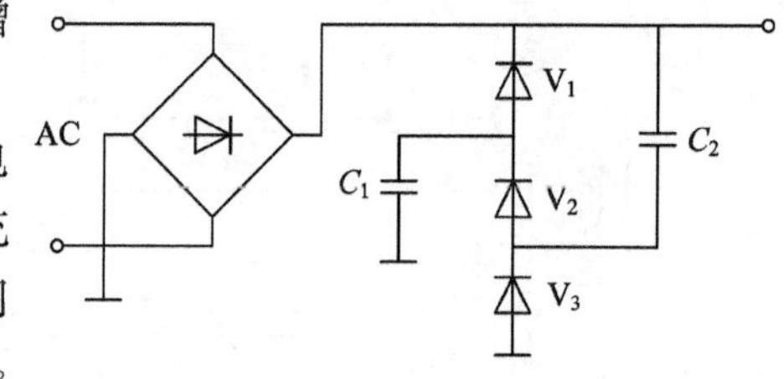

图 2-21　单周滤波电路

2.3　它激式开关电源

它激式开关电源将误差放大器、脉宽调制器、振荡器以及过电压和过电流保护等集成为一体，形成专用电路，该电路比自激式简单，且性能也远超过自激式。与同类型开关电源相比，它激式结构大幅度提高了开关电源的效率和稳压性能。

2.3.1　典型它激式开关电源

1. 由 MC1394 构成的开关电源

由 MC1394 构成的开关电源适应 90 V～260 V 的宽输入电压。MC1394 具有独立的脉冲发生器、PWM 调制器逻辑关闭电路、软启动电路等它激式驱动电路的所有功能。这个电路的特点是既可以用于不隔离开关稳压电源，也可以用于隔离的脉冲变压器式开关稳压电源。

图 2－22 所示为由 MC1394 构成的它激式不隔离降压开关电源。MC1394 的 7 脚输出调宽脉冲波，经 VT_2放大后，由脉冲变压器 TC_1耦合至开关管 VT_1的 b、e 极，控制 VT_1 的开关。L_1是储能电感，V_1是续流二极管。为了形成降压的不隔离输出，输入电压加在 VT_1和 L_1两端；VT_1导通时，输入电压加在 L_1两端存储磁能；VT_1截止时，L_1释放磁能，V_1导通，向负载供电。过电流时，R_1上电压降增大，VT_3导通，电阻 R_2、R_9分压送入 MC1394 的 5 脚，使振荡器停振，VT_1无激励脉冲，稳压器无直流输出，达到保护的目的。

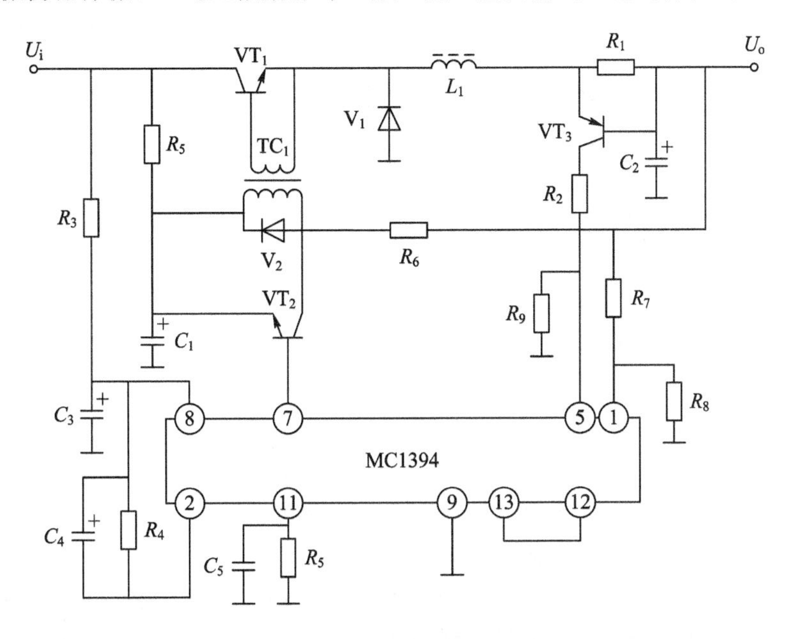

图 2－22　由 MC1394 构成的它激式不隔离降压开关电源

电源在启动时，电源电压通过 R_5供给激励管 VT_2电压，一旦启动则改由直流输出端经 V_2、R_6供给其稳定电压。R_7、R_8构成误差采样分压电阻。当输出直流电压变动时，经 R_7、R_8采样送入 MC1394 的 1 脚进行误差放大，再经调制级控制振荡器的脉宽。

2. 由 UC3842 构成的开关电源

UC3842 内部电路包括工作电压稳压器、误差放大器、脉冲宽度比较器、锁存器、基准电压电路、振荡器、PWM 脉冲输出驱动级等。UC3842 的输出驱动电流为±200 mA，峰值为±1 A，工作电压在 10 V～34 V 之间，负载电流为 15 mA，工作频率最高可达 500 kHz。振荡器的频率由 4 脚外接电阻与 8 脚外接 R_T、C_T设定。其振荡频率可由下式得出：

$$f=\frac{1}{T_C}=\frac{1}{0.55R_TC_T}=\frac{1.8}{R_TC_T} \tag{2-4}$$

由 UC3842 构成的开关电源电路如图 2－23 所示，其各脚功能及应用如下：

1 脚：内部误差放大器输出端。误差电压在集成电路内部经 2∶1 分压，再经稳压管超压限制后，进入 PWM 比较器，以通过锁存器控制输出脉冲的正程持续时间。此输出端从 1 脚引出，既便于检测集成电路工作状态，又便于在外电路加入稳定放大器增益的负载电阻 R_{13}和防止自激的电容 C_{13}。

2 脚：误差放大器的采样电压输入端。7 脚的工作电压通过光电耦合器内的光敏三极管与 R_{14}串联后，与 R_{15}构成分压器，将分压后的电压送入 2 脚。当开关电源输出电压发生

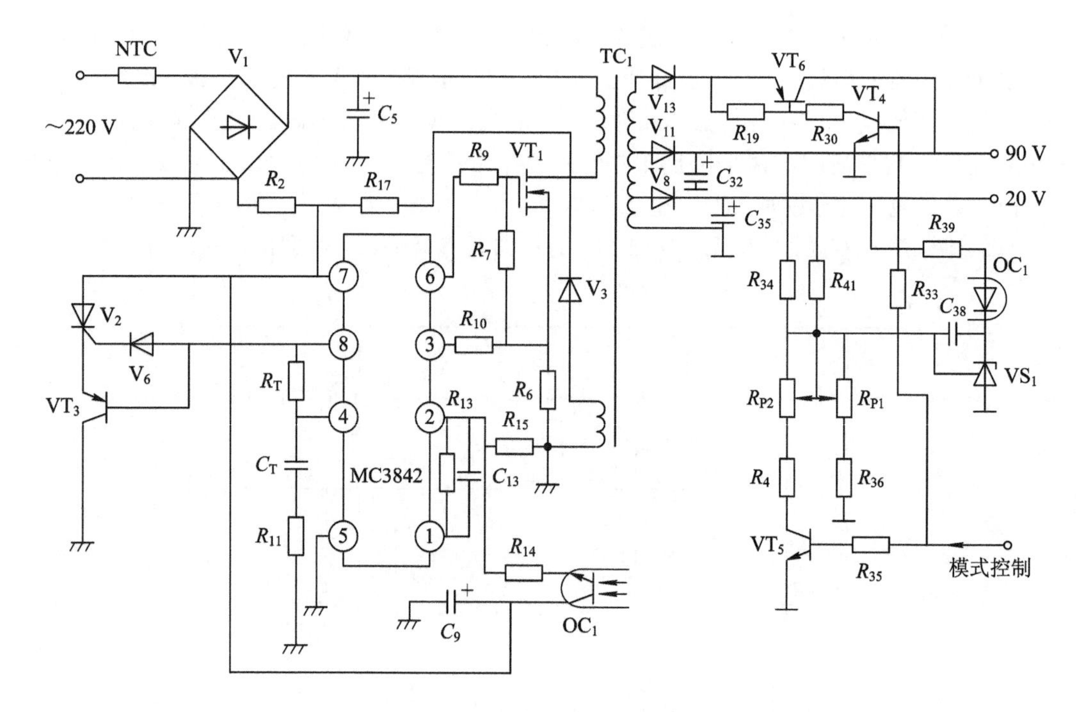

图 2-23　由 UC3842 构成的开关电源电路

变化时，光电耦合器 OC_1 中的光敏三极管 c-e 极内阻随之改变，输入 2 脚的电压与次级电压成正比变化，以通过比较器控制输出脉宽，稳定输出电压。

3 脚：PWM 比较器的另一输入端。当此脚电压升高时，比较器输出电平关闭锁存器。该显示器电源中将 3 脚作为开关管过流保护输入。开关管源极与供电负极间串联接入小电阻 R_6，对源极电流采样。当开关管导通时间过长使源极电流增大时，3 脚电压升高，控制输出脉冲提前截止，关断开关管。

4 脚：定时阻容 $R_T C_T$ 端。该电路串联接入电阻 R_{11}，以便从此点引入行逆程脉冲，使集成电路的振荡器与行频同步，避免开关电源脉冲干扰行扫描的正程脉冲。

5 脚：接地端。

6 脚：激励脉冲输出端。6 脚输出的信号可以直接驱动 MOSFET 管，也可以用脉冲变压器进行隔离驱动。R_9 为隔离电阻，以减小开关管栅极输入电容对驱动电路的影响。

7 脚：启动/工作电压输入端。该集成电路对启动电压和工作电压的要求不同，启动电压值高于最低工作电压值，且启动电流小，可采用电阻降压启动，启动后再由开关电源本身提供稳定的工作电压。交流电的一端经 NTC 电阻、桥式整流二极管一臂作负极接地的整流，另一端作为整流正极输出，经 R_2 接入 7 脚，并接有滤波电容 C_9，为 7 脚提供启动电压。电源启动后，TC_1 附加绕组输出脉冲电压，经 V_3 整流，通过 R_{17} 接入 7 脚。由于集成电路工作电流远大于启动电流，因此 R_2 压降增大，使启动电路电压低于工作电压，R_2 中无电流流过。

8 脚：内部 5 V 基准电压输出端。该端可供 RC 电路的 R_T、C_T 充放电，形成开关脉冲。

为了适应多频显示方式，电源次级电路随显示模式控制信号向行输出级分别输出 90 V 或 115 V 的电压，电路中由 V_{13} 输出 115 V 的整流电压，V_{11} 输出 90 V 的整流电压。当工作于低行频模式时，F/V 电路控制信号为低电平，VT_4与VT_6均截止，行输出级得到 90 V 的工作电压。同时，模式控制开关管VT_5截止，采样电路由R_{34}和R_{P1}、R_{36}构成小于 90∶2.5 的分压比。在 90 V 输出时，20 V 输出经R_{41}引入极小的采样电流，VS_1控制端电压仅有 2.5 V，使输出电压稳定。当工作于高行频模式时，F/V 电路控制信号为高电平，VT_4、VT_6导通，VT_6发射极输出 115 V 的工作电压，并使V_{11}截止。F/V 高电平信号使模式控制开关管VT_5导通，将另一组分压器R_{P2}、R_4并联接入采样调整电路，使输出电压升高后加到VS_1控制端的电压仍为 2.5 V，保持了系统的稳压状态。

3. 升压型开关电源

由 UC3842 构成的它激式升压电路见图 2-24。储能电感L_5、开关管VT_7组成斩波式开关稳压器，UC3842 构成开关控制电路。输入经负温度系数电阻 NTC、桥堆整流器、电容C_4滤波成为直流电压，正极经L_5并联接入VT_7。当VT_7导通时，输入整流电压经L_5、VT_7的漏源极、R_6完成回路，输入整流电压全部加在L_5两端，从而使电能变为磁能存储于L_5。当VT_7截止时，L_5产生的自感电势与输入整流电压串联，通过升压二极管V_6、电容C_7向负载供电。VT_7导通时间正比于L_5存储能量，因此，控制VT_7通、断占空比，可以控制升压幅度。

在图 2-24 中，升压电路是由 UC3842 为核心构成的它激式开关电路。

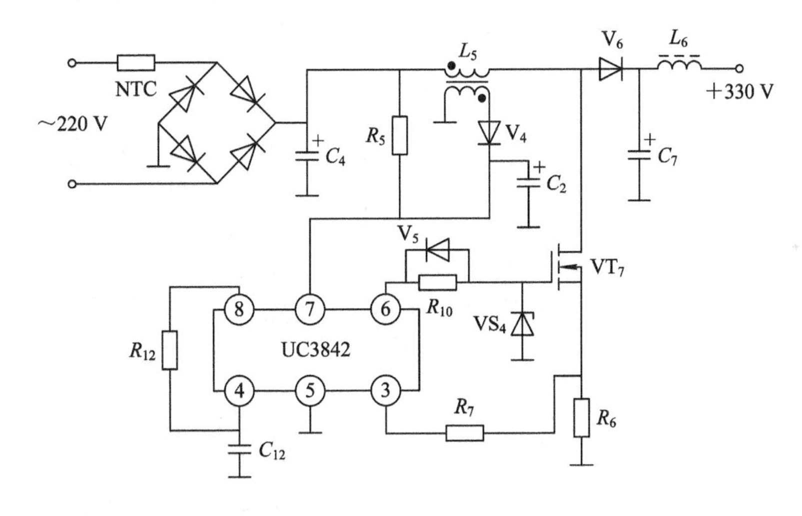

图 2-24 由 UC3842 构成的它激式升压电路

UC3842 在开关电路中的工作过程如下：

交流输入一路经桥式整流供电，另一路经限流电阻R_5降压向 UC3842 的 7 脚提供启动电压。UC3842 的 6 脚输出瞬间驱动脉冲，使开关管VT_7导通。电路稳态时，由L_5附加绕组产生感应脉冲，经二极管V_4、电容C_2进行半波整流稳压，向 UC3842 的 7 脚提供工作电压。电阻R_{10}作为驱动电路的电流限制，二极管V_5为开关管截止加速电路。在脉冲截止期，VT_7管的栅源极电容通过二极管V_5放电形成对 UC3842 的灌电流，使开关管迅速截止。VS_4和R_6为VT_7的过压保护元件。

UC3842 的 5 脚为共地端，4 脚为振荡电路输出端，由外接电阻R_{12}和电容C_{12}设定振荡频率。为了使振荡频率稳定，C_{12}的充电电压取自 UC3842 的 8 脚内部的 5 V 基准电压。

UC3842 的 3 脚为过流限制比较器的正相输入端，比较器反相输入端接入误差放大器输出端。正常状态下，3 脚呈低电平，误差比较器的输出通过内部锁存触发器控制输出脉冲的持续时间。如果电路故障使 UC3842 输出驱动脉冲占空比过大，则 VT_7 导通时间将变长，截止时间将缩短，其漏源极平均电流增大，致使过流采样电阻 R_6、R_7 压降增大，此时 UC3842 的 3 脚电压升高，通过内部比较器控制触发器，使驱动脉冲占空比减小。如果过流采样电压达到 1 V 左右，则自动持续关断驱动脉冲，避免因输出电压超高而损坏负载电路和开关管。

4. 反激式开关电源

反激式电路中的变压器起着储能元件的作用。开关开通后，次级整流管 V 处于断态，初级绕组的电流线性增长，电感储能增加；开关关断后，初级绕组的电流被切断，变压器中的磁场能量通过次级绕组和 V 向输出端释放。

图 2－25 是反激式开关电源原理图。该电路是一个降压型开关电路，控制芯片采用 UC3842。C_2、R_3 构成 $\mathrm{d}i/\mathrm{d}t$ 抑制电路，保护开关管。输出经整流、滤波到负载。芯片所用的电源 U_{CC} 由 7 脚接入，为变压器 N_3 感应电压经过 V_1、V_2、C_3、C_4 等整流滤波后提供，这一电压同时也作为反馈信号接入 2 脚。C_6、R_7 构成信号有源滤波接入 1 脚。开关管电流被 R_{10} 采样后，经 R_9、C_7 滤波，送入芯片 3 脚。当反馈信号值超过阈值 1 V 时，关断电源输出。芯片输出部分由 6 脚驱动单 MOSFET 管。C_8、V_3 构成缓冲电路，对开关管起保护作用。

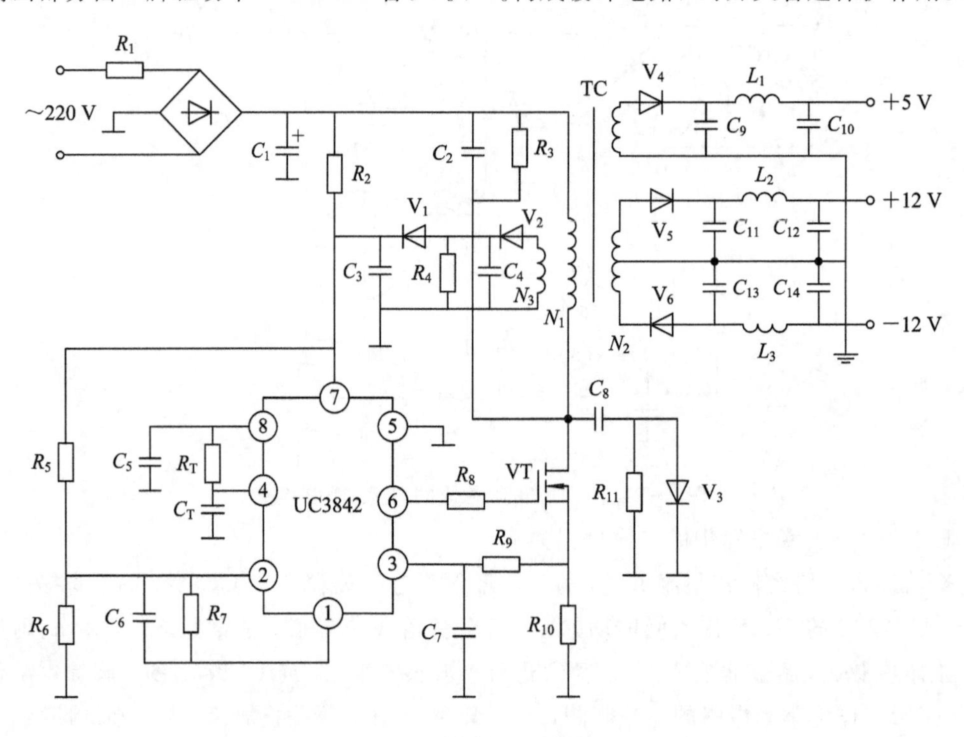

图 2－25　由 UC3842 构成的反激式开关电源原理图

2.3.2　复合控制电路

复合电路将原有的分立元件集成为一体，配有反馈及保护元件，提高了电路工作的可靠性，降低了电路的设计难度。

1. 半桥控制电路 L6598

L6598 可用于串联谐振半桥电路的双输出控制器，其内部将谐振电路和半桥驱动电路结合为一体，取代了以往由两个芯片组成的半桥结构。

图 2-26 所示为 L6598 的典型应用电路。该电路的交流输入电压范围为 85 V～270 V。两只开关管 VT_1 和 VT_2 轮流导通和截止，产生峰值为 200 V 的方波，经变压器 TC_1 及整流、滤波后产生直流输出电压。电阻 R_7、VS_1 和光电耦合器 OC_{1-1} 组成反馈控制回路。变压器初级一端接半桥输出，另一端接入由电容 C_3 和 C_2 形成的中点电压端。耦合电容 C_1 与初级绕组电感形成串联谐振电路，电容 C_1 的充电呈线性变化，谐振频率必须低于电源变换器的开关频率，其谐振频率由 TC_1 初级的电感和耦合电容 C_1 共同决定。

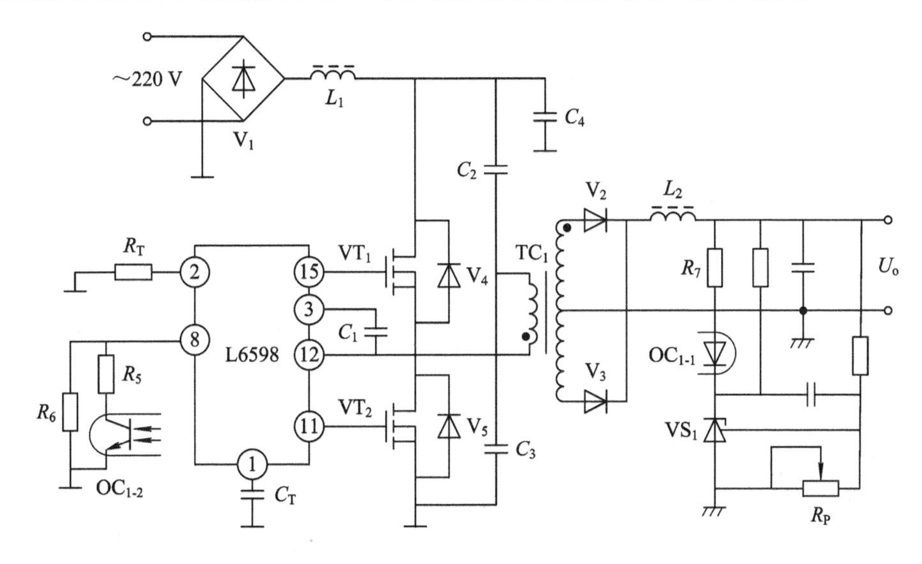

图 2-26 L6598 的典型应用电路

2. 复合式开关电源

复合式的两套前级 PWM 脉冲发生器共用一套驱动脉冲输出级的可转换电路，其可靠性高。由于两套驱动器采样电路、采样点的不同，可以使开关电路工作在不同的工作状态。复合式采用两路它激驱动系统：第一路驱动器作为主驱动器，具有它激式驱动、控制的所有功能，与常见的驱动器不同，其内部设有双稳态逻辑控制开关，可以关断本身内部的采样放大脉宽调制器，使内部驱动级受控于外部驱动输入；第二路外部 PWM 驱动输入由副驱动器产生，副驱动器具有独立的一套采样放大器、振荡器、脉宽调制器。

图 2-27 所示电路由主驱动器 TEA2261 和副驱动器 TEA5170 组成。TEA5170 内部具有和 TEA2261 基本相同的软启动电路、振荡器、脉宽调制器、供电电源检测以及可控的输出级。要启动 TEA2261，首先必须供给芯片的 5 脚、10 脚大于 10.3 V 的启动电压。启动后，此电压即使降低到 7.5 V，TEA2261 也可以维持正常工作。为了启动 TEA2261，通过桥式整流器一臂取出半波整流电压。对启动电路来说，交流输入的一端经桥式整流，阳极接地的一只整流二极管为整流输出负极，而交流输入的另一端则为半波整流输出的正极。此正电压供给 TEA2261 的 15 脚和 16 脚。

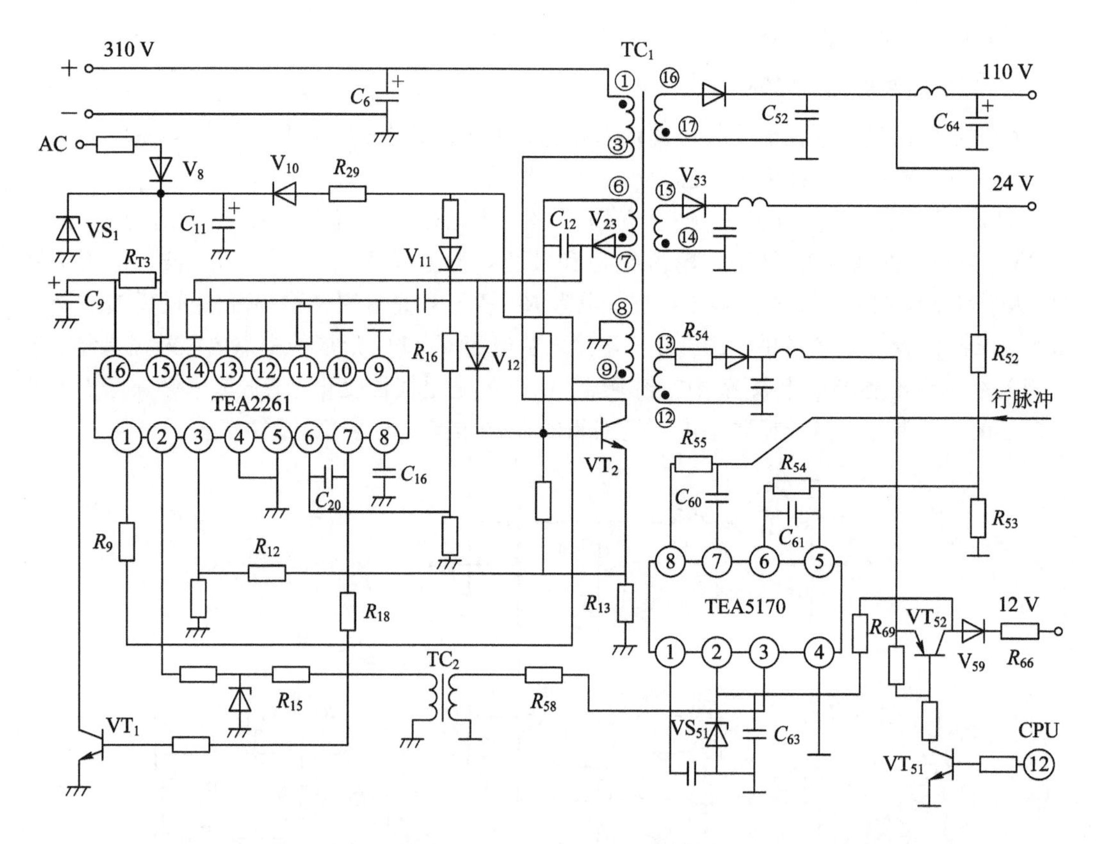

图 2-27 由 TEA2261 和 TEA5170 构成的复合式开关电源电路

图 2-27 中的启动电压只在启动瞬间向 TEA2261 供电，一旦 TEA2261 启动，其 14 脚即输出驱动脉冲，VT_2开始向 TC_1提供脉冲电流。TC_1绕组⑧-⑨输出脉冲电压，经 V_{10}整流，C_{11}滤波，向 TEA2261 的 15 脚和 16 脚供电。由于启动电路中串联有正温度系数热敏电阻 R_{T3}，电路通电以后，VS_1的稳压电流、TEA2261 的启动电流使 R_{T3}的温度升高，阻值增大，启动电压低于 C_{11}正端电压，V_8反偏截止。启动后，VS_1的齐纳电流使 R_{T3}维持高阻值状态，V_8一直处于截止状态。

开关管基极为电容耦合驱动电路。在图 2-27 中，驱动脉冲电流和绕组⑥-⑦上经 V_{12}整流电流同时接入开关管 VT_2的基极，使 VT_2饱和导通速度加快。当驱动脉冲截止时，C_{12}的放电电流加到 VT_2的基极，该电流与驱动脉冲下降沿共同作用，使开关管快速截止。

待机控制的实现由 CPU 的 12 脚输出电平控制开关单元，开关再对行 VCO 振荡器的供电和 TEA2261 的供电进行控制。VT_{52}为开关管，其发射极供电取自 TC_1的次级绕组⑫-⑬ 的 15 V 整流电压。带阻开关管 VT_{51}为 VT_{52}的偏置电路。当待机状态时，CPU 的 12 脚输出低电平，VT_{51}截止，VT_{52}无偏置也截止，行振荡器无供电而停振。同时，TEA2261 停止工作，开关电源转入 TEA2261 控制的窄脉冲间歇振荡状态，以实现待机。当开机时，CPU 的 12 脚输出高电平，VT_{51}、VT_{52}均导通，VT_{52}的集电极输出约 12 V 电压，一路经 R_{69}、VS_{51}稳压，向 TEA5170 提供启动电压和工作电压；另一路经 V_{59}、R_{66}隔离，向行振荡器提供工作电压(同时提供给 TEA5170 的电压驱动消磁电路的继电器，使消磁线圈进行瞬间消磁)。

TEA5170 启动以后，行扫描即开始工作，行输出级将正向行脉冲反馈给 TEA5170 的 8 脚，使振荡频率与行频同步。因为它激式开关电源有独立振荡器，行脉冲只激励小功率振荡器，不需要大电流驱动，所以此行脉冲可使 TEA5170 同步工作。

2.3.3 自激-它激式电源

自激-它激式电源的激励方式是先自激启动，后它激运行，这样可以提高电源的稳定性。图 2-28 所示为典型的自激-它激式半桥型电源电路，其输出为±5 V 和±12 V。主开关管 VT_{11}、VT_{12} 与电容 C_4、C_5 等组成半桥型开关变换电路，R_{31} 和 R_{32} 为两管的启动电阻。副开关管 VT_{21}、VT_{22} 组成推挽型变换电路。驱动脉冲变压器 TC_1 有附加正反馈绕组③-④，与变压器 TC_2 及其次级负载构成半桥型开关变换电路的总负载。电源在正反馈作用下使主开关管 VT_{11}、VT_{12} 产生自激振荡，脉冲变压器 TC_1 次级产生的交流电压经整流、滤波后输出 10 V 低压直流，为集成电路 IR3M02 供电，使其产生驱动脉冲。同时，输出驱动脉冲关断自激振荡电路，转入它激驱动状态。

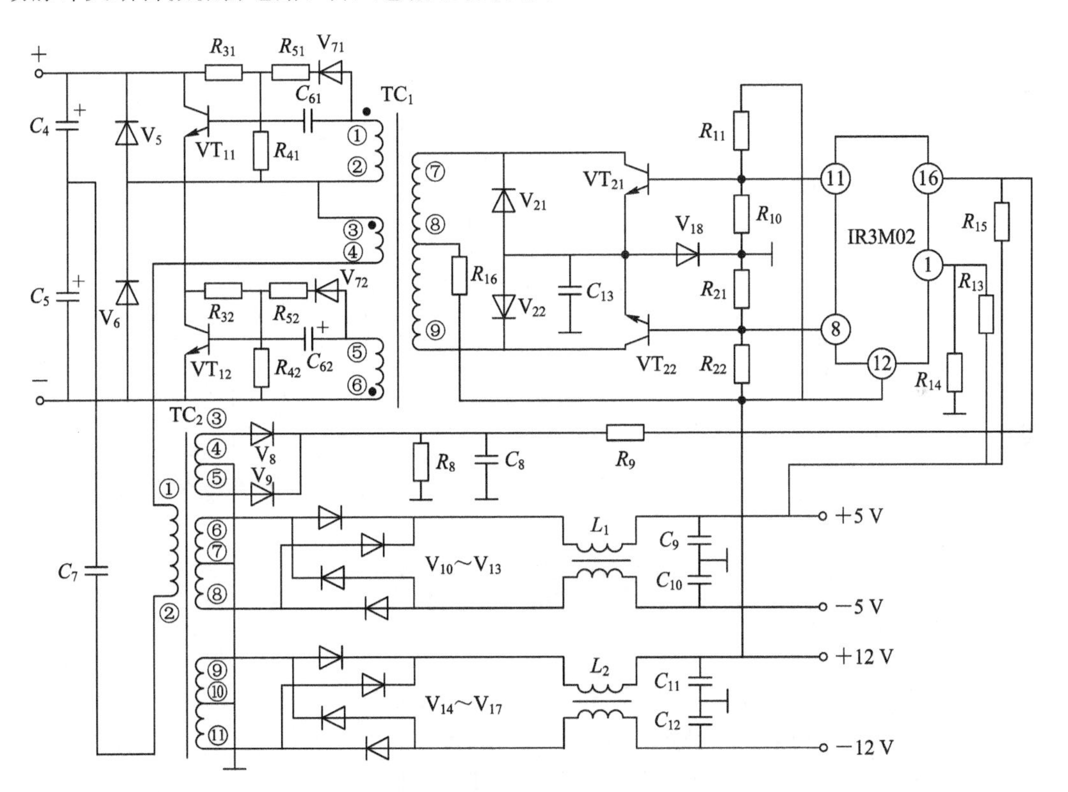

图 2-28　自激-它激式半桥型电源电路

VT_{11} 经 R_{31} 得到初始偏置而导通，集电极电流增大，TC_1 绕组③-④产生感应电动势，其极性为③正、④负。感应电动势耦合到 TC_1 绕组①-②和⑤-⑥，形成正反馈，使 VT_{11} 迅速饱和，同时 VT_{12} 处于截止状态。VT_{11} 饱和导通后，TC_1 绕组①-②上的感应电动势对 C_{61} 充电，电流按指数规律变化。随着充电电流的减小，VT_{11} 逐渐退出饱和状态，集电极电流下降，TC_1 绕组③-④产生阻止电流下降的感应电动势，其极性为③负、④正。此感应电动势耦合到 TC_1 绕组①-②和⑤-⑥，使 VT_{11}、VT_{12} 交错导通、截止。TC_1 绕组③-④与 TC_2 初级绕组①-②串联，形成半桥电路的负载，感应电动势经 TC_2 多组次级整流滤波后形成不同等级的直流输出电压。

它激电路以集成电路 IR3M02 为核心，外围电路如图 2-29 所示。经过自激启动，TC_2 次级经 V_{14}～V_{17} 整流产生直流电压＋12 V 通过 R_{16} 对推挽型变换电路的开关管 VT_{21}、VT_{22} 集电极提供电源，同时经 R_{11}、R_{22} 使 VT_{21}、VT_{22} 建立偏置。直流电压＋12 V 也是集成电路的工作电源。IR3M02 内部两路驱动放大器由其集电极输出负极性的驱动脉冲，送到推挽驱动放大器 VT_{21}、VT_{22} 的基极。当 IR3M02、VT_{21}、VT_{22} 得到启动电压后，自激振荡自动停止，接通电源转为自激振荡，VT_{21}、VT_{22} 产生集电极电流。该电流经过 TC_1 次级绕组⑦-⑧-⑨产生恒定磁场，使 TC_1 电感量减小。由于正反馈绕组设定的正反馈量极小，TC_1 各绕组电感量将迅速减小，使 TC_1 绕组⑤-⑥感应脉冲幅度进一步减小，迫使自激振荡停振，转为它激工作状态。当加入负极性驱动脉冲时，VT_{21}、VT_{22} 截止，无电流输出，TC_1 绕组⑦-⑨得到正极性驱动脉冲。如此循环往复，TC_1 进入正常工作状态，其副边输出额定电压。

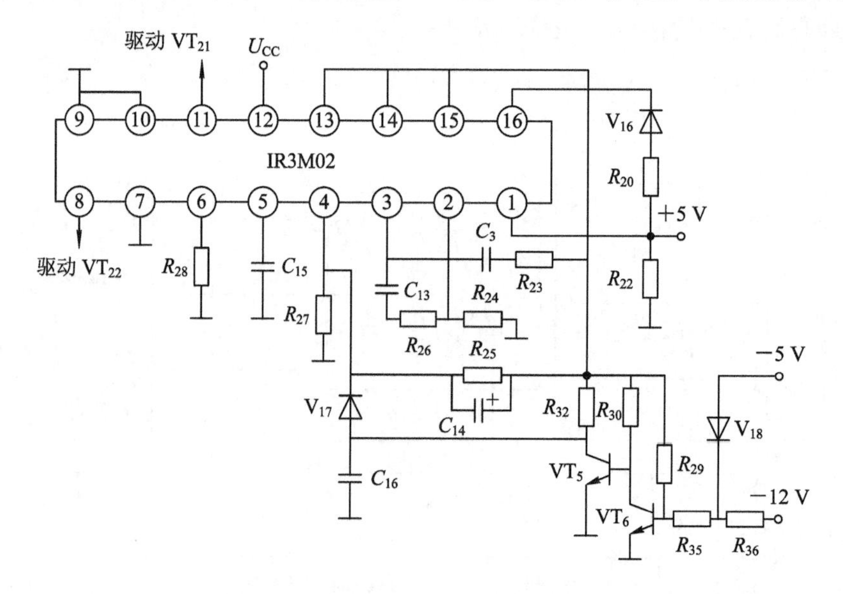

图 2-29 IR3M02 外围电路

2.3.4 单周期控制电路

单周期控制技术是一种模拟 PWM 控制技术，即通过控制开关的占空比，使每个开关周期中开关变量的平均值与控制参考量成正比或相等。平均输入电流跟踪参考电流且不受负载电流的约束，即使负载电流具有很大的谐波也不会使输入电流发生畸变。因而单周期控制技术大多应用于整流器，以实现低电流畸变和高功率因数。这种控制方法取消了传统控制方法中的乘法器，使整个控制电路的复杂程度降低，具有动态响应快、易于实现等优点，适宜于 PWM 控制。

1. 由 TDA4601 构成的开关电源

由 TDA4601 构成的开关电源，无论电源调整率、负载调整率和可靠性均较高。该电路的特点是：

(1) 其内部由逻辑电路控制的触发器输出脉冲驱动开关管。触发器的触发脉冲由不稳定的输入整流电压通过 *RC* 电路产生的锯齿波进行触发，因而触发脉冲的频率与输入电压相关。开关电源的负载允许从 0%～100%变动，且能维持输出电压的稳定。触发脉冲的脉宽受控于 *RC* 电路充电时间，以此调整输入电压变动的输出稳定度，同时还受控于采样电压，以稳定输出。

(2) 采用间接过流保护。在输出驱动脉冲电路中，由采样电阻对开关管及驱动电流采样，限制开关管的开关电源。当驱动电流过大时，通过逻辑电路减小输出脉冲的占空比，严重过流时，则关断驱动脉冲。

由 TDA4601 构成的开关电源电路如图 2 - 30 所示，为一多输出电源。TDA4601 主要管脚的功能如下：

1 脚：4.2 V 基准电压输出端。该脚向外部采样电路提供基准电压，同时向集成电路内部提供控制基准。

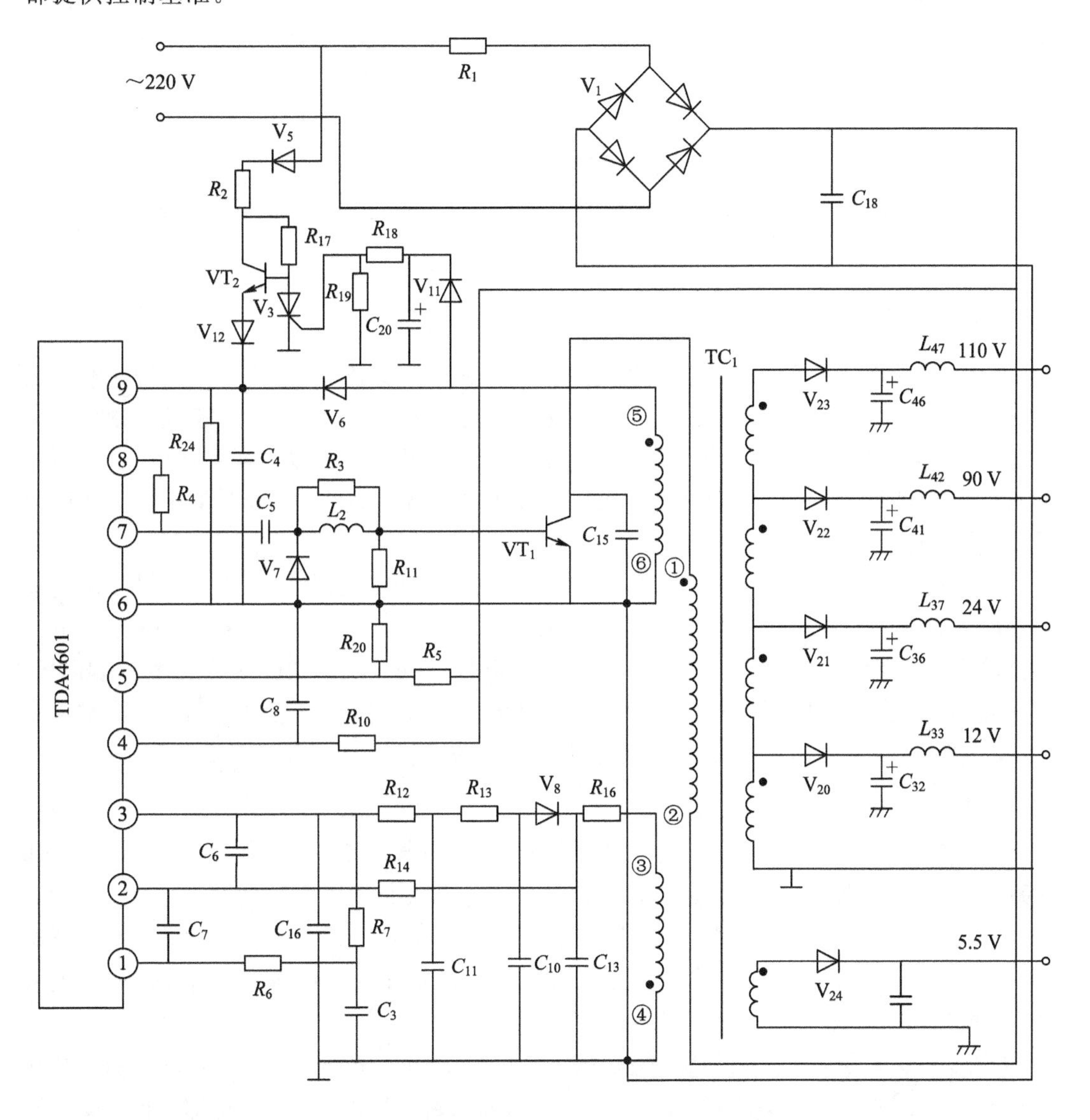

图 2 - 30　由 TDA4601 构成的开关电源电路

2 脚：过零检测端。每一次触发器输出脉冲使开关管 VT_2 导通后，输入整流电压加在脉冲变压器 TC_1 初级绕组①-②端，在其磁心中存储磁场能量。当 VT_1 截止后，磁能复位产生感应电压，并通过次级整流管向负载供电。当磁能全部释放完毕时，各绕组感应电压过零，此过零下降沿由 TC_1 绕组③端经 R_{14} 送入 TDA4601 的 2 脚，检测到过零脉冲后送入控制逻辑，使触发器允许输入下一触发脉冲。

3 脚：误差放大器的输入端，输入与开关电源输出电压成反比的正极性误差电压。当开关电源输出电压升高时，3 脚输入误差电压降低，触发器输出脉宽减小，以降低次级输出电压。电路中将 TC_1 绕组③端输出的脉冲电压经 V_8 整流和 C_{10}、C_{11} 滤除波纹，即得到负极性采样电压。为了将此采样电压变成正极性误差电压，1 脚输出 +4.2 V 基准电压，由 R_7、R_{12}、R_{13} 组成分压电阻，使 3 脚电压等于基准电压与采样电压之和。当采样电压减小时，3 脚将得到增大的正电压，达到反相控制输出电压的目的。由 R_{12}、R_{13} 和 C_{16} 组成的延时电路，当电源启动时，采样电压延时 0.5 ms，使 3 脚电压随采样电压的建立缓慢下降，驱动脉冲的脉宽随之加大，达到软启动的目的。

4 脚：锯齿波形成端。波形宽度与输入电压成反比，同时受 3 脚采样电压的控制。

5 脚：欠压控制保护输入端。其保护阈值小于 2 V 时，关断输出脉冲。在 220 V 输入时，由 R_5、R_{20} 将整流电压分压提供 6 V 左右的电压。工作过程如图 2-30 所示，对整流电压采样，对输入电压过低进行保护。

6 脚：接地端。

7 脚：驱动电流检测输入端。该端与 8 脚连用，实现对开关管的过流保护。

8 脚：输出脉冲采样端。输出脉冲通过电阻 R_4 对 VT_1 驱动电流采样。当电源过载或负载短路时，VT_1 的 I_C 增大，I_B 按比例增大。采样电压送入 7 脚，通过内部驱动控制电路关断驱动放大器的输出。若瞬间过流，则通过瞬间关断输出脉冲，减小开关管导通占空比，使开关电流下降，开关电源输出电压随之下降，减小过流的危害。若持续过流，则持续关断输出，开关电源呈保护状态。

9 脚：供电输入端，电压约为 7.8 V～18 V。当输入电压超过 18 V 时，通过控制逻辑关断触发器的输出。9 脚的启动电压经 V_5 整流输出正电压，此电压为 7.8 V～18 V 时电路启动。8 脚输出触发脉冲使 VT_1 导通，向 TC_1 存储磁场能量，其绕组⑤端产生感应电压，经 V_6 整流、C_4 滤波向 9 脚提供正常的 12 V 工作电压。TC_1 绕组⑤端正脉冲还经 V_{11} 整流、C_{20} 滤波，触发 V_3 导通，使 VT_2 截止，切断启动供电整流电压。

2. 由 TDA4605 构成的开关电源

由 TDA4605 构成的开关电源电路见图 2-31，次级电路省略。图中，VT_1 为 MOSFET 开关管，TC 为脉冲变压器。驱动控制器 TDA4605 各脚功能及外电路如下：

1 脚：采样电压输入端。TC 辅助绕组①-②的感应脉冲经 V_3 整流、C_{10} 滤波形成直流电压，经 R_{P10}、R_7 和 R_8 分压作为采样电压输入 TDA4605 的 1 脚。调整 R_1，可以改变开关电源输出电压值。

2 脚：开关管导通电流控制端。电源输入后经整流的电压由 R_{P10}、C_{11} 进入 2 脚。当开关管截止时，2 脚内部电路使 C_{11} 放电，充电电压降低到 1 V 以下，放电电路关断，同时发出驱动脉冲，开关管开始导通，C_{11} 通过 R_{10} 充电，充电电压上升到 3 V 时，开关管截止，

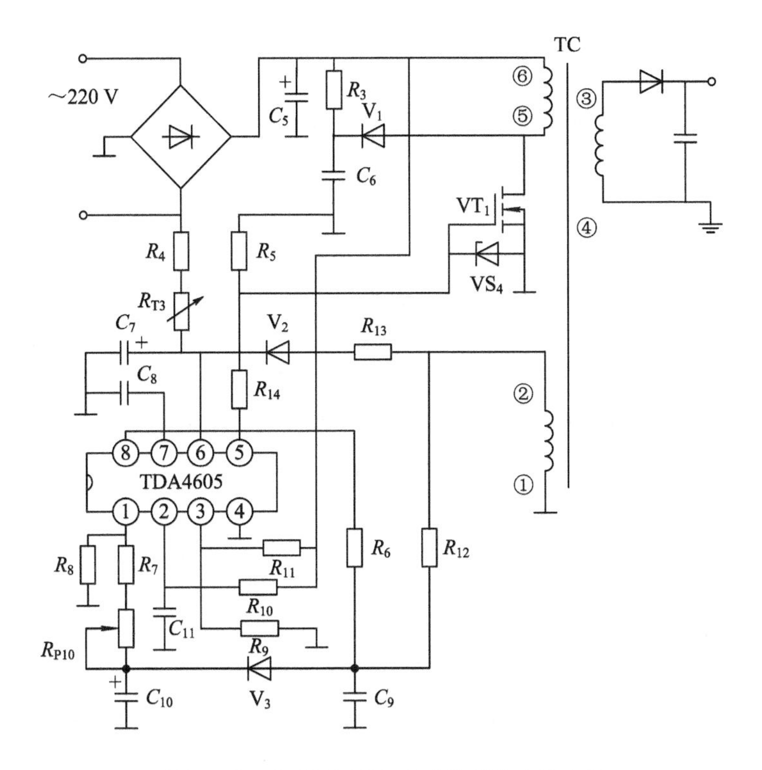

图 2-31　由 TDA4605 构成的开关电源电路

C_{11}放电。充电电压在 1 V～3 V 期间为开关管导通期。当输入电压升高时，C_{11}充电时间加快，开关管导通期缩短，使输出电压稳定，具有输入电压超压保护功能。

3 脚：输入整流电压采样输入端。当分压值使 3 脚电压小于 1 V 时，欠压保护电路即关断输出脉冲。当输入电压上升使 3 脚电压超过 1.7 V 时，2 脚的过电压保护动作控制开关管导通时间。

4 脚：共地端。

5 脚：驱动脉冲输出端。R_{14}为隔离电阻，R_5和稳压管 VS_4限制驱动脉冲的幅度，防止击穿 VT_1栅源极。

6 脚：启动/工作电压输入端。半波整流的正极经 R_4、R_{T3}降压，C_7滤波输入 6 脚，TDA4605 启动。TC 辅助绕组①-②的脉冲经 V_2整流、C_7滤波作为正常工作电压。R_{T3}通电后阻值迅速增大，在电路启动后进入阻断状态，启动电路不工作。

7 脚：外接软启动电容。开机时，软启动电容 C_8充电电流较大，输出脉冲占空比较小，随充电电流的减小缓慢达到额定值。设计时，取 C_8为 0.33 μF，启动过程约为 220 ms。

8 脚：感应脉冲过零检测端。TC 辅助绕组①-②输出脉冲电压，经 R_{12}、C_9滤波后再经 R_6引入 8 脚。当感应脉冲下降时，逻辑控制部分触发器复位。

由 TDA4605 构成的开关电源允许负载电流大范围变化，当负载电流很小时，脉冲变压器能量释放电流也小，8 脚检测脉冲下降沿的时间间隔变长，在此期间，即使控制系统发出触发电平，逻辑电路处于关闭状态，也不会输出驱动脉冲，直到 8 脚检测到脉冲下降沿以后，才会发出下一个开关管导通驱动脉冲。因此，当负载电流极小甚至开路时，采样稳压系统失去作用，TDA4605 和开关管变成窄脉冲变换器，输出电压为高内阻电压源。

2.3.5　大电流电源

它激式开关电源以其优越性广泛用于推挽型、半桥型、全桥型开关电源电路中，组成kW以上的开关电源或变换器。但是它激式开关电源电路较复杂，且无负载过流、短路自保功能，若要实现大电流，设计必须采用特殊电路完成。

1. L4970A 的特点

L4970A 直接输出大电流，具有过流、过热、软启动等完备的保护功能。用它设计电源可靠性很高。其主要性能特点如下：

(1) 输出电流大，最大可达 10 A，适宜制作 200 W～500 W 的大功率开关电源。

(2) 开关频率高，可达 400 kHz，从而提高电源效率，减小滤波电感体积。

(3) 输入、输出压差低，可降到 1.1 V 左右，自身耗能低，电源效率高。在 U_i＝50 V，U_o＝40 V，I_o＝10 A 的条件下，电源效率可达 90%以上。

(4) 输入电压范围宽，为 11 V～55 V。输出电压控制灵活，可在 5.1 V～40 V 范围内调整。

(5) 除软启动、限流保护、过热保护等完善的保护电路外，还增加了欠压锁定、PWM 锁存、掉电复位等电路。

(6) 误差放大器的开环增益大于 60 dB，电源电压抑制比 PMRR＝80 dB，输入失调电压为 2 mV。

2. 由 L4970A 构成的 10 A 输出电源

图 2－32 所示为某微波装置的电源电路。该电路主要由一片 L4970A 芯片组成，输出电压为 5.1 V～40 V，电流为 10 A。图中：LED 为输出指示；C_1、C_2为输入滤波电容；C_3、C_4分别是芯片内部＋12 V 和＋5.1 V 基准电压滤波电容；C_5为软启动电容；C_6为复位延迟电容；C_8、R_3是频率补偿网络；C_7用于高频补偿；C_{10}为自举电容；V 为续流二极管；C_{11}和R_5构成吸收网络，保护功率管和续流二极管；C_{12}为输出滤波电容。R_{P1}、R_8和 R_9 构成分压器，为 9 脚提供反馈电压 U_f，以确定输出电压 U_o的大小。调整电位器 R_{P1}可使输出电压 U_o在 5.5 V～40 V 之间变化。当该电源的输出电压大于 20 V 时，电路效率在 90%以上，整个电源的体积比线性电源缩小 1/3。

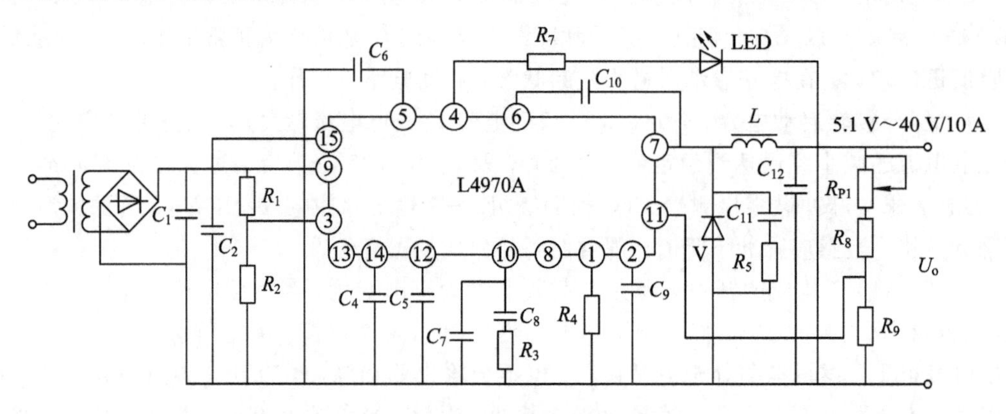

图 2－32　10 A 输出电源电路

第3章　集成开关电源

集成单片开关电源体积更小，重量更轻。这种电源将开关器件与辅助电路集成为一体，具有极高的效率和较宽的稳压范围。典型的单片开关电源，其输入电压为15 V～45 V，负载电流为5 A，输出电压为5 V，输出电压的稳定度为±0.03 V。对于负载变化率有特殊要求的电源，当输出电流变化为100%时，输出电压变化小于15 mV，纹波抑制比可达43 dB。这些性能是自激式开关电源难以达到的。

3.1　单片电源电路

3.1.1　输出可调电源

设计可调电源时，可以利用LM2576ADJ。LM2576ADJ的典型应用电路如图3-1所示，输入为30 V，输出为5 V～24 V。LM2576ADJ各脚功能如下：

1脚：直流电压输入端，输入电压≤45 V。

2脚：脉冲输出端，最大输出5.8 A的调宽脉冲。输出电压值取决于输出脉冲的幅度和占空比。

3脚：公共地。

4脚：脉冲宽度控制端。当电位升高时，输出脉冲宽度减小，使输出电压降低。电路中由R_3+R_4、R_1组成输出电压采样分压器，通过调整R_3和R_4可改变输出电压值。输出电压U_o的表达式为

$$U_o = U_i \frac{R_1}{R_3 + R_4} = 1.23\ \text{V} \tag{3-1}$$

5脚：待机控制端。当接低电平时，内部脉冲输出被关断，开关电源无输出。用此功能可实现过流保护电路，R_5是负载电流采样电阻。当负载电流大于3 A时，电路停止工作。

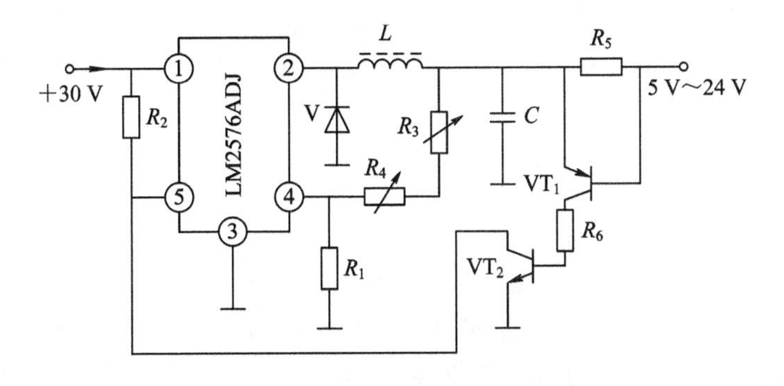

图3-1　LM2576ADJ的典型应用电路

3.1.2 低压大电流电源

1. 由 L49××系列构成的它激式开关电源

设计大电流它激式开关电源时，可采用 L49××系列的集成低压大电流稳压电路。其中 L4962 的最大输出电流为 1.5 A，内部设有过流限制和芯片过热保护电路。L4962 的工作频率要求在 50 kHz 以上，外接定时电路 R_T、C_T，振荡频率为

$$f=\frac{1}{R_T C_T} \tag{3-2}$$

L4962 的应用电路如图 3-2 所示，可输出 5 V～15 V 可调电压。输入电压经 C_1滤波，进入 7 脚；R_4、R_3组成反馈电路；14 脚接 R_2、C_3并联电路，确定工作频率；15 脚接电容 C_4，使电源具有软启动功能；2 脚为输出端，由采样分压器 $R_3/(R_4+R_3)$设定输出电压。

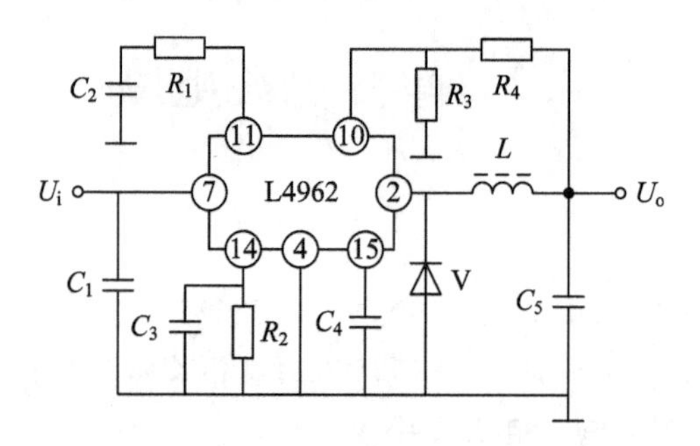

图 3-2 L4962 的应用电路

2. 由 W296 构成的电源电路

W296 为降压电源，输入电压为 50 V，输出电压为 5 V～40 V，开关频率为 200 kHz。图 3-3(a)为由 W296 组成的开关电源电路，通过调整采样分压器 $R_3/(R_2+R_3)$设定输出电压。

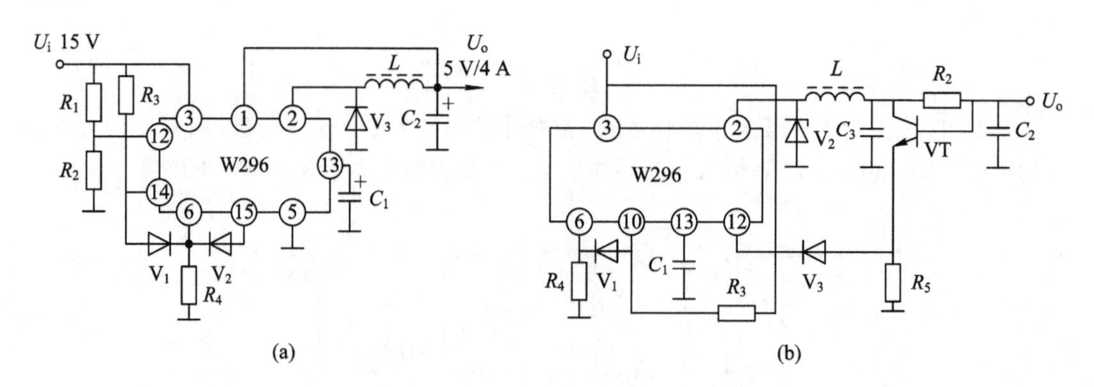

图 3-3 由 W296 构成的电源电路

(a) 降压电源；(b) 延迟动作保护电路

图 3-3(a)中，1 脚从 5 V 输出端采样，当输出电压超出 5 V 时，15 脚输出高电平，经 V_2送入 6 脚，使电源具有关断过压保护功能。电源中将输入电压设定于 10 V～15 V，电阻 R_1、R_2对 U_i分压送入 12 脚。当 U_i>15 V 时，14 脚内部保护电路动作而开路，14 脚通过

R_3得到高电平，同时经 V_1送入 6 脚，开关电源驱动脉冲被关断，实现延迟时间动作的保护。13 脚外接电容使 14 脚输出高电平延迟 100 ms，以免瞬间电压升高使电路误动作。

W296 的延迟动作保护功能可用于输出过流、短路保护电路。图 3－3(b)所示为延迟动作保护电路，该电路增设采样电阻 R_2。当负载电流超限时，开关管 VT 导通，其发射极输出高电平经 V_3送入 12 脚，14 脚输出延时后，通过 V_1输入 6 脚启动保护电路。

3.1.3 升降压单片电源

MC34063 可作为升压或降压式开关电源，以及极性反转和多组输出低电压开关电源。MC34063 的开关频率由 3 脚外接的 C_T设定，其允许范围为 100 Hz～100 kHz；其输出管的最大电流为 1.5 A，最高输入电压为 40 V；空载时，电流为 8 mA～18 mA。

1. 由 MC34063 构成的降压式开关电源

图 3－4(a)为由 MC34063 构成的降压式开关电源，该电源主要由储能电感 L、续流二极管 V 和滤波电容 C 组成，又称为 LDC 降压电路。输出电压由采样电路 R_1、R_2变换送入 5 脚。当输出电压降低时，采样电压低于基准电压，比较器输出高电平，将内部与门接通，振荡器的输出通过与门将触发器置位，其输出端 Q 输出高电平，开关管导通，输出 1.5 A 电流，向储能电感 L 存储磁能，并向负载提供电流。随后，振荡脉冲的下降沿使触发器复位输出，开关管截止，L 释放能量，使 V 导通继续向负载提供电流。在开关管导通期间，如果输出电压上升超过 5 V，则采样电压将随之升高，使比较器输出低电平，关闭与门，振荡器输出被阻断，开关管被关断。通过上述反馈，使输出电压保持稳定。

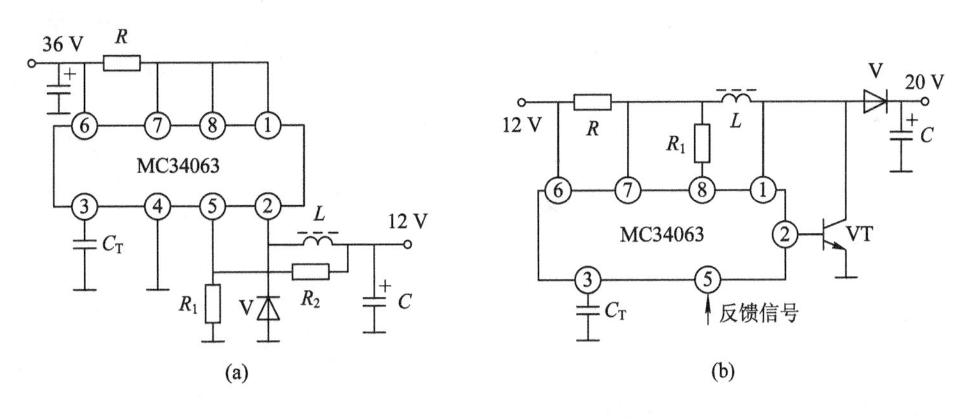

图 3－4　由 MC34063 构成的开关电源

(a) 由 MC34063 构成的降压式开关电源；(b) 由 MC34063 构成的升压式开关电源

2. 由 MC34063 构成的升压式开关电源

由 MC34063 构成的升压式开关电源如图 3－4(b)所示。开关管导通时期，输入电压直接加在 L 两端，向 L 存储能量。当开关管截止时，L 的自感电势与输入电压串联叠加，经二极管 V 向 C 充电。负载上得到的输出电压除与输入电压成正比外，还与 L 自感电势的脉冲占空比有关，因此对输出电压采样送入 5 脚控制开关管 VT 的占空比，即可输出稳定电压。

3. 由 MC34063 构成的极性反转电路

由 MC34063 构成的极性反转电路如图 3－5 所示。MC34063 内部脉冲输出管的发射极经 2 脚接储能电感 L，当内部开关管导通时，输入电压向 L 存储能量，此时二极管 V 截止，负载两端无电压。当开关管截止时，L 自感电势使 V 导通输出负电压，经 C 滤波，向负载供电。反馈控制利用精密运放 A 将负极性采样电压反相后送入 5 脚实现。

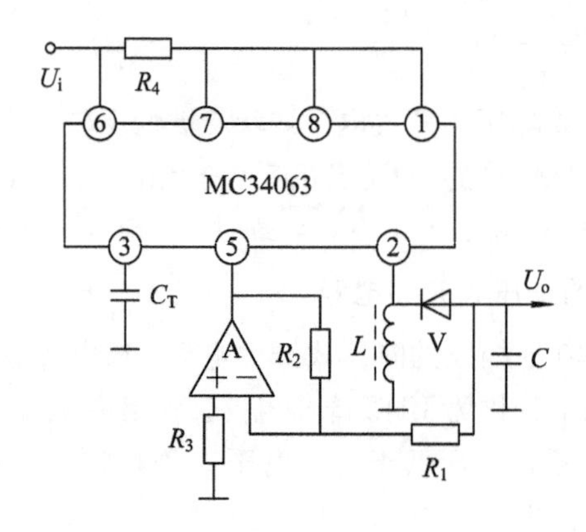

图 3－5　由 MC34063 构成的极性反转电路

3.1.4　同步整流电路

同步整流技术是通过控制 MOSFET 的驱动电路实现整流的技术，驱动频率固定在 200 kHz 以上，典型驱动方式为交叉耦合外加驱动信号配合死区时间控制。由于同步整流成本高，目前仅在高档精密电源模块中应用。图 3－6 为同步整流原理示意图。

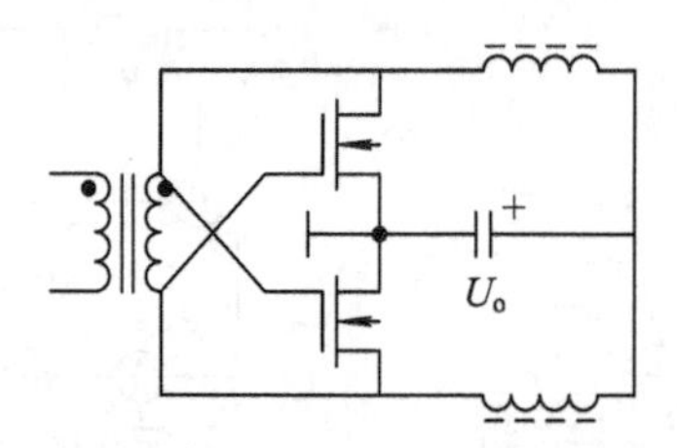

图 3－6　同步整流原理示意图

1. 由 UC3842 控制的开关电源

图 3－7 为由 UC3842 控制的开关电源，其输出为 5 V/10 A，输入为 12 V，频率为 80 kHz。驱动脉冲在 t_{on}期间，开关管导通，向电感存储磁能，存储能量正比于 t_{on}的脉冲宽度。在驱动脉冲 t_{on}截止后，经过设定的死区时间 t_D，脉冲 t_{off}期间的低电平输出通过控制电路使续流二极管上并联的开关管导通。MOSFET 管内的续流二极管使电路等效内阻大幅度降低，储能电感能量释放电流增大，向负载放电。死区时间的设定是为了避免两只不同功能开关管形成瞬间共态导通，造成供电电路短路而损坏开关管。

电路的同步整流器由 VT_1～VT_4组成。开关管 VT_3为 P 沟道 MOSFET 管，VT_4为 N 沟道 MOSFET 管，V_2为肖特基二极管。VT_4导通后与 V_2并联，大大降低了开关管的损耗。

为了实现 VT_3、VT_4的轮流导通，电路中由双场效应管 VT_1（P 沟道）、VT_2（N 沟道）

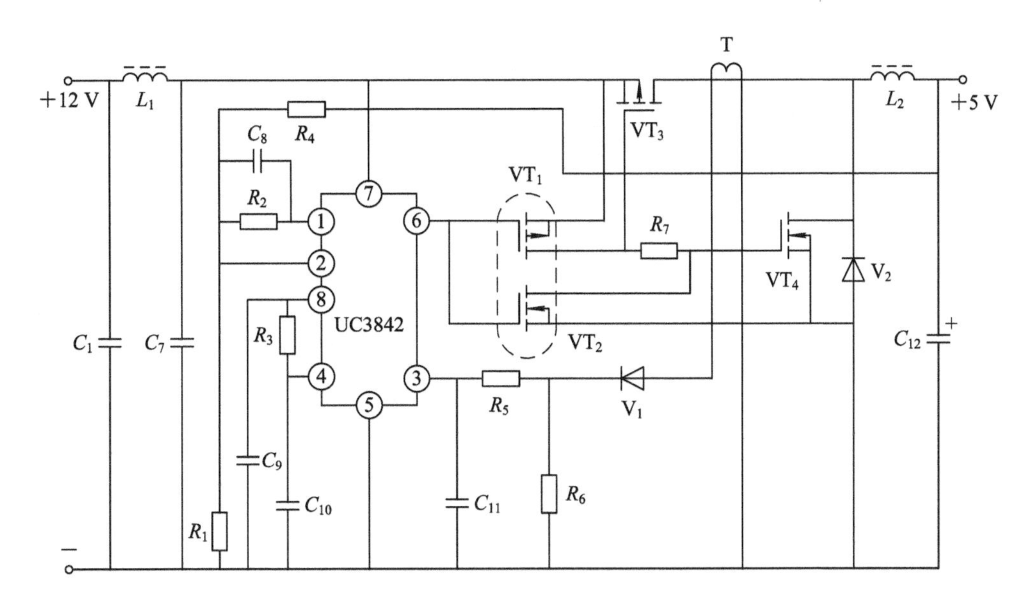

图 3-7　由 UC3842 控制的开关电源

组成驱动脉冲相位分离电路。

当 UC3842 的 6 脚输出为高电平时，VT_1 管截止，VT_2 管导通，VT_3 的栅极通过 R_7、VT_1 得到电压，VT_3 导通，输入电压通过 VT_3 的源漏极加到 L_2 左端，由电源向 L_2 存储磁能，同时向负载供电，电流呈线性增长。当驱动脉冲达到截止点时，C_{12} 充电电压最大。在 VT_3 导通的同时，VT_2 导通，将 VT_4 的栅源极短路，使 VT_4 截止。在 L_2 存储能量期间，VT_3 也反偏截止。

当 UC3842 的 6 脚输出低电平时，VT_1 导通，将 VT_3 的栅源极短路，此时 VT_2 截止，使 VT_3 也截止，L_2 释放磁场能量，V_2 正偏导通，VT_1 的漏极输出高电平经过 R_7，使 VT_4 导通，其漏源极低内阻并联在续流二极管 V_2 两端，使 L_2 的释放电流增大。此部分电路中，利用 MOSFET 管的快速开关特性对 VT_3、VT_4 进行导通/截止控制，使 VT_3、VT_4 开关损耗降低。滤波电容 C_{12} 对 L_2 脉冲纹波进行抑制，可减少高次谐波。

2. 由 MAX796 构成的开关电源

图 3-8 为由 MAX796 构成的具有同步整流电路的升降压式开关电源。若需该电源工作于降压方式，可将储能电感更换为有次级绕组的降压脉冲变压器，从脉冲变压器得到降压后整流输出。

MAX796 各脚的功能如下：

1 脚(SS)：外接软启动充电电容。

2 脚(SECFB)：辅助输出端。12 V/250 mA 输出的采样由此端输入。

3 脚(REF)：外接旁路电容。

4 脚(GND)：共地端。

5 脚(SYNC)：外同步输入端。如不用外同步，可与 3 脚连接。

6 脚($\overline{\text{SHDN}}$)：关断控制端，高电平(ON)时开通，低电平(OFF)时关断。

7 脚(FB)：辅助输出反馈电压端，经电容滤波后，与开关管驱动电路的 11 脚相连接，

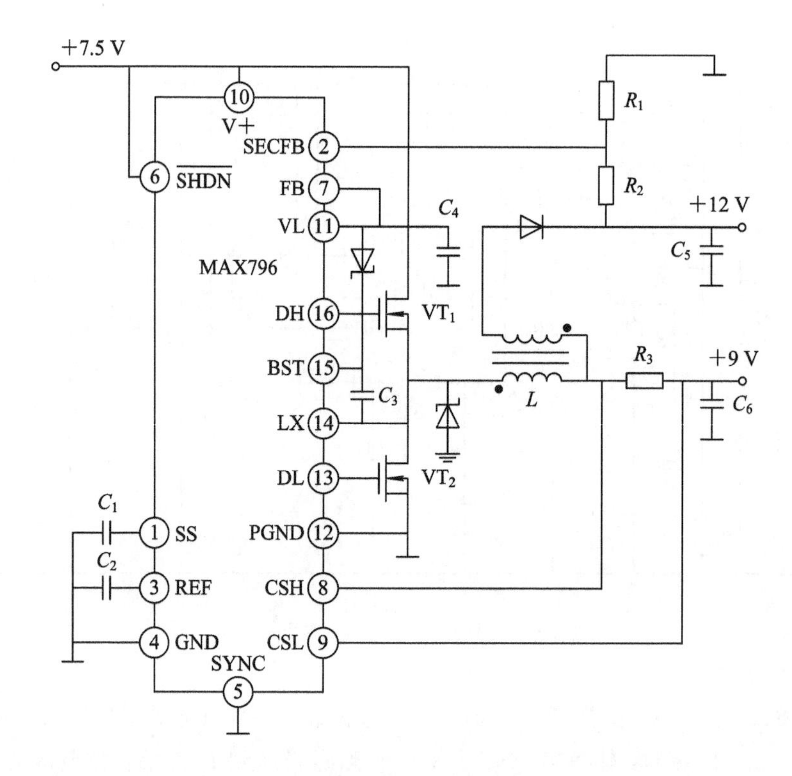

图 3-8　由 MAX796 构成的两组输出电源

由二极管、电容形成自举电路。

8 脚(CSH)、9 脚(CSL)：过电流采样电阻的采样电压输入端。同时 9 脚还为输出电压反馈端，将信号送入集成电路内部采样分压器。

10 脚(V+)：输入电压端。接入 7 V～28 V 正电压，向集成电路内部提供工作电压，同时在外电路向开关管、储能电感供电。

12 脚(PGND)：内部驱动电路接地端。

3. 由 UCC39421 构成升压式开关电源

UCC39421 的最低输入电压为 1.8 V，输出电压为 2.4 V～8 V，工作频率为 2 MHz。UCC39421 内部可编程的电流阈值比较器可控制工作频率。当低功率输出时，UCC39421 为 PFM 控制方式；当中、高功率输出时，则为 PWM 控制方式。UCC39421 的内部振荡器还设有外同步输入端，可在固定负载下实现定频率的 PWM 状态。UCC39421 内部还有可编程上电复位、欠压检测比较器和限流保护等辅助功能，可与微机系统联机设备连接。

由 UCC39421 构成的升压式开关电源见图 3-9。图中，L_1 为 2.2 μH 的储能电感，VT_{1A} 为 N 沟道 MOSFET 管。5 脚输出开关脉冲驱动 VT_{1A} 导通，向 L_1 存储磁能。VT_{1A} 截止时，L_1 释放能量产生的感应电压与输入电压串联加到同步整流器 P 型 MOSFET 管的漏极，同步整流器在 VT_{1A} 截止时导通，输出 5 V 电压。

UCC39421 各脚的功能如下：

1 脚：内部死区时间控制电路的采样输入端。当 VT_{1A} 导通时，1 脚呈现低电平，反之呈现高电平。

2 脚：输出电压采样输入端。内部采样比较器根据输出电压的变化，控制 PWM 输出

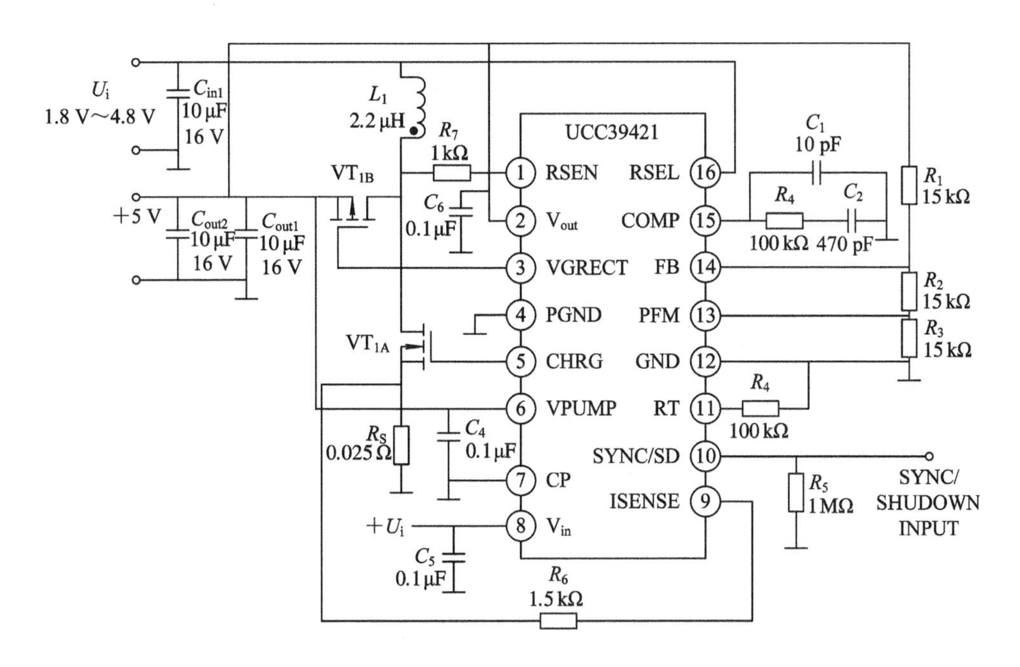

图 3-9　由 UCC39421 构成的升压式开关电源

脉冲的占空比，稳定输出电压。

3 脚：同步整流电路驱动脉冲输出端。当开关管 VT_{1A}截止时，输出低电平，驱动脉冲使 VT_{1B}导通。因此 UCC3942 系列同步整流须用 P 沟道 MOSFET 管。

4 脚：驱动输出电路参考地。

5 脚：开关管 VT_{1A}驱动脉冲输出端。当 L_1能量释放完毕，输出电压开始降低时，VT_{1B}截止，5 脚输出高电平驱动脉冲，使 N 沟道开关管 VT_{1A}导通，开始下一个周期的能量存储。此期间，3 脚输出高电平使 VT_{1B}截止。

6 脚：输入电压升压后输出电压内置超压保护端。一旦 PWM 系统失控使输出电压超高，驱动电路关断，输出电压等于输入电压。

7 脚：共地端。

8 脚：控制端。高电平输入为关断模式，供电端电流降至 5 μA。

9 脚：过电流传感器输入端，输入为电压信号。电压升高，开关电路被关断。

10 脚：外同步脉冲输入端。当用于负载变化范围小的设备时，使内部振荡器频率锁定于同步脉冲，以稳定为 PWM 模式工作。

11 脚：振荡器外接定时电阻 R。

12 脚：前级控制电路共地端。

13 脚：PFM 模式控制采样输入端。当轻负载时，此输入电压上升，启动内部 PFM 电路控制稳压输出，通过降低开关频率方式降低电源低功率状态的损耗。

14 脚：PWM 反馈控制端。在 50%额定负载以上或重负载情况下，13 脚电压降低，关断 PFM 电路，PWM 电路被启动。此时 14 脚由 R_1 和 R_2、R_3 分压对输出电压采样，控制 PWM 电路，使输出电压稳定。

15 脚：比较器的相位补偿电路端。

16 脚：输入电压选择端。输入电压在内部与输出电压比较，以设定降压模式或升压模式。

3.2 移动设备电源

移动设备电源要求极低功耗，除有一般升/降压稳压输出功能以外，还要求有数字电平控制功能及简单的管理功能。本节以升/降压稳压电路为例介绍其原理及性能。

3.2.1 低功耗电源

1. 输入 12 V 降压电源

设计低功耗降压电源时，可采用 MAX744A，其应用电路见图 3-10。MAX744A 需外接 RC 时间电路，工作频率为 150 kHz，具有供电电压欠压检测功能。当负载电流较大时，内部稳压系统为 PWM 控制方式；当轻负载时，为 PFM 控制方式。MAX744A 集成电路的输入电压为 12 V，输出电压为 5 V。

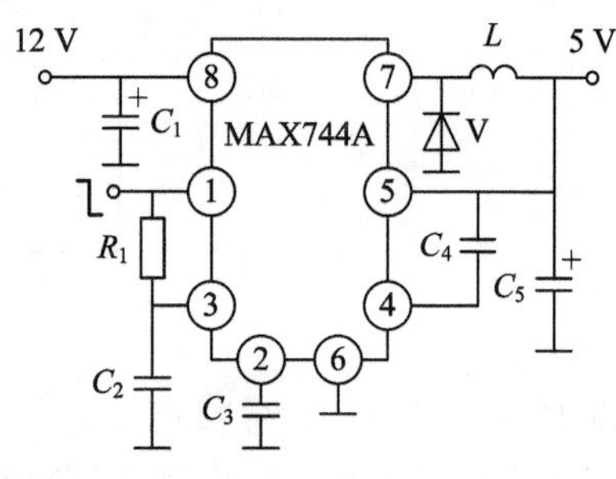

图 3-10　MAX744A 的应用电路

MAX744A 各脚的功能如下：

1 脚：关断控制端。高电平时，为接通状态；低电平时，为关断状态。

2 脚：内部基准电压发生器，外接 0.01 μF 的旁路电容 C_3。

3 脚：软启动控制端。软启动电路由电阻 R_1 和电容 C_2 组成，启动期间初始电压为0 V，启动完毕为输入电压。

4 脚：采样误差放大器的采样分压端，接入误差放大器反相输入端。

5 脚：输出电压控制端，内部为采样分压电阻。如将 5 脚直接接到输出电压端，则输出稳压值为 5 V；如果加入串联电阻后接到输出端，则输出电压可调整到大于 5 V 或近似等于输入电压。

6 脚：共地端。

7 脚：内部开关管输出端，外接储能电感 L、续流二极管 V 和滤波电容 C_5。

8 脚：电压输入端，接入 12 V 电压和电容器 C_1。

2. 输入 5 V 降压电源

1) 由 MAX767 构成的降压电源

设计输入电压 5 V、输出电压 3.7 V 的低功耗降压电源时，核心电路可采用 MAX767，其应用电路见图 3-11。

MAX767 各脚的功能如下：

1 脚：过流检测端，外接采样电阻 R_2。

2 脚：软启动控制端，外接充电电容 C_2。

3 脚：电源输出控制端。高电平时，该脚接通；低电平时，该脚关断。

4、7、11 脚：前级共地端。

5、6、12 脚：空置。

8 脚：内部基准电压，外接旁路电容 C_3。

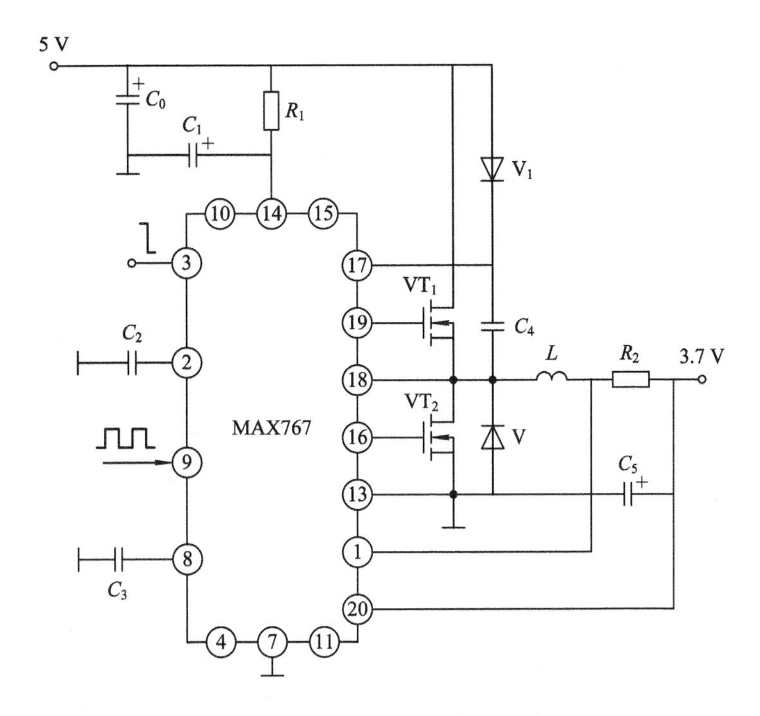

图 3-11　MAX767 的应用电路

9 脚：同步时钟输入端。

10、14、15 脚：输入电源隔离滤波器端，向内部前级电路供电。

13 脚：内部驱动级接地端。

16 脚：下管驱动脉冲输出端。

17 脚：上管驱动级的自举升压电路端，外接升压二极管 V 和自举电容 C_4。

18 脚：驱动输出电路中点端。相对于此点，16 脚和 19 脚输出时序相反的驱动脉冲。

19 脚：输出触发脉冲先使 VT_1 导通，待 VT_1 关断后，16 脚才输出延后的正向驱动脉冲使 VT_2 导通。

20 脚：输出采样端。

2）由 MAX639 构成的降压电源

由 MAX639 构成的低功耗降压电源见图 3-12。MAX639 可以实现 PWM 和 PFM 两种控制转换。

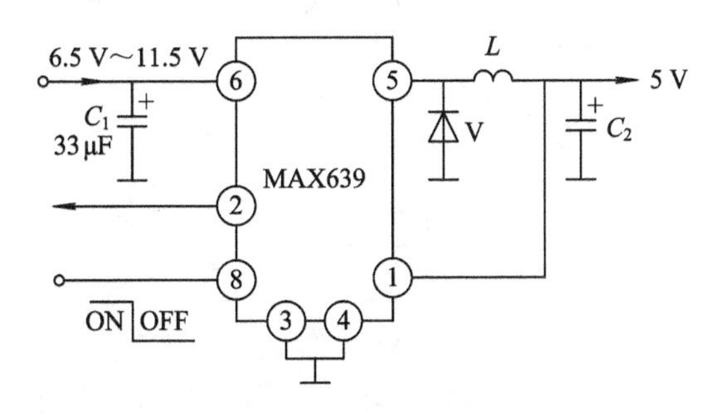

图 3-12　由 MAX639 构成的降压电源

MAX639 的 8 脚为检测端，当 8 脚电压高于 2 V 和低于 0.8 V 时，可自动转换为不同的控制模式，以降低损耗。当输入电压为 6.5 V～11.5 V 时，输出(5 V±0.2 V)/225 mA 的供电。当负载电流为 100 mA 时，最小压降为 0.5 V，静态输入电流仅为 10 μA。电路中的 2 脚可作为电池欠压指示，该电路中未用。如果在 1～7 脚外接分压电压使采样电压升高，也可输出 3.3 V 电压。

3.2.2 多组输出电源

1. 多组电源集成电路 MAX782

MAX782 的输入电压允许范围为 5.5 V～30 V，可同时输出 3.3 V 、5 V 和 15 V 三组直流电压，其转换效率均大于 95%。MAX782 的典型应用电路如图 3-13 所示。

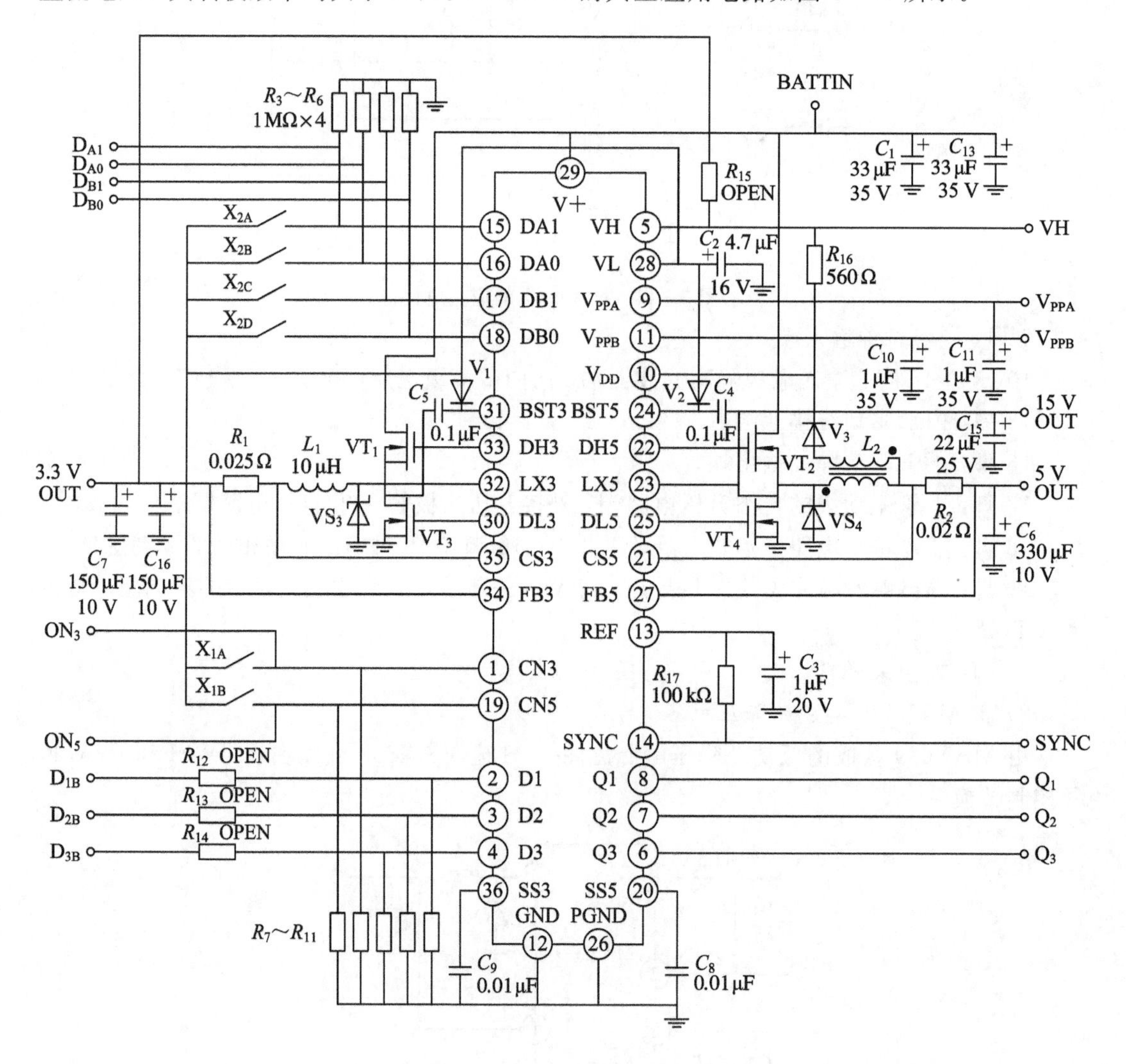

图 3-13 MAX782 的典型应用电路

MAX782 的 28 脚为 5 V 基准电压输出端，13 脚为 3.3 V 基准电压输出端，5 脚的启动电压由 3.3 V 经 R_{15} 提供。在应用电路中，3.3 V 和 5 V 的输出是相互独立的两部分。

开关管 VT_1和L_1等组成3.3 V降压变换电路。32脚和33脚接开关管VT_1，其中低电位端(32脚)必须与VT_1源极等电位，因此31脚外接V_1与C_5组成自举电路，提高31脚的直流电位。MAX782的30脚输出的脉冲驱动同步整流管VT_3，其低电位点为共地端。30脚和33脚输出的两组驱动脉冲均为正极性，以驱动N沟道功率MOSFET管VT_1、VT_3。为了使VT_1、VT_3轮换导通，两组驱动脉冲有一时间差，即VT_1先导通，L_1存储能量，只有在VT_1截止后VT_3才能导通，L_1的储能向负载电路释放。34脚和35脚为过流检测输入端，由R_1两端压降来检测负载电流，当U_{R_1}大于100 mV时，内部过流保护电路将减小脉宽；若连续过流，则关断驱动脉冲。34脚同时作为输出电压的采样输入端。

电路的L_2设有附加绕组，由V_3整流、C_6滤波得到15 V直流电压，该电压由10脚输入内部辅助PWM控制系统。MAX782的14脚的内部为200 kHz～300 kHz振荡器，由R_{17}设定振荡频率，同时可由14脚引入外同步信号。1脚和19脚为两路输出电压的控制端，高电平为工作状态，低电平为等待状态。20脚和36脚外接有两只软启动电容，可设定软启动时间。

2. 电源管理电路LTC1149

LTC1149系列电路具有电源管理功能，其典型应用电路如图3-14所示。

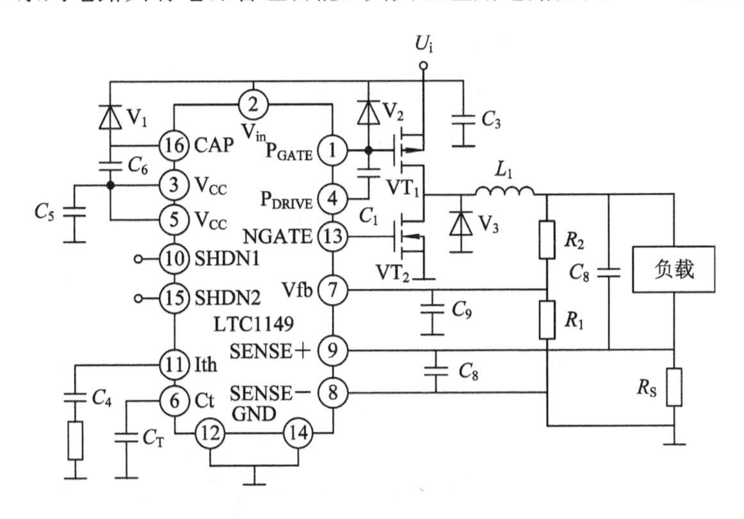

图3-14　LTC1149的典型应用电路

电源输出电压由R_1、R_2确定，即

$$U_o = 1.25 \times \left(1 + \frac{R_2}{R_1}\right) \tag{3-3}$$

LTC1149的开关管使用P沟道MOSFET管VT_1，同步整流管使用N沟道MOSFET管VT_2。

LTC1149各脚的功能如下：

1脚(P_{GATE})：开关管驱动输出端。

2脚(V_{in})：输入电压端。

3脚、5脚(V_{CC})：内部为基准电压，外接旁路电容。

4脚(P_{DRIVE})：开关管驱动电路自举升压输出端。

6脚(Ct)：振荡电路定时电容。

7 脚(Vfb)：采样放大器输出端，外接相位补偿电路。

8 脚(SENSE－)和 9 脚(SENSE＋)：过流保护输入端，8 脚内设采样分压电路。

10 脚(SHDN1)和 15 脚(SHDN2)：*LC* 控制端。低电平时为工作状态，高电平时输出被关断。

11 脚(Ith)：控制系统接地端。

12 脚、14 脚(GND)：驱动级接地端。

13 脚(NGATE)：同步整流器驱动脉冲输出端。

16 脚(CAP)：软启动控制端。接通电源瞬间为基准电平，随外接电容充电电流的减小而成为低电平，集成电路进入额定 PWM 控制状态。

3.2.3 充电控制电路

良好的充电电路不仅可以提高充电效率，还能延长电池使用周期。采用 MC712 作为充电器专用集成电路，具有可编程功能，充电过程自动化。MC712 电路内部主要包括定时器、电压斜率检测器、＋5 V 稳压器、上电复位电路、控制逻辑、电流和电压调节器、温度比较器、基准电压(2.0 V)源、功率 MOSFET 等，功能齐全。

锂电池充电电路如图 3－15 所示。电路中：C_1为输入端滤波电容；R_1为限流电阻，用于控制充电电流；C_2为 1 μF；C_3为补偿电容(0.1 μF)；VT 为 NPN 大功率管，其参数为 U_{CBO}＝80 V，I_{CM}＝7 A，P_{CM}＝40 W；R_2为基极偏置电阻；V 为 1 A/50 V 的硅整流管；R_5为限流检测电阻，用来设定快速充电电流 I_F的值，当 I_F＝1 A 时，R_5为 0.25 Ω；R_{T1}、R_{T2}为负温度系数的热敏电阻。该电路在快速充电、涓流充电时的充电电流分别为 1 A、1/16 A，充电速度分别为 *C*、*C*/16。充电电流由 R_1决定，设输出电压为 U_o，电流为 I_o，则 R_1的计算公式为

$$R_1 = \frac{U_o - 5}{I_o} \tag{3-4}$$

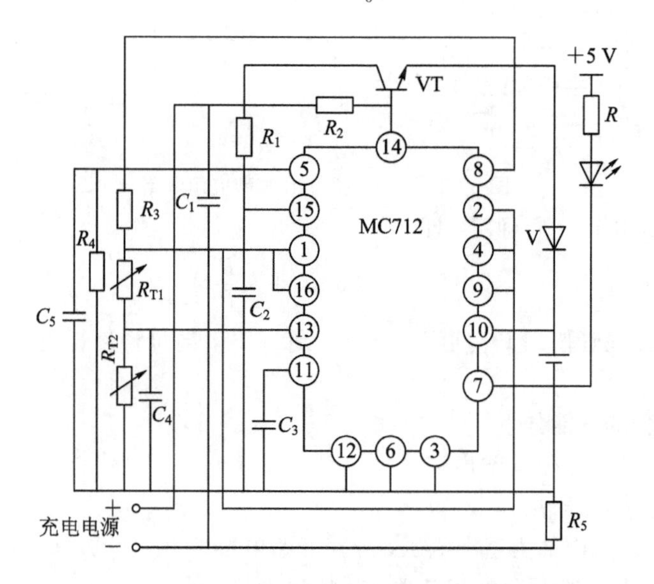

图 3－15　锂电池充电电路

3.3 专用开关电源

3.3.1 视听设备高压电源

图 3-16 所示为以 TDA8380A 为核心的 PWM 脉冲控制和保护系统电路，设独立的超高压和中压供电并具有稳压功能的变换器向 CRT 提供电压，CRT 供电系统由 PWM 脉冲控制系统、逆程变换系统和保护系统组成。行扫描电路只向行偏转线圈提供扫描电流，并向钳位电路和消隐电路提供行逆程脉冲。

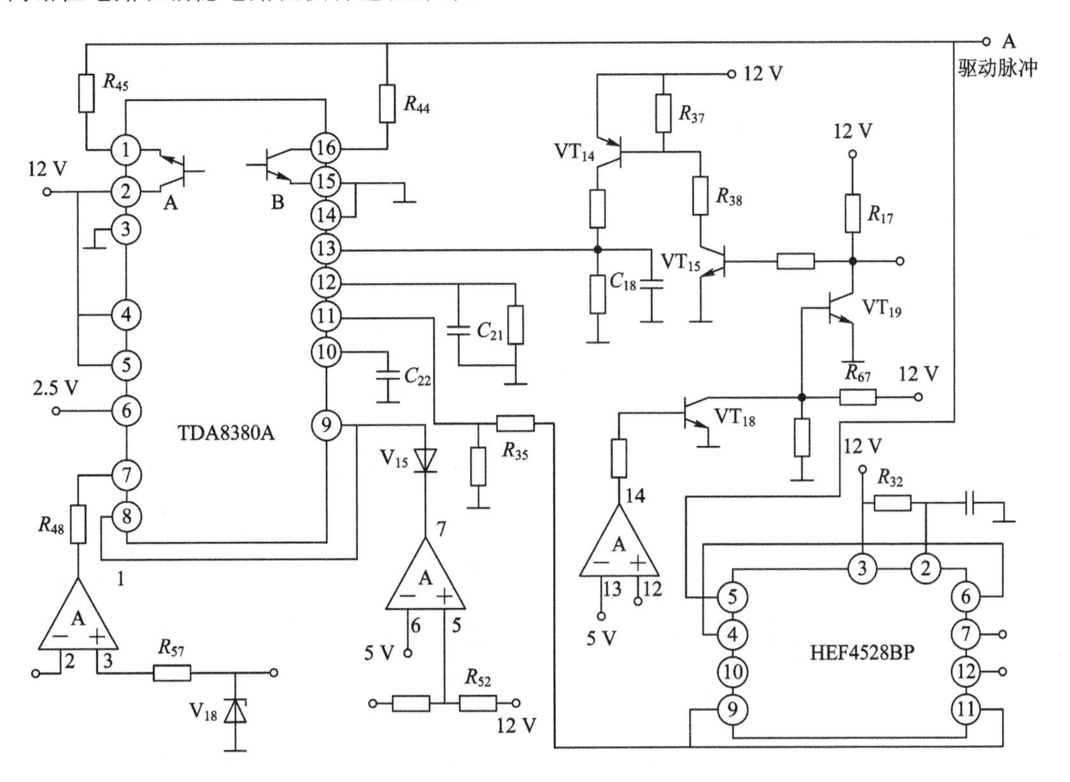

图 3-16 PWM 脉冲控制和保护系统电路

TDA8380A 由外接定时电容设定振荡频率 f_0。PWM 电路的占空比为 0～0.45，由驱动电路输出两路时序相反的调宽脉冲。两路驱动输出采用集电极和发射极均开路的输出方式。

(1) 如果两路输出采用并联形式，由内部 A 管集电极 2 脚和 B 管发射极 15 脚并联输出，则输出的是极性相同的、时序不同的占空比加倍的驱动脉冲，这种驱动方式使最大占空比变化范围增大至近 98%，适用于驱动单端开关电路。

(2) 如果两路输出分别由内部 A 管发射极和 B 管集电极输出，则输出的是极性相同、时序不同且有一定死区时间的驱动脉冲，这种方式适用于驱动推挽式开关电路。两驱动管由外电路独立供电，使驱动器容易实现驱动电平移位，而无需驱动变压器隔离。

(3) 如果内部 A 管和 B 管均由同一电极输出，则输出极性相反的驱动脉冲，这种方式特别适用于推挽式开关电路。TDA8380A 内部设有过零检测电路，对脉冲变压器电压采样。当电压下降为 0 V 时，脉冲变压器磁能释放完毕，过零检测电路通过锁定电路的复位使双稳态触发器接受振荡脉冲的触发，输出下一周期的驱动脉冲。这就避免了脉冲变压器能量未释放完前，开关管连续导通而引起脉冲变压器磁饱和。

3.3.2 行脉冲驱动高压电源

投影仪的超高压电源电路如图 3－17 所示。超高压电源和行扫描输出级各自独立，共用驱动脉冲信号源。该电路的特点是，超高压变换器的驱动脉冲信号源来源于行驱动脉冲，在脉冲放大电路中加入电子开关，控制脉冲放大器的供电，即在每个行周期中用断开供电的方式控制输出脉冲的脉宽，达到稳定超高压输出的目的。

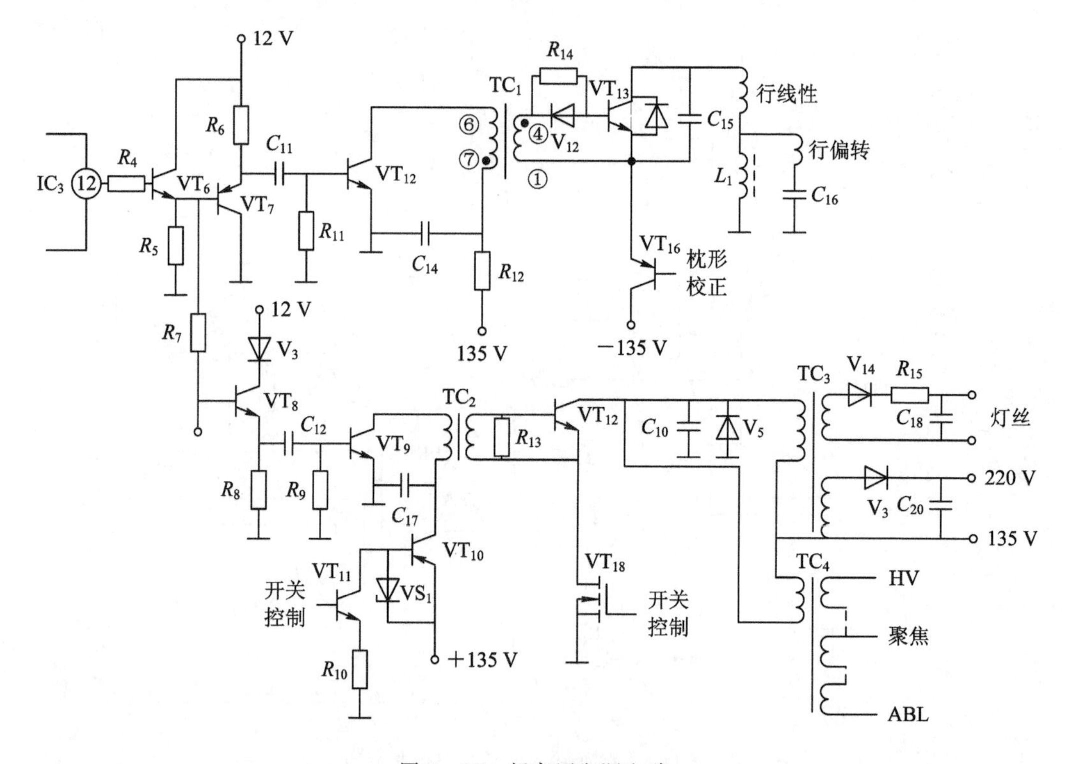

图 3－17　超高压电源电路

IC_3行振荡电路的 12 脚输出行脉冲，行驱动脉冲经 VT_6放大后分成两路：一路由 VT_7驱动行推动管 VT_{12}，再经行变压器 TC_1驱动行输出管 VT_{13}；另一路经 R_7送入 VT_8，驱动 VT_9，通过变压器 TC_2的次级驱动开关管 VT_{12}。

VT_{12}的集电极并联接入两只脉冲变压器 TC_3和 TC_4。TC_3次级的脉冲电压整流滤波，向灯丝供电；TC_4用于升压式整流电路，将 135 V 供电串联接入 65 V 的脉冲整流电压，向视频放大器提供 220 V 电压。电路中行输出级和超高压变压器之间无直接联系，提高了系统的可靠性。

脉冲放大级 VT_9供电电路由 VT_{11}、VT_{10}组成的电子开关控制，在 TC_2的输出级 VT_{12}的发射极也接入电子开关 VT_{18}。当两级电子开关都输入高电平控制信号时，超高压变换器接通，开始工作。如果控制信号为脉宽调制的方波信号，则 TC_1、TC_3初级输出的行脉冲被驱动控制脉冲调制，输出 PWM 脉冲。由 TC_1 初、次级匝数比设定超高压输出，由驱动脉冲的脉宽调制向下调整超高压，即当电子开关 VT_{10}、VT_{18} 短路时，VT_{12} 输出脉冲为最大脉宽，等于标准行脉冲的脉冲宽度，此时 TC_1 次级输出电压高于额定电压，通过驱动控制使行脉冲宽度减小，确保超高压输出为额定值。当超高压变化时，驱动脉冲保持一定调整范围。

第 4 章　基础变换电路

开关电源无论采用何种形式，其核心都是以开关电路和稳压控制电路两部分组成的。由于传统的电路其功率输出有限，若需要大功率电源(1 kW 以上)，就必须采用新的电路结构。推挽式、半桥型、全桥型等变换电路由于其结构特殊，可以输出较大功率，是目前开关电源的基本电路形式。本章对基础变换原理及结构进行分析，说明其电路主要参数的计算方法。

4.1　变 换 电 路

4.1.1　基础变换电路的类型

1. 推挽式开关变换电路

推挽式开关变换电路如图 4-1 所示。脉冲变压器初、次级都有两组对称的绕组，开关管用开关 S 表示。对 S_1、S_2加入时序反相驱动脉冲，两者交替导通，通过变压器将能量传到次级电路，使 V_1、V_2轮流导通，向负载提供能量。由于 S_1、S_2导通电流方向不同，形成的磁通方向相反，因此推挽电路提高了磁心的利用率。

推挽式开关变换电路的能量转换由 S_1、S_2交替控制，开关管电流仅是单端电源开关管的一半，因此开关损耗减小，效率提高。输出功率 1000 W 以上的开关电源均宜采用推挽电路。推挽电路的开关管承受反压较高，多用于自激或它激式低压输入的稳压变换器中。图 4-2 是推挽式开关变换电路的理想化波形。当滤波电感 L 电流连续时，输出电压与输入电压的关系表达式为

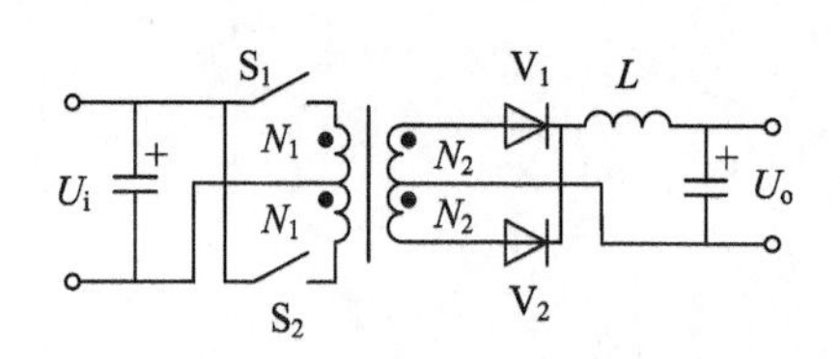

图 4-1　推挽式开关变换电路

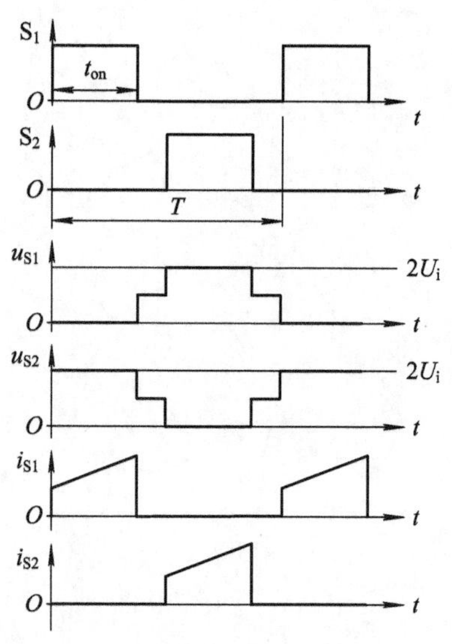

图 4-2　推挽式开关变换电路的理想化波形

$$\frac{U_o}{U_i}=\frac{N_2}{N_1}\frac{2t_{on}}{T} \tag{4-1}$$

2. 全桥型开关变换电路

全桥型开关变换电路如图 4-3 所示。四只相同的开关管 VT_1～VT_4组成桥式电路接法的 4 个臂，变压器初级作为负载电路接于两臂中点之间。VT_1和 VT_4为一组，VT_2和 VT_3为另一组，控制其互补导通。当两组开关管轮流导通时，脉冲变压器初级连续通过方向相反的电流，将输入直流变成双向对称的矩形脉冲，脉冲变压器次级通过全波整流滤波，输出稳定的直流电。

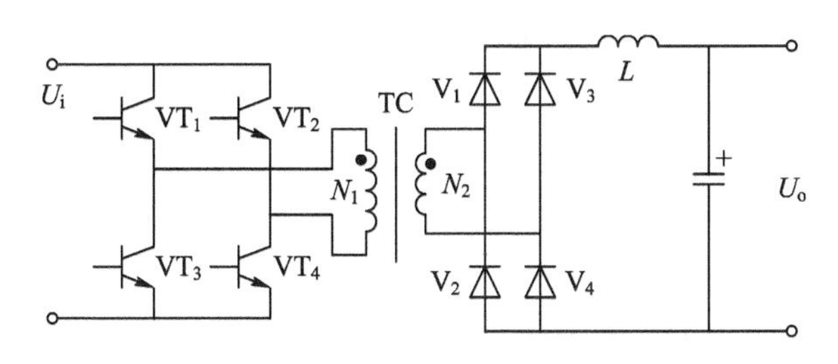

图 4-3 全桥型开关变换电路

全桥型开关变换电路每个导通周期，两只开关管与脉冲变压器初级都是串联的，因此加在每只开关管的最高耐压为推挽式开关变换电路的 1/2，即等于输入电压，这非常适合大电流低反压开关管的应用。全桥型开关变换电路中脉冲变压器 TC 的初级通过的是对称的方波，理论上无直流成分磁化电流，因而其磁通量为交变磁通，提高了脉冲变压器的利用率，减小了开关电源的体积和重量。更重要的是，全桥型开关变换电路的脉冲变压器初级只需要一组绕组，不存在对称的问题，且初级最高电压为输入电压，这使得脉冲变压器的结构大为简化。因此，全桥型开关变换电路被广泛用于千瓦级的大功率开关电源中。

在图 4-3 所示的全桥逆变电路中，互为对角的一组开关管轮流同时导通，在变压器初级侧形成交变电压，传递到次级，经整流、滤波后输出，改变占空比即可改变输出电压。当 VT_1与 VT_4开通后，二极管 V_1和 V_4处于通态，电感 L 的电流逐渐上升；当 VT_2与 VT_3开通后，二极管 V_2和 V_3处于通态，电感 L 的电流也上升。当四个开关管都关断时，四个二极管都处于通态，各分担一半的电感电流，电感 L 的电流逐渐下降。VT_1和 VT_2断态时承受的最高电压为 U_i。如果 VT_1、VT_4与 VT_2、VT_3的导通时间不对称，则 N_1中的交变电压中将含有直流分量，会在变压器一次侧产生很大的直流电流，造成磁路饱和，因此全桥型开关变换电路应注意避免电压直流分量的产生，也可以在一次侧回路串联一个电容，以阻断直流电流。设每组管导通时间为 t_{on}，开关周期为 T，则在滤波电感电流连续时，输出电压与输入电压的关系表达式同式(4-1)。

3. 半桥型开关变换电路

半桥型开关变换电路如图 4-4 所示。VT_1与 VT_2交替导通，使变压器一次侧形成幅值为 $U_i/2$ 的交流电压。改变开关的占空比，就可以改变二次侧整流电压 U_d的平均值，也就改变了输出电压 U_o。当 VT_1导通时，二极管 V_1处于通态；当 VT_2导通时，二极管 V_2处于通态。当两个开关管都关断时，变压器绕组 N_1中的电流为零，V_1和 V_2都处于通态，各分担一半的电流。当 VT_1或 VT_2导通时，电感 L 的电流逐渐上升；当两个开关管都关断时，

电感 L 的电流逐渐下降。VT_1 和 VT_2 断态时承受的最高电压为 U_i。由于电容的隔离作用，半桥型开关变换电路对由于两个开关导通时间不对称而造成的变压器一次侧电压的直流分量有自动平衡作用，因此不易产生变压器的偏磁和直流磁饱和现象。

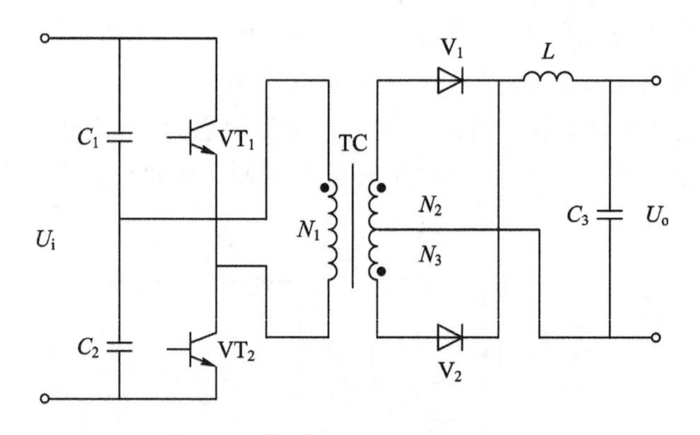

图 4-4　半桥型开关变换电路

当滤波电感 L 的电流连续时，输出电压与输入电压的关系表达式为

$$\frac{U_o}{U_i}=\frac{N_2}{N_1}\frac{t_{on}}{T} \tag{4-2}$$

半桥型开关变换电路省去了两只开关管，采用连接电容分压方式，使开关管 c-e 极电压与全桥型开关变换电路的相同，同时驱动电路也大为简化，只需两组在时间轴上不重合的驱动脉冲，两组驱动电路的参考点为各自开关管的发射极，比全桥型开关变换电路的形式简单得多。根据上述原理，当采用相同规格开关管时，半桥型开关变换电路负载端的电压为 $U_i/2$，输出功率为全桥型开关变换电路的 1/4。半桥型开关变换电路具有全桥型开关变换电路的所有优势，因此其应用比全桥型开关变换电路更普遍。

4. 正激式开关变换电路

正激式开关变换电路如图 4-5 所示。开关管 VT 开通后，变压器绕组 N_1 两端的电压为上正下负，与其耦合的 N_2 绕组两端的电压也是上正下负，因此 V_1 处于通态，V_2 处于断态，电感 L 的电流逐渐增大；VT 关断后，电感 L 通过 V_2 续流，V_1 关断。

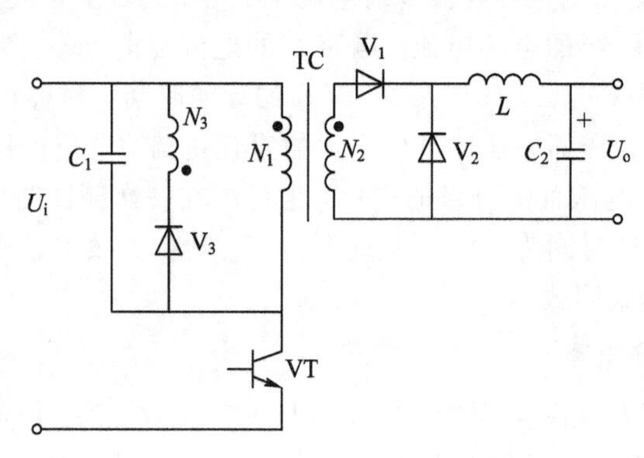

图 4-5　正激式开关变换电路

当 VT 关断后，变压器的激磁电流经 N_3 绕组和 V_3 流回电源，开关管 VT 关断后承受的电压为

$$U_S = \left(1 + \frac{N_1}{N_2}\right)U_i \tag{4-3}$$

此时要考虑变压器磁心复位问题。开关管 VT 开通后，变压器的激磁电流由零开始，随着时间增加而线性地增长，直到 VT 关断。为防止变压器的激磁电感饱和，需要使激磁电流在 VT 关断后到下一次再开通的一段时间内降回零，这一过程称为变压器的磁心复位。

变压器的磁心复位时间为

$$t_{rst} = \frac{N_3}{N_1}t_{on} \tag{4-4}$$

在电感电流连续条件下，输出电压表示为

$$U_o = \frac{N_1 t_{on}}{N_2 T}U_i \tag{4-5}$$

输出电感电流不连续时，输出电压 U_o将高于式(4-3)的计算值，并随负载减小而升高，在负载为零的极限情况下，输出电压为

$$U_o = \frac{N_1}{N_2}U_i \tag{4-6}$$

5. 反激式开关变换电路

反激式开关变换电路如图 4-6 所示。反激式开关变换电路中的变压器 TC 起储能作用，可以看做是一对相互耦合的电感。

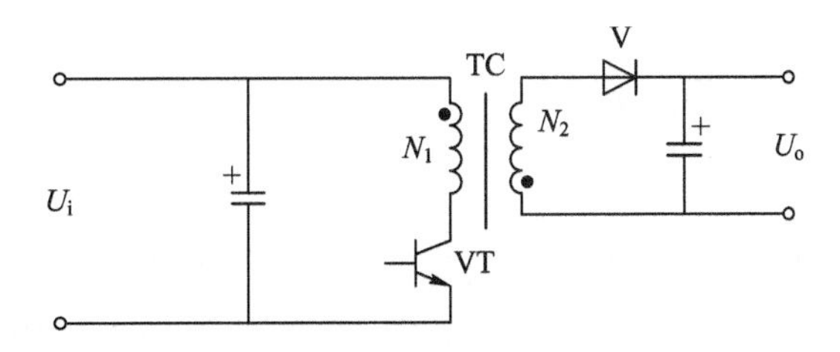

图 4-6　反激式开关变换电路

电路的工作过程如下：VT 开通后，V 处于断态，N_1绕组的电流线性增长，绕组电感储能增加；VT 关断后，N_1绕组的电流被切断，变压器中的磁场能量通过 N_2绕组和 V 向输出端释放。VT 关断后的电压为

$$U_S = U_i + \frac{N_1}{N_2}U_o \tag{4-7}$$

反激式开关变换电路的工作模式分为电流连续模式和电流断续模式两种。

(1) 电流连续模式：当 VT 开通时，N_2绕组中的电流尚未下降到零，其输出电压与输入电压关系表达式同式(4-2)。

(2) 电流断续模式：VT 开通前，N_2绕组中的电流已经下降到零，其输出电压高于式(4-7)的计算值，并随负载减小而升高，在负载为零的极限情况下，$U_o \to \infty$。因此，反激式开关变换电路不能工作于负载开路状态。

4.1.2　不同电路的特点

上述各种不同电路的特点比较如表 4-1 所示。

表 4－1　各种电路比较

电路	优　点	缺　点	功率范围	应用领域
正激式	电路较简单，成本很低，可靠性高，驱动电路简单	变压器单向激磁，利用率低	百瓦～千瓦	中、小功率电源
反激式	电路简单，成本很低，可靠性高，驱动电路简单	变压器单向激磁，利用率低	瓦～几十瓦	小功率电子设备、计算机设备、消费电子设备电源
全桥型	变压器双向激磁，容易达到大功率	结构复杂，成本高，可靠性低，需复杂的隔离驱动电路	百瓦～千瓦	大功率工业用电源、焊接电源、电解电源等
半桥型	变压器双向激磁，没有变压器偏磁问题，开关较少，成本低	有直通问题，可靠性低，需要隔离驱动电路	百瓦～千瓦	工业用电源、计算机电源等
推挽式	变压器双向激磁，一次侧一个开关，通态损耗小，驱动简单	有偏磁问题	百瓦～千瓦	低输入电压电源

4.2　基础变换电路的应用

4.2.1　半桥型变换电路的应用

1. 降压电路

自激式半桥型电源的开关管耐压要求较低。图 4－7 所示为自激式半桥型降压电路。图中 TC_1、TC_2和 VT_1、VT_2组成半桥型开关电路，输入整流后，约 310 V 直流高压由开关电路变成双向矩形波，通过降压比的方式输出，经整流、滤波获得与输入隔离的低压直流电。该电路可代替工频变压器和整流滤波电路组成的低压直流电源。

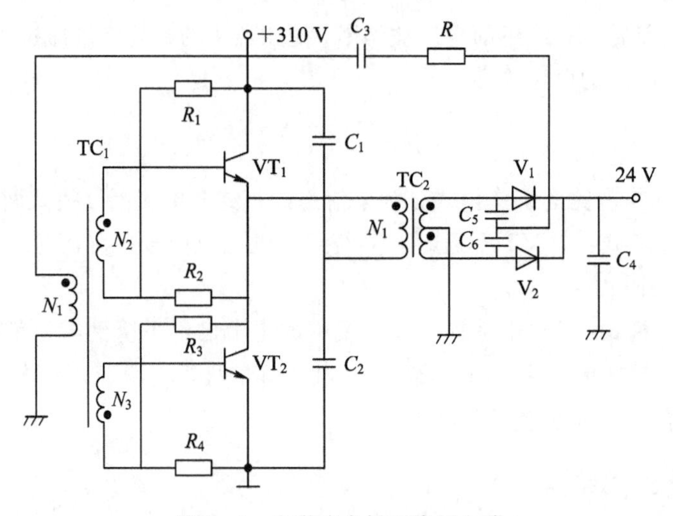

图 4－7　自激式半桥型降压电路

开关管 VT_1、VT_2组成半桥型开关电路，C_1、C_2串联接在输出电压两端，其中点电压为输入电压的 1/2。该电压经输出变压器 TC_2的初级绕组 N_1接于两只开关管的串联连接点。当 VT_1导通时，+310 V 电压经 VT_1的 c－e 极加到 TC_2绕组 N_1上端，N_1下端接 C_1、C_2的中点，因此 N_1初级电压为 310 V/2＝155 V。当 VT_2导通时，C_1、C_2分压值+155 V 经 VT_2的 c－e 极到输入电压的负极，电压也为 155 V。在 TC_2初级绕组中，两管导通电流方向相反，TC_2次级输出对称的矩形波。

脉冲变压器 TC_1为反馈变压器，其初级绕组 N_1通过 C_5、C_6将 TC_2的次级输出脉冲电压分压得到反馈脉冲，TC_1次级绕组 N_2、N_3形成相位相反的两组驱动脉冲。根据图示的 TC_1、TC_2相位关系，当 VT_1导通时，TC_1绕组 N_2输出与 TC_2初、次级相同的脉冲，构成 VT_1的正反馈。而 TC_1绕组 N_3则输出与 TC_2初、次级相位相反的脉冲。因为 VT_2导通时，TC_2初级电流方向反向，故 TC_1绕组 N_3构成 VT_2的正反馈电路。该变换器的反馈脉冲取自 TC_2次级绕组，利用 TC_2的降压比获得较低的反馈电压。

半桥型推挽电路输出的是双向矩形波，反馈脉冲也是双向的，才能使 VT_1、VT_2维持正反馈作用。电路中通过 C_5、C_6分压取得相对于 TC_2次级中点相位不同的脉冲，无论 VT_1还是 VT_2导通，都有正反馈作用。反馈电路中串联有电阻，目的是自动调整反馈量。

2. 超声波电路

超声波振荡电路如图 4－8 所示，主电路采用半桥型电路。

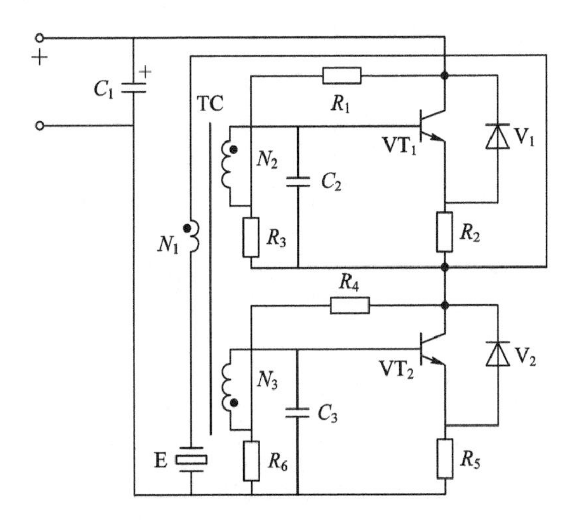

图 4－8　超声波振荡电路

开关管 VT_1、VT_2串联连接于输入电压两端，当 VT_1截止时，VT_2无法供电。VT_2构成振荡换能器 E 的灌电流通路。由脉冲变压器 TC 的同名端可知，当任一开关管导通时，VT_1从 N_2得到正反馈脉冲，VT_2从 N_3得到正反馈脉冲，导通后的开关管进入饱和区。然后正反馈脉冲反相，一管截止，另一管开始导通至饱和。该电路的负载是振荡换能器 E。当电路接通电源后，VT_2集电极无供电电压，不能导通。VT_1由 R_1、R_3得到启动偏置电压开始导通，正反馈作用使其很快饱和。VT_2饱和后，正反馈电压消失，集电极电流开始下降，TC 绕组 N_2、N_3感应电动势反相，VT_2截止。在此过程中，VT_1输出矩形脉冲，通过 TC 反馈绕组 N_1加到振荡换能器 E 两端，使换能器转换为动能而产生形变发出超声波。当 VT_1

截止后，换能器形变复位，将存储的势能释放为电能，通过 VT_2 释放。在此过程中，振荡换能器产生与前述相反的振动。复位后的换能器随 VT_1 的导通再次产生形变振动，重复上述过程。所以，称 VT_2 为灌流开关，VT_1 为驱动开关。上述电路中，换能器串联于正反馈电路，在固有频率时，其阻抗最低，正反馈量也必然最大，因而振荡频率能自动跟踪换能器的固有谐振频率，始终使换能器处于谐振状态。当作为清洗机时，即使换能器放入清洗液中，其谐振频率有所变化，电路也能自动跟踪，无需调整。

3. 它激式半桥型变换电路

IR2155 是典型的驱动芯片，其内部前半部电路自振荡系统由两个比较器和 RS 触发器组成，后半部构成两路驱动脉冲的放大电路。外接 R、C 可设定开关振荡频率，频率表达式为

$$f = \frac{1}{1.38(R + 75\Omega)C} \tag{4-8}$$

式中：75 Ω 为输出阻抗；R 的单位为 kΩ；C 的单位为 μF；f 的单位为 kHz。该电路设定的占空比为 50%，其中包括 1.2 μs 的死区时间。

图 4-9 为功率 200 W 的高压钠灯高频电源电路。该电路以驱动芯片 IR2155 为核心，而且有完善的过压、过流保护，无论负载短路/开路，均不会损坏开关管。

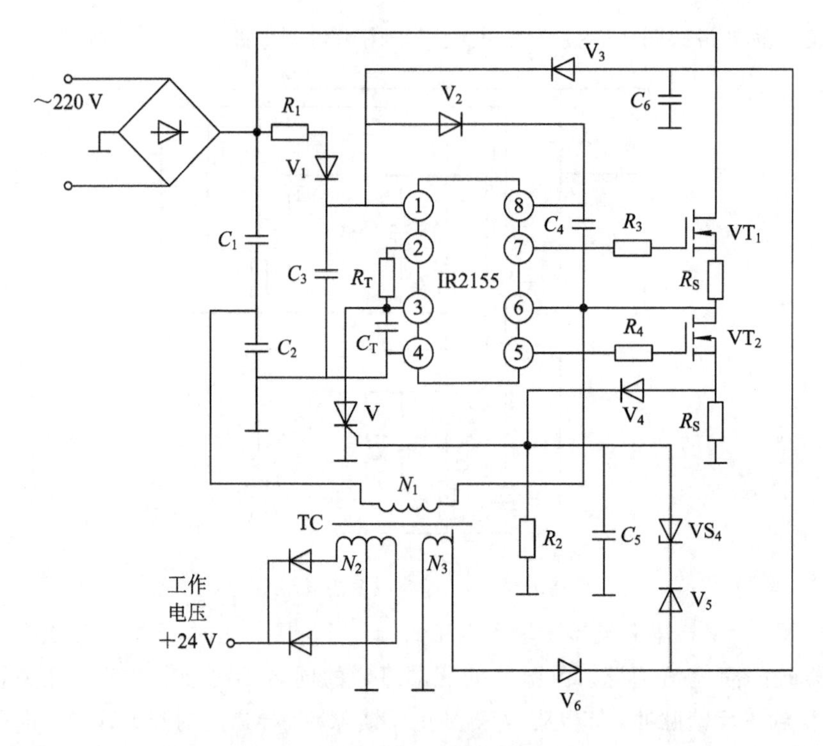

图 4-9　高压钠灯高频电源电路

高压钠灯高频电源电路为它激式半桥型开关变换器，电路中由 R_T、C_T 将振荡频率设定为 50 kHz。R_S 作为 VT_1、VT_2 的过流保护采样电阻。负载过流或短路时，R_S 上压降将增大。当 U_{R_S} 大于 1 V 时，V_4 导通，晶闸管 V 触发导通，将 IR2155 的 3 脚接地，C_T 无充电电流，振荡器停振，变换器停止工作。当关断电源时，电路自动复位。

负载电路由脉冲变压器 TC 组成降压电路，TC 次级绕组 N_2 输出脉冲，经整流输出 24 V/20 A 电流，供给主负载 200 W 的钠灯。TC 绕组 N_3 输出经 V_6 整流为 15 V 的电压，经 V_3 向 IR2155 提供工作电压，同时经 V_5、VS_4 接入晶闸管 V 的触发极作为过压保护。当钠灯开路损坏时，TC 的初级 N_1 有效电感量增大，感应电势升高，使绕组 N_3 整流电压升高，16 V 稳压管 VS_4 被反向击穿，V 触发导通，变换器停止工作，无输出电压。V_3、V_5 为 1N4148 开关二极管，其作用是将过压、过流保护采样电路隔离。C_5 用于防止电路干扰尖峰造成晶闸管 V 误动作。

4.2.2 全桥型变换电路的应用

1. 基于 IR2112 的全桥型变换电路

在需要稳定输出，且要求低成本的场合，可采用 IR2112 组成电源。IR2112 内部电路将输入锯齿波信号整形，控制电路 RS 触发器输出矩形波，由驱动级输出。一路驱动器在电平移位之后设有延时电路，在高、低端两路输出设定 1.4 μs 的死区时间。两路驱动电路都有独立的供电端，特别适应驱动不同源极电位 MOSFET 构成的全桥型开关电源，使两只开关管栅极对源极电位独立。

由两只 IR2112 构成的全桥型变换电路如图 4-10 所示。双端输出驱动脉冲分别送入 IC_1 与 IC_2 的驱动输入端 10 和 12 脚，控制 VT_1、VT_4 或 VT_3、VT_2 同时导通/截止，构成全桥型开关电源。

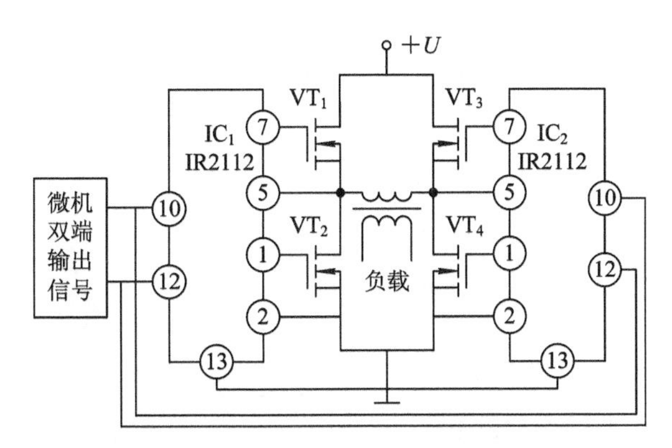

图 4-10 由两只 IR2112 构成的全桥型变换电路

2. 基于 IR2153 的全桥型变换电路

在需要输出较高电压的场合，可用两只 IR2153 芯片构成全桥型变换电源，电路如图 4-11 所示。当开关管 VT_1、VT_4 导通时，加在负载变压器 TC 初级绕组的脉冲电压是电源电压。当 VT_2、VT_3 导通时，加在 TC 初级绕组的脉冲电压反相。为了产生 VT_1、VT_4 和 VT_2、VT_3 的驱动脉冲，电路使用两只 IR2153，且输出信号相位相反。因此，电路将 IC_1 的 2 脚与 IC_2 的 3 脚直接相连，IC_2 本身不振荡，仅将 IC_1 的振荡波形倒相，即可驱动全桥电路。

由于电源输出在负载 TC 上的电压是电源电压，因此全桥型变换电路输出的功率为半桥型变换电路的 4 倍。若使用与图 4-9 相同的元器件，则输出功率可达 1 kW。由于负载变压器 TC 初级绕组的电压提高了 1 倍，故 TC 的初级绕组圈数也应增加 1 倍，以保证次级输出电压不变。

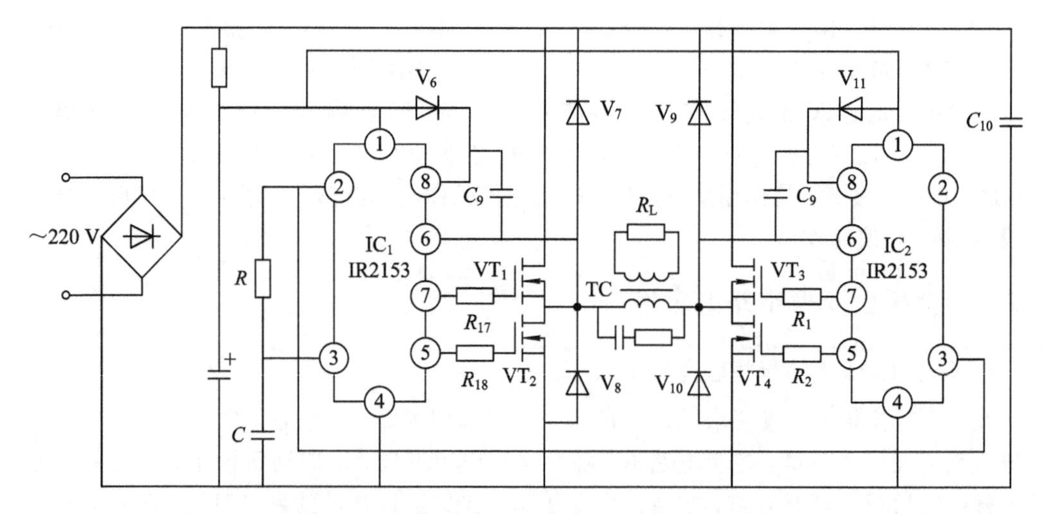

图 4-11　由两只 IR2153 构成的全桥型变换电路

4.2.3　推挽式变换电路的应用

1. 低压变换电源

采用推挽式变换电路需有双端驱动电路，最合适的电路是双端 PWM 输出控制芯片。

1) 双端输出驱动器 UC3524

双端输出驱动器 UC3524 的性能优良，主要运用于低压变换器或大功率开关电源中。UC3524 的内部电路见图 4-12。

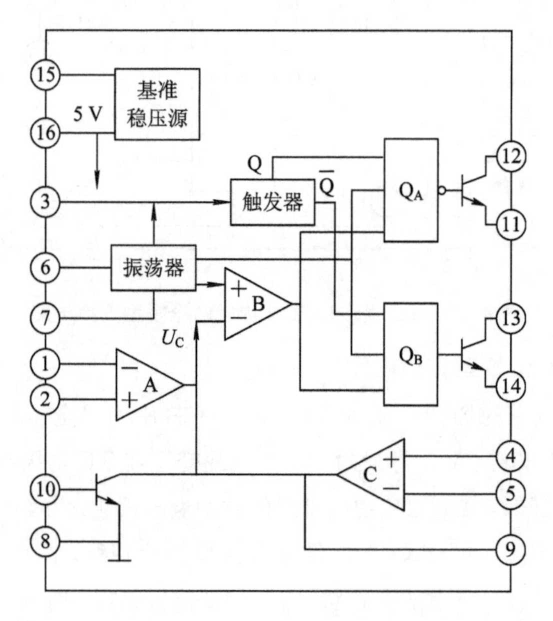

图 4-12　UC3524 的内部电路

UC3524 内部振荡器的周期 $T=R_TC_T$，电容 C_T 的取值范围为 1000 pF～0.1 μF，R_T 的取值范围为 1.8 kΩ～100 kΩ，最高频率为 300 kHz。UC3524 内部设有驱动脉冲电路，通

过控制 PWM 比较器的输出，使集成电路处于关闭状态或工作状态。UC3524 的两组驱动输出级采用集电极、发射极开路输出的 NPN 型双极型三极管，可用于单端或推挽式电路的驱动。两路输出脉冲，每路输出最大脉宽为 45%。驱动推挽电路时，次级电路得到两组正向脉冲，分别使内部放大管轮流导通，其最大脉宽为 90%。因为两组驱动输出极性相同，只是在时间轴上出现的序列不同，所以可以将两驱动输出脉冲并联，将输出最大脉宽 90%的单端驱动脉冲，用于单端变换器。分成两路输出时，开关频率为振荡器频率的两倍；单端并联运用时，开关频率等于振荡频率。

2）由 UC3524 构成的推挽式 DC/DC 电源

UC3524 每路输出驱动电流为 100 mA，设计大功率电源时，可通过外加驱动脉冲放大器提高驱动能力。下面以 UC3524 组成的低压开关电源为例，说明其应用方式。UC3524 的 11、14 脚输出 PWM 驱动信号，控制 VT_1、VT_2 开关管，与变压器 TC 构成推挽式电路。电源输入电压为 24 V，输出电压为 5 V，电路见图 4-13。其中控制芯片 UC3524 各脚的功能及外围元件的作用如下：

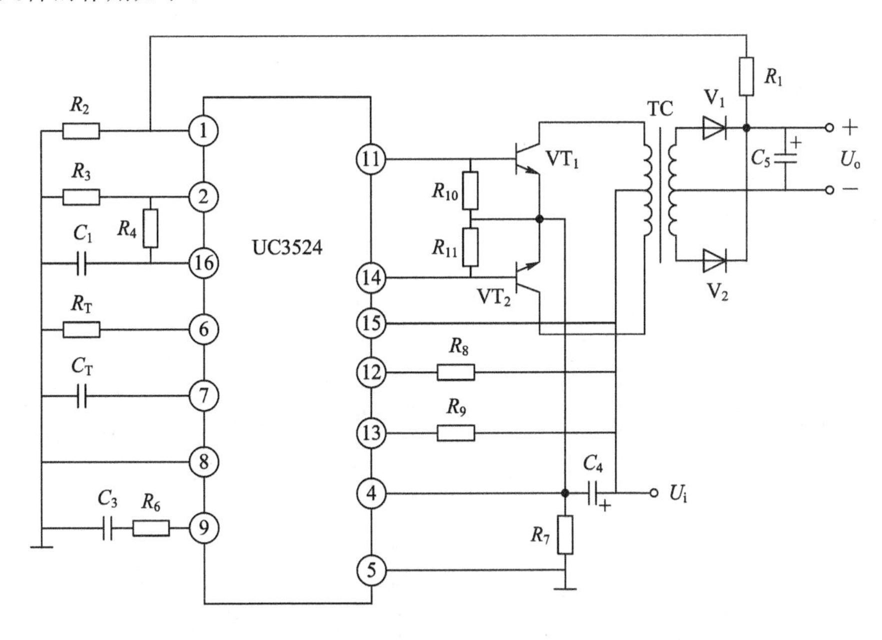

图 4-13　由 UC3524 构成的推挽式 DC/DC 电源

1 脚：内部误差检测放大器 A 的差分放大器反相输入端。稳压器的 5 V 输出经 R_1、R_2 进行 2∶1 分压输入 1 脚。

2 脚：误差放大器 A 的正相输入端。将 16 脚输出的内部基准电压经 R_3、R_4 进行 2∶1 分压，作为误差检测的基准电压。当 1 脚采样电压升高时，差分放大器输出电压降低，送至脉宽调制器 B，使输出脉冲占空比减小。差分放大器的输出电压与输出脉冲占空比有近似的线性关系。当输出电压为 3.5 V 时，脉冲占空比为 45%；当输出电压为 1.5 V 时，脉冲占空比为 10%；当输出电压为 1 V 时，脉冲占空比为 0，无驱动脉冲输出。1、2 脚间共模输入电压在 1.8 V～3.4 V 范围内。

3 脚：内部振荡器锯齿波输出端。

4、5 脚：开关电流限制放大器的正、负采样输入端。开关电流通过外接电流采样电阻

R_7，变成与电流成正比的采样电压，输入 4、5 脚。当采样电压上升到 200 mV 时，输出脉冲占空比降低为最大占空比的 25%；当采样电压上升到 210 mV 时，占空比变为 0，驱动脉冲被关断。

6 脚：外接 R_T端。设定 R_T的充电电流，也即控制 R_T的充电时间。

7 脚：外接 C_T端。C_T的值和 R_T共同决定振荡周期：$T=R_T(k\Omega)C_T(\mu F)$。

8 脚：接地端。

9 脚：误差放大器的输出端，用以接入 C_3、R_6组成的相位校正电路，以稳定误差放大器的工作状态，防止高频自激。

10 脚(未用)：PWM 脉冲输出控制端。当此端输入 1 V 以上的高电平时，将误差放大器输出端(即 PWM 比较器 B 的输入端)电平钳位于 0.3 V，使输出脉冲占空比为 0，驱动脉冲被关断。此高电平关断特点既可用于电源 ON/OFF 控制，也可用于过电压保护等电路。

11 脚、14 脚：内部两路驱动级 NPN 双极型三极管的发射极引出端。

12 脚、13 脚：内部两路驱动级 NPN 管的集电极引出端。为了驱动外电路 NPN 开关管 VT_1、VT_2，两管集电极由电阻 R_8、R_9提供工作电压，两管发射极经电阻 R_{10}、R_{11}接地，因此，内部驱动级构成射极输出器，使其有较低的内阻和较强的驱动能力，同时输出正向的驱动脉冲驱动 VT_1、VT_2。

15 脚：电源输入端。

16 脚：5 V 基准电压输出端。

2. 高压变换电源

1) 电源结构

高压 DC/DC 电源电路如图 4 - 14 所示。该电路由两级放大电路组成，第一级以 VT_3、

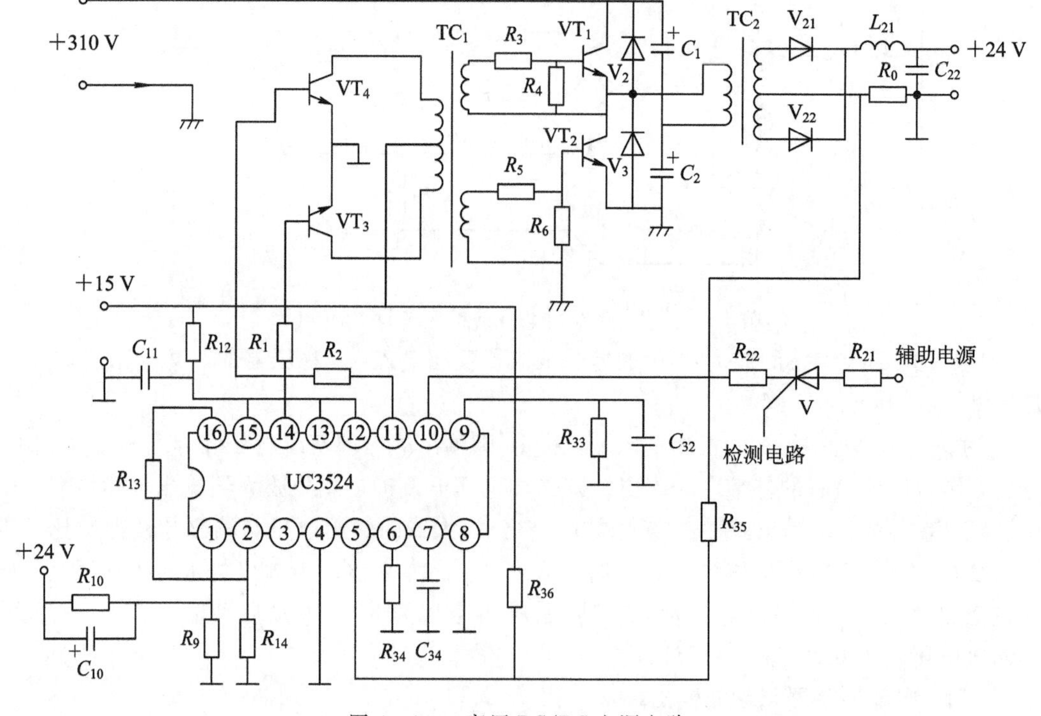

图 4 - 14　高压 DC/DC 电源电路

VT_4为主构成推挽式放大电路，第二级以 VT_1、VT_2为主构成半桥型放大电路。电源输入为＋310 V，输出为＋24 V。另外，由＋24 V 经二次稳压输出的＋12 V 和＋5 V 向控制系统供电。

第一级电路中，UC3524 的 11 脚、14 脚输出端接入推挽驱动放大器 VT_4、VT_3，通过耦合变压器 TC_1驱动开关管。TC_1的初、次级相位关系必须保持开关管驱动脉冲的极性，即仍为两组时序反相的正脉冲。TC_1还将 UC3524 与开关管相隔离，提高了电源的可靠性。

第二级为半桥型电路，其中 V_2、V_3为钳位二极管。半桥桥臂上一管导通时，加在截止状态的另一开关管 c－e 极的反相感应电压钳位，以避免其击穿。此外，二极管的导通电流和次级感应电压同时加在负载上，以提高半桥型变换器的效率。R_4、R_6用以限制驱动电流。在半桥型开关电源调试中，选配 R_4、R_6可抵消因 TC_1参数不平衡而形成的半桥桥臂上 VT_1、VT_2导通电流的差异。

2）工作原理

UC3524 的 1 脚通过分压电阻 R_9、R_{10}从＋24 V 输出端采样，2 脚则通过电阻 R_{13}、R_{14}将 16 脚输出的 5 V 基准电压分压采样检测出差值，控制输出脉宽，稳定输出电压。1 脚还具有软启动功能。C_{10}为软启动电容。开机瞬间 C_{10}充电，U_C 为 0 V。＋24 V 电压经 R_9分压加在 1 脚，使输出脉宽随 U_C 上升逐步增大到额定值，以避免开机瞬间大电流冲击损坏开关电源。

UC3524 的 10 脚为故障保护端，通过 R_{21}、R_{22}、晶闸管 V 接入辅助电源的＋15 V 电压。正常状态时，V 关断，10 脚呈现低电平，UC3524 正常工作。当出现故障时，检测电路输出高电平，使 V 导通，10 脚输出高电平，开关电源停止工作。

4 脚、5 脚为负载过电流限制端。开关电源次级全波整流器输出的负极端串联接入电阻 R_0，负载电流在 R_0上产生左负右正的检测电压，其负端接入 5 脚，正端通过隔离的参考地送入 4 脚。4 脚、5 脚关断电压阈值仅 210 mV，即使 R_0很小，开机负载电流也足以使 4 脚、5 脚产生 200 mV 以上的检测电压。为了提高 4 脚、5 脚动作阈值电压，通过 R_{36}引入副电源＋15 V 电压，与 R_{35}、R_0分压，在 5 脚得到的正电压用以抵消 R_0上的部分电压降，以免正常状态 4 脚、5 脚电流限制动作。当过流时，R_0负压降增大，加到 5 脚使 UC3524 关断输出脉冲。次级的滤波电路采用电感输入式滤波，开机后滤波电容 C_{22}通过电感 L_{21}充电。因为电感的自感电势抵制突变的充电电流，以此避免滤波电容初始充电的大电流使 R_0上压降增大，引起 4 脚、5 脚内限制脉宽控制系统产生误动作。UC3524 的其他各脚运用与低压开关电源的相同，此处不再重复。

采用独立的副电源和输入变压器可使开关电源的输入与输出隔离。启动后由开关电源脉冲变压器专设绕组提供 UC3524 的工作电压。UC3524 本身具有两组时序不同的驱动输出，不需考虑隔离问题，VT_3、VT_4以射极输出器形式直接驱动推挽式输出级。

3. 应用电路

1）由 UC3524 控制的逆变电路

由 UC3524 控制的逆变电路如图 4－15 所示，该电路为 UPS 逆变稳压部分电路。UPS 逆变器的每只末级开关管（VT_1～VT_4）的驱动电流在 10 A 以上，推挽每臂的驱动电流峰值为 20 A 以上。为了使 UC3524 输出的每臂仅 100 mA 的脉冲电流达到上述要求，末级功率开关管首先与前级 NPN 管 VT_5、VT_6组成达林顿连接，使驱动增益提高。在达林顿管之前，加有一级对称射级输出放大，其输出功率可达 700 W。

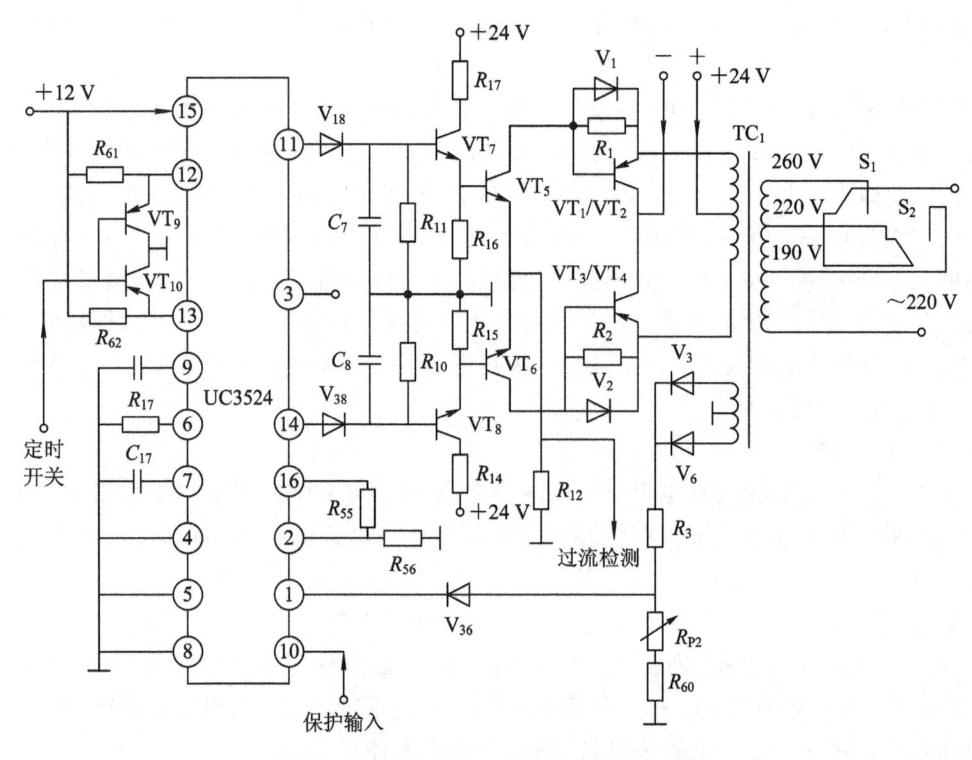

图 4-15 由 UC3524 控制的逆变电路

为了对逆变的方波电压进行稳压控制，变压器 TC_1 设有采样绕组，正常时输出 27 V 电压，经 V_3、V_6 整流，R_3 与 R_{P2}、R_{60} 分压送入 UC3524 的 1 脚采样输入端，16 脚输出的 5 V 基准电压经 R_{55}、R_{56} 分压送入 2 脚，检测误差电压控制方波的占空比，以稳定输出电压。

2）由 TL494 控制的电路

TL494 为双端输出的 PWM 脉冲控制驱动器，内部电路框图见图 4-16(a)，总体结构与同类集成电路 UC3524 相似。

TL494 的内部电路如下：

(1) *RC* 定时电路设定频率的独立锯齿波振荡器，其振荡频率为

$$f = \frac{1}{RC} \tag{4-9}$$

其最高振荡频率为 300 kHz，可用于驱动双极型开关管或 MOSFET 管。

(2) 由比较器组成的死区时间控制电路，用外加电压控制比较器的输出电平，通过其输出电平使触发器翻转，控制两路输出之间的死区时间。当 4 脚输出电平升高时，死区时间增大。

(3) 触发器的两路输出设有控制电路，使 VT_1、VT_2 既可输出双端时序不同的驱动脉冲，驱动推挽式开关电路和半桥型开关电路，也可输出同相序的单端驱动脉冲，驱动单端开关电路。

(4) 内部两组完全相同的误差放大器，其同相输入端和反相输入端均被引出芯片外，因此可以自由设定其基准电压，便于反馈采样，或作为过压、过流的超阈值保护。

(5) 输出驱动电流单端达到 400 mA，能直接驱动峰值开关电流达 5 A 的开关电路。双端输出为 2×200 mA，加入驱动级即能驱动近千瓦的推挽式和半桥型电路。若用于驱动 MOSFET 管，则需另加入灌流驱动电路。

TL494 在工作时，通过 5、6 脚分别接定时元件 C_T 和 R_T 确定工作频率。经门电路控制 TL494 内部两个驱动三极管工作，通过 8 脚和 11 脚向外输出相位相差 180°的脉宽调制控制脉冲，工作波形如图 4-16(b)所示。TL494 若将 13 脚与 14 脚相连，可形成推挽式工作；若将 13 脚与 7 脚相连，可形成单端输出方式。

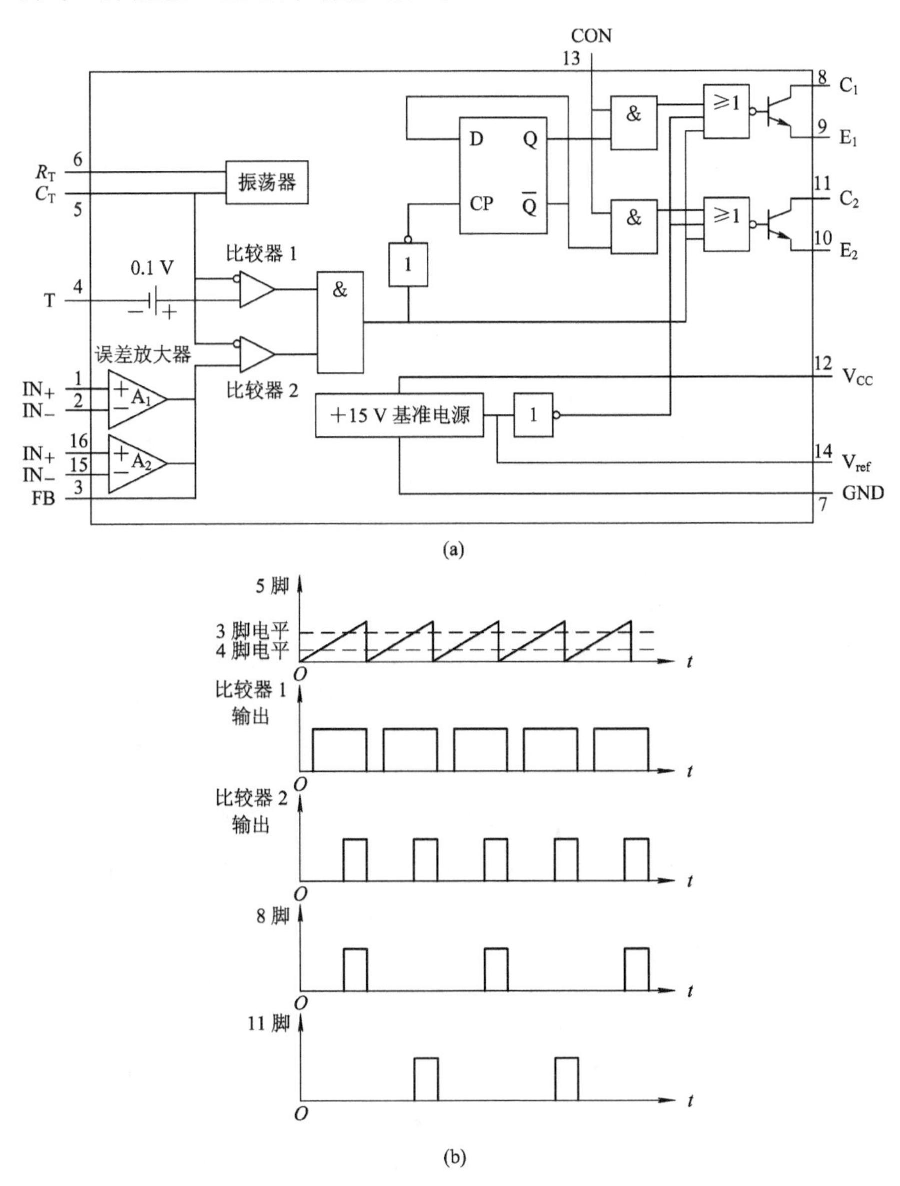

图 4-16　TL494 的内部电路框图及工作波形

(a) TL494 的内部电路框图；(b) 工作波形

3) 由 TL494 构成的单端正激电源

由 TL494 构成的 200 W、48 V 单端正激电源电路如图 4-17 所示。变换器供电电压为单相整流 310 V，通过变压器 TC 初级绕组加到开关管集电极。TL494 的 8 脚输出 PWM 控制脉冲，放大后加到开关管 VT 基极。输出经变压器 TC 次级整流后输出 48 V 直流电压 U_o。

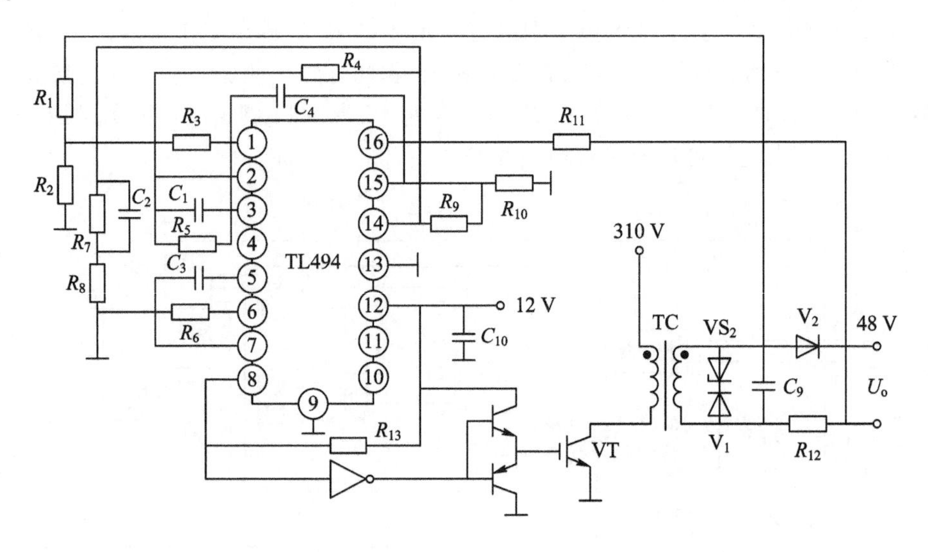

图 4－17　由 TL494 构成的单端正激电源电路

输出电压 U_o 经 R_1、R_2 分压后加至 TL494 的 1 脚，当 U_o 发生变化时，TL494 内部误差放大器 1 的输出电压随之改变，比较器输出的脉宽也改变，通过 TL494 输出的驱动脉冲改变开关管 VT 的导通时间，从而实现调宽稳压的目地。

基准电压 14 脚的另一路通过 R_9、R_{10} 分压后加到误差放大器 2 的反相端 15 脚，同相端 16 脚接到过流检测电阻 R_{12} 的一端。当输出电流超过 5 A 时，R_{12} 上的电压经 16 脚使得内部误差放大器 2 输出高电平，使开关管导通时间缩短，关断输出。

变压器绕组通过的是单向脉冲激磁电流，为防止剩磁通出现饱和，加入了由稳压管 VS_2 和二极管 V_1 构成的磁心复位电路，既限制了开关管的反压，又可使磁心消磁。

4）推挽式电源

图 4－18 是由 TL494 控制的推挽式电源电路。场效应管 VT_3、VT_5 为主开关管。TC_1 初级中心点接 115 V 电源。TL494 的 5、6 脚外接时间常数电路 C_3、R_4，工作频率为 60 kHz。TL494 的 4 脚外接 R_6、C_2、R_2 设定死区时间。TL494 的 1、2 脚为第一组采样比较器的同相和反相输入端，控制内部脉宽调制器，设定占空比小于 0.45。

电路中 TL494 的 7 脚为 IC 电位参考点；8 脚和 11 脚为内部驱动级三极管的集电极；12 脚接 12 V，为芯片供电端；9 脚、10 脚为两路驱动放大器的发射极，输出时序相反的两路正极性驱动脉冲，分别控制 VT_3、VT_5 导通或截止；13 脚为 TL494 输出方式控制端，接高电平(5 V)可输出时序不同的两路脉冲，适合驱动推挽式或半桥型开关电路，接地时则输出两路时序相同的正极性驱动脉冲，可并联输出驱动单端式变换器开关电路；10 脚为内部 5 V 基准电压输出端；15 脚、16 脚为第二组采样比较器输入端，反相输入端 15 脚接入 5 V 基准电压，16 脚同相输入端经 V_1 接入芯片超温保护信号。正常时，16 脚为第二组采样比较器输出端，可设置占空比和输出电压。若 16 脚输入高电平，则通过触发器可以降低占空比或关断驱动脉冲。

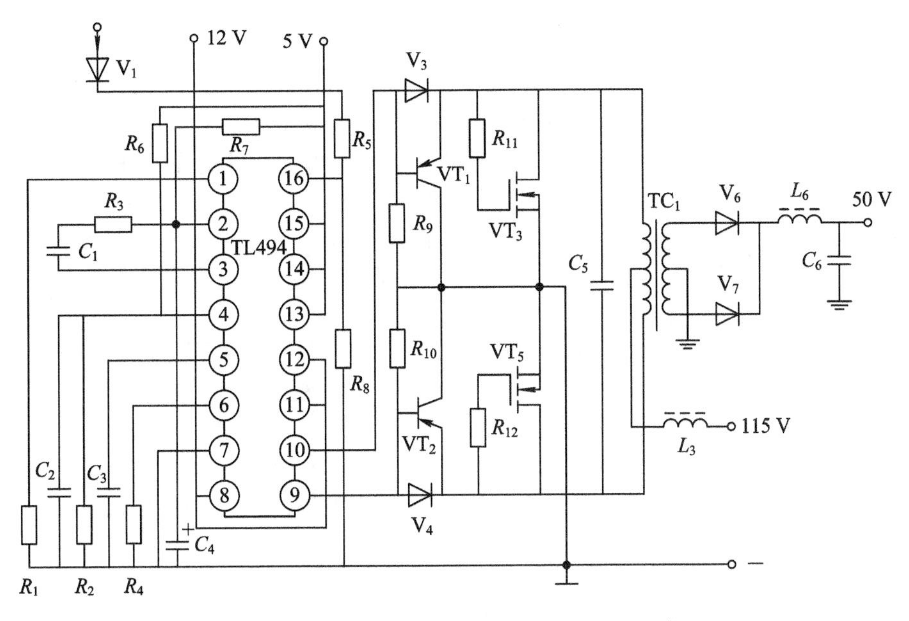

图 4-18　由 TL494 控制的推挽式电源电路

4.3　典型电路分析

4.3.1　500 V 降压电源

图 4-19 所示为高压直流输入(500 V 输入，24 V/500 W 输出)的开关电源原理图。

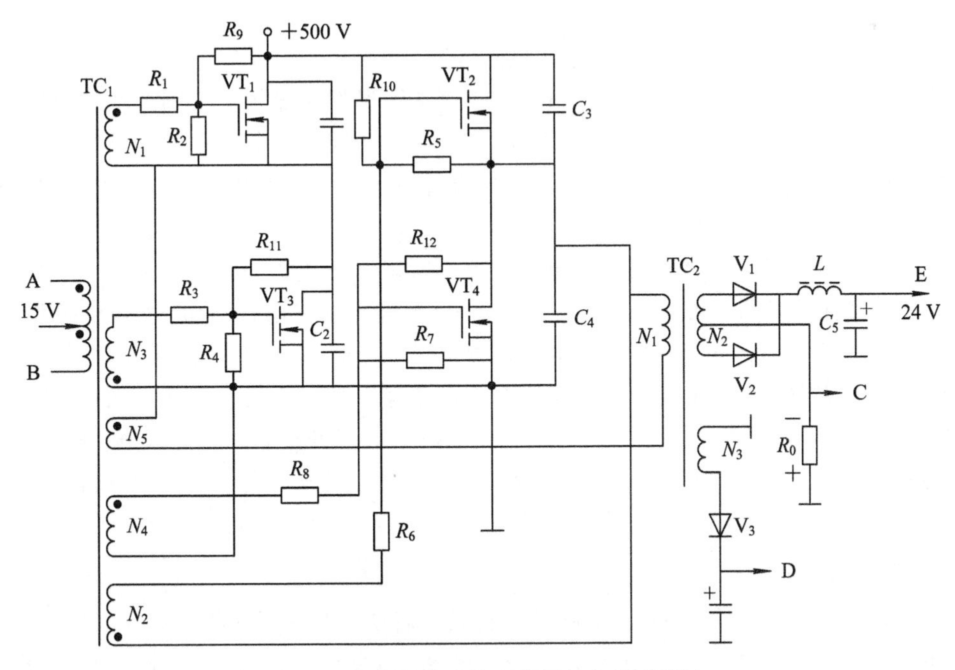

图 4-19　高压直流输入的开关电源原理图

1. 驱动电路

驱动电路以 TL494 为核心组成，如图 4－20 所示，振荡频率由 R_T、C_T设定为 60 kHz。TL494 的 13 脚为工作模式控制端，接入 14 脚的 5 V 基准电压，使集成电路工作在推挽输出状态。4 脚由 R_5、R_8从 5 V 基准电压分压得到 0.5 V 电压，以设置两路输出之间的死区时间。R_5两端并联接入 C_2构成软启动电路。接通电源瞬间，C_2充电电流使 4 脚电压升高，占空比随之减小。随着 C_2充电电流的减小，4 脚电压趋于正常值，恢复设定的死区时间。TL494 的 8 脚、11 脚驱动脉冲输出端，经 VT_5、VT_6放大由 A、B 点进入变压器 TC_1初级。

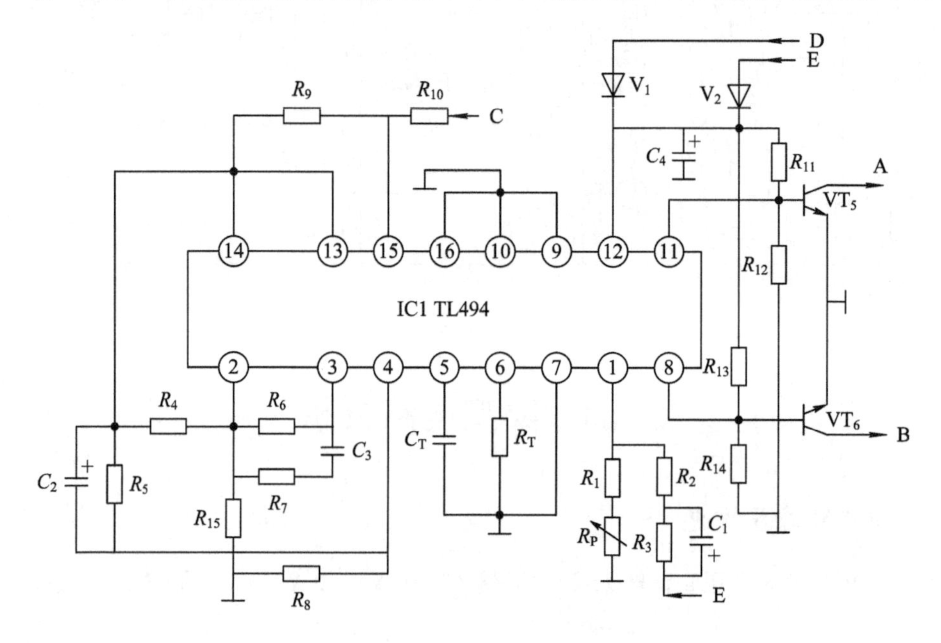

图 4－20　驱动电路

TL494 的一组误差放大器作为 PWM 稳压控制，其同相输入端 1 脚对 24 V 输出电压采样，2 脚得到 2.5 V 基准电压，检出误差电压，控制 PWM 比较器的输出脉宽。同时，由 3 脚外接负反馈电阻 R_6，以稳定误差放大器的增益。C_3、R_7用以校正误差放大器的相位特性。

TL494 的另一组误差放大器作为负载短路、过流保护。图 4－19 中的 24 V 输出端接有电阻 R_0，将采样信号点 C 经 R_{10}接入 TL494 反相输入端 15 脚，同相输入端 16 脚接地。15 脚同时引入 5 V 基准电压。当负载电流在额定范围内时，15 脚为正电压，误差放大器输出低电平，对 PWM 输出无影响。当负载电流超过范围时，15 脚从 R_0引入的负值电压增大，接近 0 V 时，误差放大器输出变为高电平，随电平值升高，占空比减小，输出电压降低。当过流程度进一步严重时，占空比为零，驱动脉冲关断，电源进入保护状态。12 脚为供电端，由 D 端提供 15 V 启动电压。启动后，由 24 V 稳定电压提供工作电源。

2. 功率放大

开关变换器采用全桥型电路，电路采用自激式启动它激式驱动的形式。TC_2绕组 N_3在自激启动过程中输出 12 V 启动电压，使前级电路以它激方式工作，输出稳定的 15 V 电压。TC_1次级绕组编号对应驱动的开关管编号。N_5为正反馈绕组，为了使自激振荡启动，

接有 R_9、R_{10}启动电阻。接通电源瞬间，开关管 $VT_1 \sim VT_4$栅极有极小的启动电压，由于两对管的不平衡，其中一对臂首先通过正反馈建立导通电流进入饱和状态。绕组 N_5的正反馈作用使另一对臂产生相位相反的驱动电压，抵消其启动栅压。某一对开关管的导通，在 TC_2绕组 N_3产生感应脉冲，V_3导通输出 15 V 电压，向前级电路供电，电路进入它激式驱动状态，自激振荡被迫停止。TC_1的初级电路接驱动管 VT_5、VT_6，构成驱动放大器。

4.3.2 倍压变换电路

倍压输出是电源变换的常用功能。NJU7660 内部有 RC 振荡器，可进行 DC/DC 变换，具有电平移动和倍压功能，其典型应用只需外接电容、电阻和二极管。将几片 NJU7660 串联即可实现 N 倍、$2N$ 倍等电平方向转换以及倍压转换。

$2N$ 倍压输出电路如图 4-21 所示。输入电压为 5 V，电路 NJU7660 的 8 脚输出电压，$U_o = 2NU_i$（N 为串联的个数），图中串联个数为 2，所以输出电压为输入电压的 2 倍。

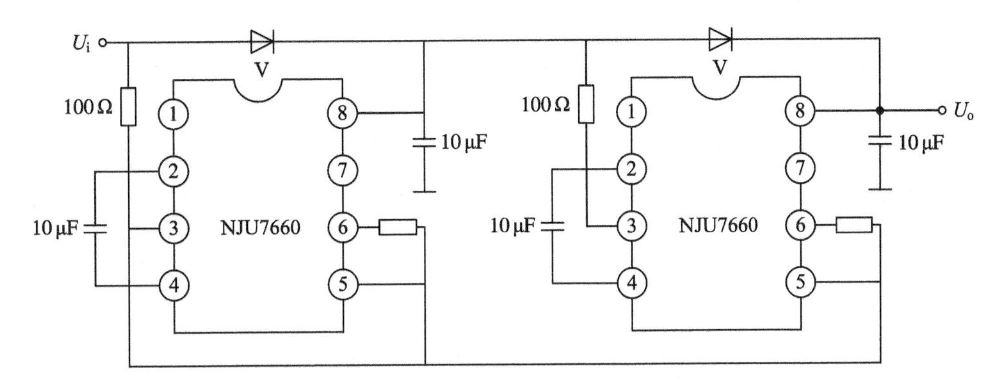

图 4-21　$2N$ 倍电压输出电路

第 5 章　电源控制新技术

5.1　交错并联技术

大功率电源采用交错运行，可以较好地解决输出纹波问题。本节以 N 模块运行为例，从理论上分析减小输出纹波、降低电压、减小电磁干扰的原理以及相关计算方法。

5.1.1　交错并联结构

交错运行属于并联运行方式，若 N 模块并联交错运行，要求各模块同频率运行，开关导通时刻依次滞后 $1/N$ 个开关周期。这种方式具有并联运行变换器的多种优点，输出电流电压纹波峰值大为减小，从而减小了所需的滤波电感值以及整个变换器的尺寸，提高了变换器的功率密度。下面以图 5-1 所示的 N 只 Buck 变换器并联组成的电源系统为例进行分析。

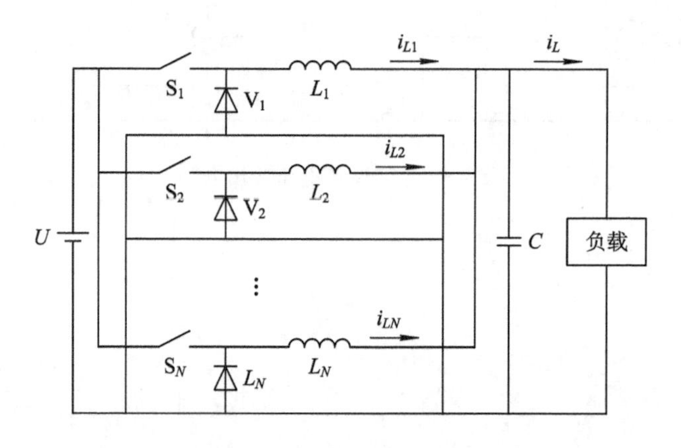

图 5-1　N 只 Buck 变换器并联组成的电源系统

5.1.2　工作模式

设图 5-1 所示电路工作于 CCM(电流连续)模式，当 $S_i(i=1, 2, \cdots, N)$ 导通时，电感电流 i_{Li} 上升，设占空比为 D，电路工作周期为 T，则有

$$U_i - U_o = L\frac{di}{dt} \tag{5-1}$$

从而得到

$$\Delta I_{up} = \frac{U_i - U_o}{L}D \cdot T \tag{5-2}$$

当 S_i 关断时，电感电流 i_{Li} 下降，则

$$\Delta I_{\text{down}} = \frac{U_o}{L}(1-D)T \tag{5-3}$$

在一个工作周期中，$\Delta I_{\text{up}} = \Delta I_{\text{down}}$，得出

$$U_o = U_i \cdot D \tag{5-4}$$

单 Buck 电路模块电感电流的变化率表示为

$$\Delta I_L = \frac{U_o}{f \cdot L}(1-D) \tag{5-5}$$

由图 5-2 电流波形示意图可见，对于 N 模块系统并联交错运行在 CCM 模式时，有如下结论：

(1) 并联交错的模块数量越多，并联后总的电流纹波与单一模块的纹波相比减小得越多，交错带来的效果越明显。

(2) 当占空比 D 接近于 0 或 1 时，降低纹波幅值的效果不明显；当占空比在 0.5 附近时，降低纹波幅值的效果明显。

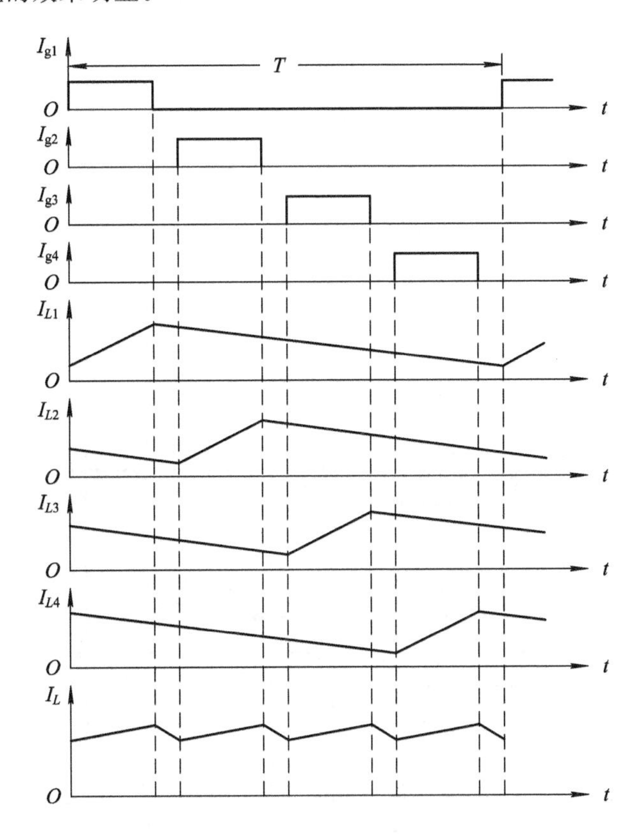

图 5-2　电流波形示意图

当系统工作在 CCM 模式或 DCM(电流断续)模式且占空比 $D \geqslant 1/N$(电感电流不为零)时，交错运行均能使输出电流的纹波幅值与单个模块相比大为减小，频率上升为原来的 N 倍；而当系统工作在 DCM 模式且占空比 $D < 1/N$(电感电流不为零)时，交错运行仅能提高输出的纹波频率，不能降低纹波幅值。

下面以图 5-3 所示的交错并联($N=2$)电路结构为例，通过分析初级电路开关与次级电路开关控制信号的不同组合，了解电路的工作原理和开关控制方法，分析开关驱动信号

(见图 5-4)与输出纹波电流波形之间的关系，了解如何实现减小输出电流纹波的过程。

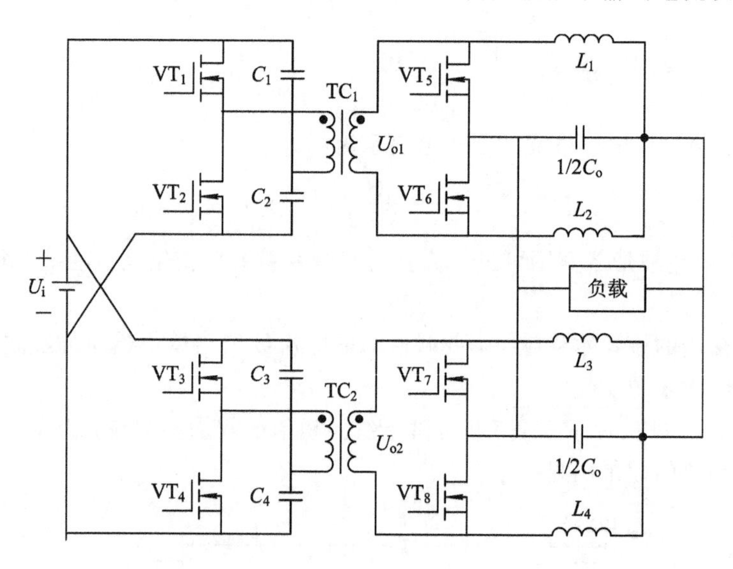

图 5-3　交错并联($N=2$)电路结构图

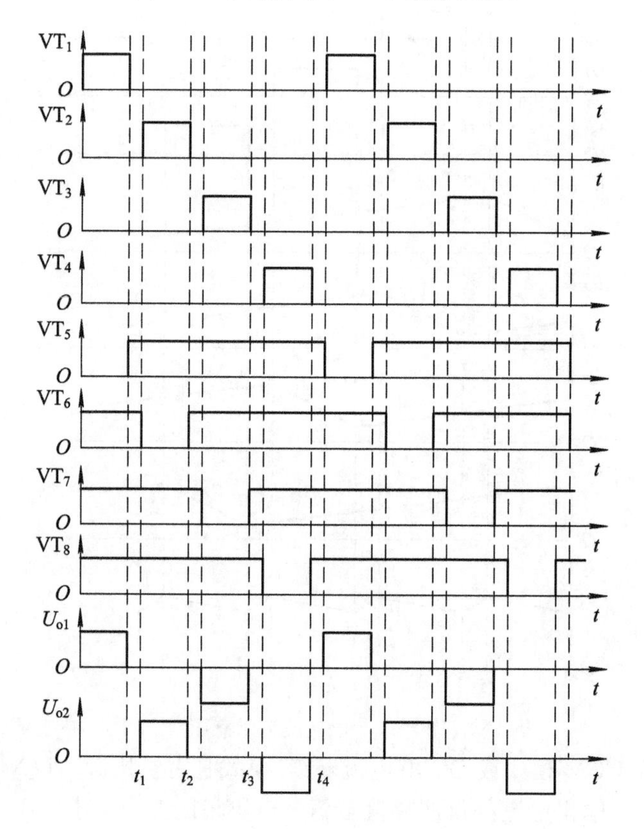

图 5-4　开关控制信号波形

(1) 0～t_1时刻：VT_1、VT_6、VT_7、VT_8导通，VT_2、VT_3、VT_4、VT_5关断，变压器TC_1次级下端和变压器TC_2次级绕组为零电位，电感电流i_{L1}上升，i_{L2}、i_{L3}、i_{L4}下降。

(2) t_1～t_2时刻：VT_2、VT_5、VT_7、VT_8导通，VT_1、VT_3、VT_4、VT_6关断，变压器

TC_1次级上端和变压器 TC_2次级绕组为零电位，i_{L2}上升，i_{L1}、i_{L3}、i_{L4}下降。

(3) $t_2 \sim t_3$时刻：VT_3、VT_5、VT_6、VT_8导通，VT_1、VT_2、VT_4、VT_7关断，变压器 TC_1次级绕组和变压器 TC_2次级下端为零电位，i_{L3}上升，i_{L1}、i_{L2}、i_{L4}下降。

(4) $t_3 \sim t_4$时刻：VT_4、VT_5、VT_6、VT_7导通，VT_1、VT_2、VT_3、VT_8关断，变压器 TC_1次级绕组和变压器 TC_2次级上端为零电位，i_{L4}上升，i_{L1}、i_{L2}、i_{L3}下降。

此种并联 DC/DC 变换器遵循以下运行规则：电感以 $L_1 \to L_3 \to L_2 \to L_4$的顺序依次充电，其余电感处于放电状态。控制开关时间不同，每个电感依次导通充电，时间保持一致；每只电感电流经过移相叠加至输出电容 C_o，降低了输出电流纹波。

由图 5-3 所示的两个交错并联结构组成的输出端，延长了滤波电感 L 的放电时间。因充电时间不变，放电电流的斜率减小，使得 i_{L1}、i_{L2}、i_{L3}、i_{L4}相互抵消，减小了叠加电流纹波。在同样的纹波电流指标条件下，可以取小的滤波电感值，既减小了变换器体积，又提高了变换器的动态响应特性。

以上分析表明，采用交错并联 DC/DC 变换器结构具有以下优点：

(1) 交错并联控制方式与非交错并联的拓扑结构相比，次级的开关频率仅为原来的1/2，相应的开关损耗亦为原来的1/2。由于变换器的开关损耗在总损耗中占很大比例，因此交错并联技术极大地提高了变换器的整机效率。

(2) 在频率保持不变且输出纹波的峰-峰值不变的条件下，此种结构不但能有效减小滤波电感值，从而减小整个变换器的尺寸，而且还加快了整个变换器的动态响应时间。

5.2　多电平变换器的控制方法

5.2.1　三角载波 PWM 法和空间电压矢量法

多电平变换器的控制方法有三角载波 PWM 法和空间电压矢量 PWM(SVPWM)法。三角载波 PWM 法可分为消谐波(SHPWM)、三角载波移相(PSPWM)和开关频率最优PWM(SFOPWM)等方法。

下面首先介绍与三角载波 PWM 法相关的一些定义。

调制频率 f_m：功率变换电路输出电压基波频率。在 SPWM 中，调制频率即为参考正弦波的频率。

载波频率 f_c：确定了功率变换电路中功率开关元件的开关频率和系统控制周期。

频率调制比 P_f：载波频率 f_c与调制频率 f_m之比，即

$$P_f = \frac{f_c}{f_m} \tag{5-6}$$

幅值调制比 P_m：调制波幅值 A_m与三角载波幅值 A_c之比，即

$$P_m = \frac{A_m}{A_c} \tag{5-7}$$

正电平级数 N：M 电平功率变换器输出的正电平数，即

$$N = \frac{M-1}{2} \tag{5-8}$$

1. SHPWM 方法

SHPWM 方法的原理是电路的每一相使用一个正弦调制波和几个三角载波相比较。例如，对于一个正电平级数为 N 的功率变换电路，每相采用 N 个相同频率 f_0、相同幅值 A_c 的三角波与一个频率为 f_m、幅值为 A_m 的参考正弦波进行比较，在正弦波与三角波相交的时刻，如果正弦波的幅值大于某个三角波的值，则开通相应的开关器件，否则，关断该器件。

2. 开关频率最优 PWM 方法

开关频率最优 PWM(Switch Frequency Optional PWM，SFOPWM)方法与 SHPWM 方法类似，它们的载波要求相同，但前者的正弦调制波中注入了零序分量。对于一个三相系统，此零序分量是三相正弦波瞬态最大值和最小值的平均值，所以 SFOPWM 方法的调制波是通常的三相正弦波减去零序分量后得到的波形。

3. SVPWM 方法

SVPWM 是根据两电平空间矢量控制法推广得到的，其控制思想与两电平一致。不同的是多电平的电压矢量更密集，模的大小可选择种类更多，合成时过渡更自然，合成磁链更接近圆形，因而控制更精确，输出电压谐波更小。但是这样也带来了控制上的复杂性，当应用于 5 电平以上的多电平电路时，其控制算法将变得非常复杂。

4. 三角载波移相 PWM 方法

三角载波移相 PWM(Triangular Carrier Phase Shifting PWM，PSPWM)方法中每个模块的 SPWM 信号都是由一个三角载波和一个正弦波比较产生的，所有模块的正弦波都相同，但每个模块的三角载波同与它相邻模块的三角载波之间有一相移，这一相移使得各模块所产生的 SPWM 脉冲在相位上错开，从而使各模块最终叠加输出的 SPWM 波的等效开关频率提高。

5. 调制波载波移相 PWM 方法

级联型多电平每一相由 N 个相同的功率单元级联而成，同相级联不同功率单元的载波仍有一定的相移，每一功率单元由两个正弦参考波与载波比较产生 PWM 控制脉冲。如果电压的调节通过改变参考波的幅值实现，则这种控制方法即为载波移相 PWM(PSPWM)。如果电压的调节通过改变参考波之间的夹角实现，同时保持参考波幅值不变，也可以调节输出电压，则这种控制方法称为调制波载波移相 PWM。

5.2.2 基于离散自然采样法的 PWM 控制方法

1. 离散自然采样法

级联型功率变换器拓扑结构较传统两电平结构复杂，控制繁琐。级联型逆变器由基本功率单元级联而成，每一个功率单元由全桥逆变电路左、右两个桥臂组成，每一桥臂高压侧和低压侧的两只功率元件不能同时导通。可以用一路 PWM 控制信号和它的反相信号，分别控制同一桥臂的两只功率元件，这样每一功率单元需要两路独立的 PWM 控制信号。

对于三相 N 级多电平逆变器，每相由 N 个功率单元级联构成，整个逆变器有 $3N$ 个功率单元，每个功率单元需要两路独立 PWM 控制信号，故逆变器的控制器需要 $6N$ 路 PWM 控制信号。对于三单元级联七电平输出电压 3 kV 逆变器，共有 9 个功率单元，需要 18 路独立 PWM 控制信号。若对于 6 kV 六单元级联多电平逆变器，功率单元将需要 18 个，相应的独立 PWM 控制信号路数也变为 36 路。如此数量庞大的 PWM 控制信号仅由微控制器中的硬件 PWM 生成单元采用计数器加比较单元的规则采样法产生，那么每一路 PWM 控制信号都需要一个独立的计数器和一个独立的比较单元。对于通用的信号处理器，使用硬件生成数目如此庞大的 PWM 信号十分困难，且在每个载波周期中都要重新计算 $6N$ 路 PWM 控制信号的占空比，这对控制器的 CPU 是沉重的负担，且硬件利用率较低。

以三单元级联多电平功率变换电路的 PSPWM 为例，图 5-5 给出了生成级联三个单元左、右桥臂的 PWM 控制原理图。C_1、C_2、C_3 为级联三个功率单元左桥臂的 PWM 控制三角载波信号，其反相为 $\overline{C_1}$、$\overline{C_2}$、$\overline{C_3}$ 与调制波比较产生三个功率单元右桥臂的 PWM 控制信号。图 5-5 中给出第一个功率单元左桥臂以自然采样法生成的 PWM 控制信号。比较器实时比较调制波和三角载波的幅值。在 t_1 时刻，调制波幅值大于载波幅值，输出高电平；t_2 时刻后，调制波幅值小于载波幅值，输出低电平；t_3 时刻，调制波幅值再次大于载波幅值，输出跳变为高电平。

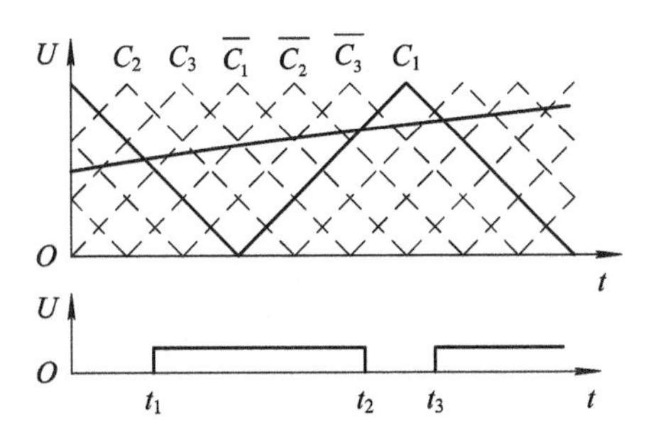

图 5-5　自然采样算法 PSPWM 原理图

级联型多电平功率变换器由多个功率单元级联而成。设每一相级联功率单元数为 N，同一相级联的功率单元的参考波相同，则两个相邻的功率单元载波有相位差。相位差 e 由以下公式计算：

$$e = \frac{180^\circ}{N} \tag{5-9}$$

从自然采样法 PWM 生成原理可以看出，该算法需要实时跟踪三角载波和调制波，由比较器实时比较二者的幅值，按比较规则确定正确的输出电平。采用模拟器件生成调制波和载波，由模拟比较器比较输出的方法的结构复杂，受环境影响大。采用数字控制器可避免上述缺陷，但自然采样算法需要求解超越方程，并且含有三角函数和多次加法、乘法运算，工作量巨大，需离线计算。

2. 离散自然采样算法

鉴于以上分析，对自然采样法进行改造，使其便于用数字控制器实现，以解决硬件产生 PWM 的困难及自然采样法运算量巨大的问题。规则采样法的特点是把调制波周期分解成多个载波周期，在一个载波周期内，只需一次计算调制波的幅值即可计算出占空比。自然采样法的特点是不需要计算占空比，实时对调制波和载波进行比较以决定输出。离散自然采样算法解决问题的基本思路是结合规则采样法和自然采样法的特点，把一个载波周期平均分成 N 个时间段 T，与自然采样法对载波和调制波幅值实时进行比较不同，离散自然采样算法只在 0，T，…，$(N-1)T$ 时刻进行幅值比较，从而确定触发脉冲，生成 PWM 信号。图 5-6 是三单元逆变器某一相的 PSPWM 控制原理图。按式(5-9)可计算出相邻功率单元载波的相位差 e 为 60°。图中：C_1、C_2、C_3 为控制每个功率单元左桥臂的三角载波，在 0，T，…，$(N-1)T$ 时刻调制波与载波比较，比较的结果用于控制每个功率单元的左桥臂；$\overline{C_1}$、$\overline{C_2}$、$\overline{C_3}$为 C_1、C_2、C_3的反相，与调制波比较的结果用于控制每个功率单元的右桥臂。图中画出了一相的调制波，把调制波移位 120°，分别与图中的载波比较，可生成另外两相 PSPWM 控制信号。

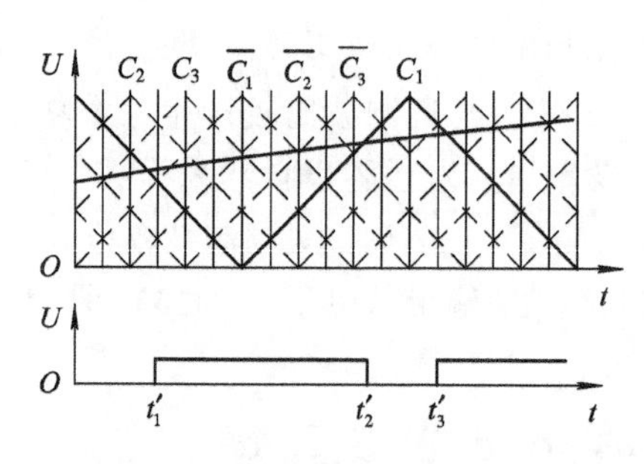

图 5-6　离散自然采样算法 PSPWM 控制原理图

3. 误差分析

分析该离散自然采样算法生成 PSPWM 控制信号的过程表明，获得高质量输出的关键因素在于时间间隔 T 应足够小。比较图 5-5 和图 5-6，应用自然采样法时，输出 PWM 脉冲 t_1时刻跳变为高；对于离散自然采样法，由于 t_1时刻没有处于 T 整数倍时刻上，所以要经过一段延时后，当 $t=t_1'$即 T 整数倍时刻，进行幅值比较，获得输出。在最不利的情况下，t_1与 t_1'的最大误差为 T。

减小误差的最佳途径是使得时间间隔 T 足够小。为此，应使用高速数字信号处理器并采用汇编语言编程，提高代码运行效率，以期在最短的时间内完成调制波和三角波幅值的运算。若 $T=0$，则离散自然采样法演变为自然采样法。减小误差的另一个途径是在进行比较时，不是比较调制波和载波的幅值是否相等，而是两者的差在一个小的电压范围内，即输出相应的电平。

在实际应用中，将正弦波存储在波形表中，采用线性插值法以获得较为准确的幅值。在 T 时间间隔内，由 CPU 的算术逻辑单元对调制波的幅值与各载波幅值进行比较，依次生成 PWM 控制信号。离散自然采样算法只需使用定时器和算术逻辑单元等硬件资源，大大减少了对硬件的依赖性。使用这种方法生成 PWM 信号可以充分利用 DSP 高速运算的能力，不依赖于硬件的事件管理器生成多路控制信号。

与级联多电平逆变器容易扩充的结构特点相同，软件计算的离散自然采样法非常容易扩充。控制程序不需做任何修改，只改变存储的波形表，即可实现其他方式的 PWM 控制。例如，为提高电压利用率，应用中常采用准优化 PWM 技术，调制波为基波和三次谐波的叠加。基于软件计算的 PWM 生成算法方便、快捷，可缩短程序开发时间。

由于采用插值算法，与基于逻辑可编程器件的直接数字合成技术相比较，离散采样算法更适用于异步调制的方法，在逆变器低频输出时可获得高质量的电压波形，更适用于电机控制。

5.2.3　均衡控制技术

当各级联单元利用率一致时，逆变器的效能比最大。均衡控制主要包括直流电源的输出功率均衡和开关器件的利用率均衡。当直流电源为电池组时，均衡电池组的放电具有特别重要的意义。为此，提出了循环分配和交替分配法两种均衡控制方法。

1. 循环分配法

图 5-7 所示为 11 电平级联型逆变器应用循环分配技术的输出波形。在 0°～180°，每半个正弦波由 5 段阶梯波组成，每个阶梯波的宽度不同，因此每个直流电源的充放电时间不同。为达到均衡控制，5 段阶梯波循环分配。在 2.5 个周期后，直流电源的充放电总时间达到一致。

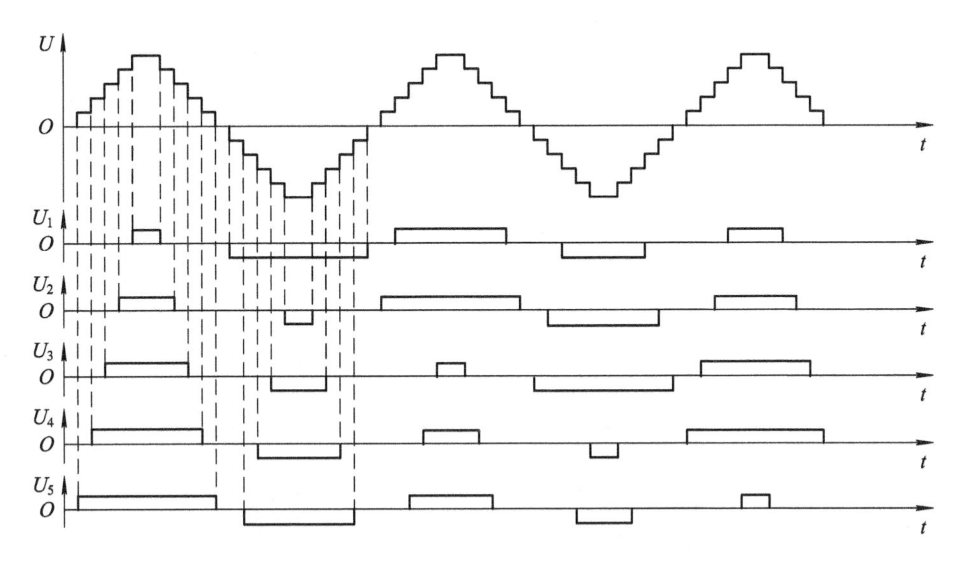

图 5-7　五重级联型逆变器的循环分配法

2. 交替分配法

当调制系数较低时，只需一个直流电源提供能量。此时，可将控制器生成的 PWM 脉冲交替分配给各单元逆变器，从而改善利用率不均衡的情况。图 5-8 为三重级联逆变器采用脉冲交替分配后各个单元逆变器的输出情况。

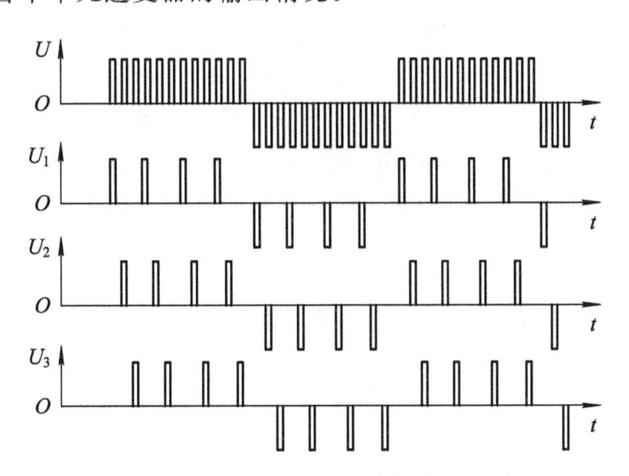

图 5-8　三重级联型逆变器的脉冲交替法

上述方法都是基于循环分配原理，只有当一个循环周期结束时，利用率才趋向一致。当参考信号变化较快时，利用率趋向一致的时间将增加至 2～4 个循环周期。

5.3 均流技术

设计分布式并联电源系统时，须采取必要措施使每个模块平均分担输出电流，以保证系统稳定可靠地工作，充分发挥并联电源的优点。对开关模块并联的电源系统的基本要求如下：

(1) 各模块承受的电流能自动平衡，实现均流。

(2) 为提高可靠性，尽可能不增加外部均流控制的措施，并使均流与冗余技术结合。

(3) 当输入电压或负载电流变化时，应保持输出电压稳定，并且均流的瞬态响应好。

5.3.1 均流技术的实现

并联电源稳态输出直流电压，单个模块的输出电流直接取决于该模块的等效空载电压和输出电阻的大小，这样参与并联的每个模块都可以等效为一个电压源(代表空载电压)和一个电阻(代表输出电阻)的串联，这种等效方法有利于进一步研究电源并联的电流分布情况。两个模块并联电路及其输出电流与输出电压的特性曲线如图 5-9 所示。

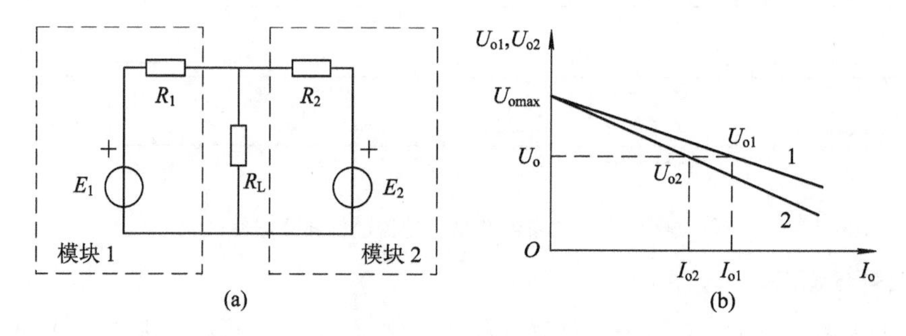

图 5-9 两个模块并联均流原理图

(a) 电路模型；(b) 输出特性

如果两个模块的参数完全相同，即 $E_1=E_2$，$R_1=R_2$，则两条外特性曲线重合，负载电流均匀分配。如果其中一个模块的电压参考值较高，输出电阻较小(外特性斜率小)，如图 5-9(b)中的模块 1，则该模块将承受大部分负载电流，负载增大，运行于满载或过载限流的状态，影响了系统可靠性。可见，并联电源系统中各模块按照外特性曲线分配负载电流，外特性差异是电流难以实现均分的根源。均流性能的优劣用均流精度来衡量。均流精度 D_e 定义为

$$D_e=\frac{\Delta I_o}{I_o/N} \tag{5-10}$$

式中：N 为并联模块数；I_o为并联系统总输出电流；ΔI_o为并联模块电源输出的最大电流与最小电流之差。

均流技术通过控制电路调整各模块的输出电压，从而调整输出电流，以达到均分电流的目的。电源模块并联过程中的主要问题是模块间的均流问题，即如何将负载电流平均地分配给每一个模块电源，同时使输出电压符合要求并保证系统稳定工作。如果无法保证并联模块间负载电流的均分，必将使某些模块的输出电流较大，而另外一些输出电流较小，

甚至不输出，这样会导致分担电流多的模块开关器件的热应力增大，系统的可靠性降低。

1. 均流控制方法

均流控制方法有以下几种。

1）输出阻抗法

通过调节变换器的输出阻抗来实现并联模块接近均流的方法，称为输出阻抗法。图5-9(b)中直线1为模块1的输出特性，直线2为模块2的输出特性。模块1的外特性斜率小，即输出阻抗小，分担的电流 I_{o1} 大；模块2的外特性斜率大，即输出阻抗大，分担的电流 I_{o2} 小。因此，模块1比模块2分担的电流多。如能将模块1的外特性调整得与模块2接近，就可使这两个模块的电流近似均匀分配。

输出阻抗法属于开环控制，原理如图5-10所示。检测电阻 R_s 检测到的电流信号经电流放大器放大后输出检测电压 U_i（0 V～5 V），该电压与模块输出的反馈电压 U_f 相加后送入电压放大器的输入端，与基准电压 U_r 比较放大得到 U_c。随着该电源输出电流的变动，R_s 压降将做相应变化，通过调节电源内部脉宽调制器及驱动器，自动调节模块的输出电压，即外特性斜率变化（输出阻抗变化），使该模块接近其他模块的外特性，实现近似均流。该方法简单，不需要外加专门的均流装置，但是该方法电源的调整精度不高。若精度在10%以上，每个模块必须进行个别调整，如果并联的模块功率不同，则容易出现模块间电流不平衡的现象。

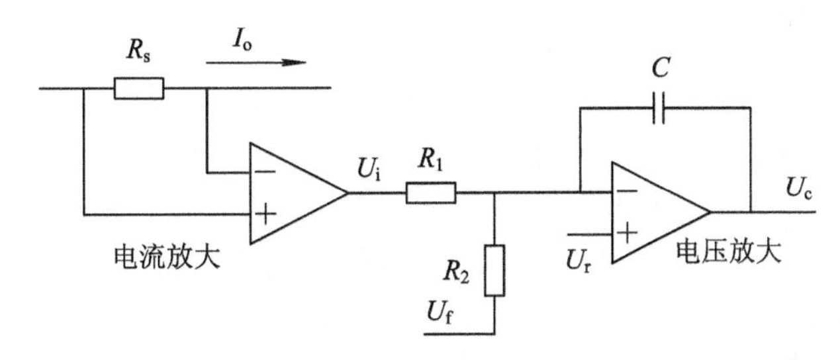

图5-10　输出阻抗法原理图

2）主从设置法

主从设置法是在并联的 n 个电源模块中，定义其中一个为主模块，其余为从模块，从模块跟随主模块调整输出电流，其原理示意图如图5-11所示。

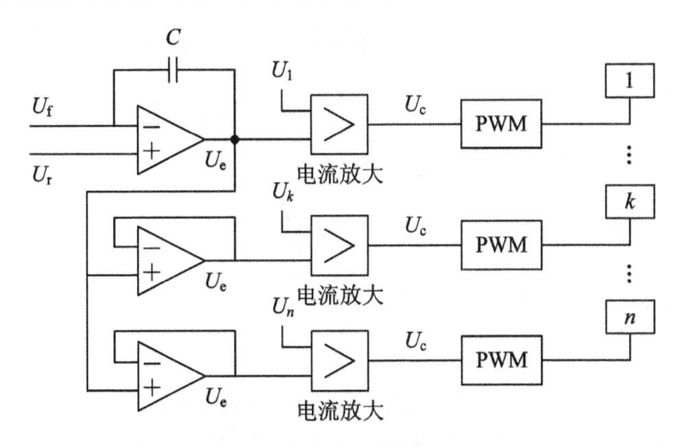

图5-11　主从设置法原理示意图

各从模块的电压误差放大器连接为电压跟随器的形式，主模块的电压误差 U_e 输入各电压跟随器，电压跟随器输出均为 U_e，并作为从模块的电流基准进入电流放大器。由于各从模块的电流都按同一 U_e 值调制，因此可与主模块电流保持一致，实现均流。

主从设置法是闭环控制，不需要外加专门的控制电路，因此均流精度有所提高。但是各模块间需要有通信联系，连线比较复杂。实验中，一旦主模块出现故障，则整个电源系统将完全失去控制，因此主从设置法不适用于冗余并联系统。

3）平均电流均流法

平均电流均流法是将并联各模块的电流放大器输出端通过电阻 R 接到均流母线上实现均流的方法。图 5－12 为平均电流均流法的控制电路原理图。

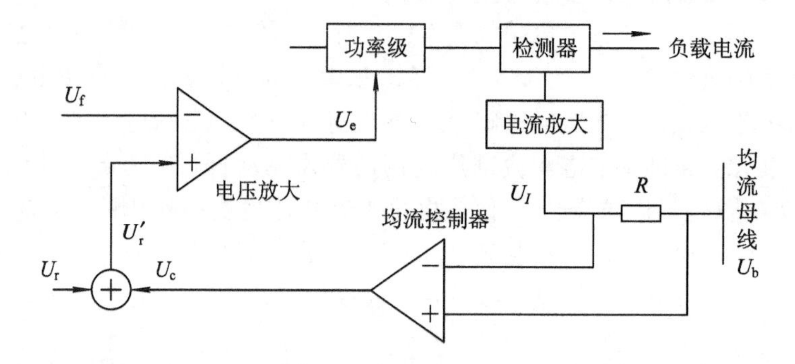

图 5－12　平均电流均流法的控制电路原理图

均流母线电压 U_b 与每个模块采样电压比较后输出误差电压，调节各个模块单元的输出电流，可达到均流的目的。当均流母线发生短路时，接在母线上的任一个模块将无法工作，母线电压下降促使各模块电压下调甚至到达其下限，造成故障。当某一模块的电流上升到其极限值时，该模块的 U_I 大幅度增大，使其输出电压自动调节到下限。

4）最大电流均流法

最大电流均流法是将在 n 个模块中输出电流最大的模块自动成为主模块，其余的模块则为从模块，它们的电压误差依次被整定。图 5－13 所示为最大电流均流法的控制电路原理图，其与图 5－12 所示的平均电流均流法的控制电路的差别在于将连接在电流放大器和均流母线之间的电阻用二极管代替。

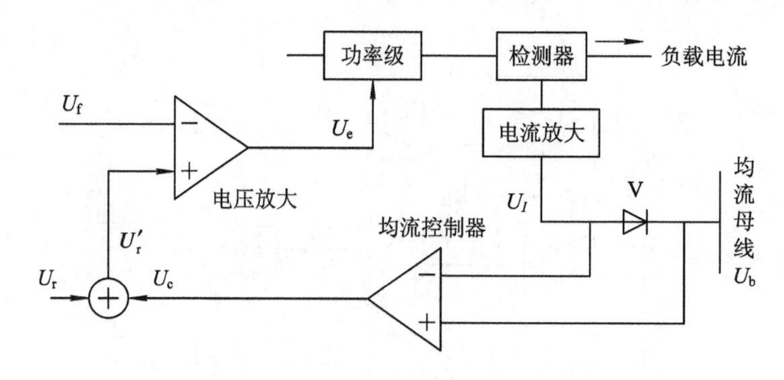

图 5－13　最大电流均流法的控制电路原理图

母线上的电压 U_b 反映的是各模块的 U_r 中的最大值。因为二极管的单向性，只有电流最大的模块才能与均流母线相连。正常情况下，各模块分配的电流均衡。如果某个模块的电流突然增大，成为 n 个模块中电流最大的一个，则 U_r 上升，该模块自动成为主模块，其他各模块为从模块。这时 $U_b=U_{I\max}$，而各模块的 U_I 与 U_b（即 $U_{I\max}$）进行比较，通过调整基准电压，自动实现均流。

2. 均流控制方法对比

上述均流控制方法对比如表 5 - 1 所示。

表 5 - 1 均流控制方法对比

方　法	优　点	缺　点
输出阻抗法	结构简单	负载调整率差
主从设置法	均流精度比较高	系统复杂
平均电流均流法	均流效果好	可靠性差
最大电流均流法	模块分担均衡	稳定性差

5.3.2 极值均流法结构

图 5 - 14 所示为极值均流法的基本结构。n 个电源模块（基本单元）并联运行，所有模块通过极值电流选择电路连接在一起。该硬件电路包括最大电流选择母线、最小电流选择母线、母线隔离电阻、开关电源模块主电路、电流检测电路、均流控制器、和值控制器、运行/故障指示电路、极值电流选择电路等。

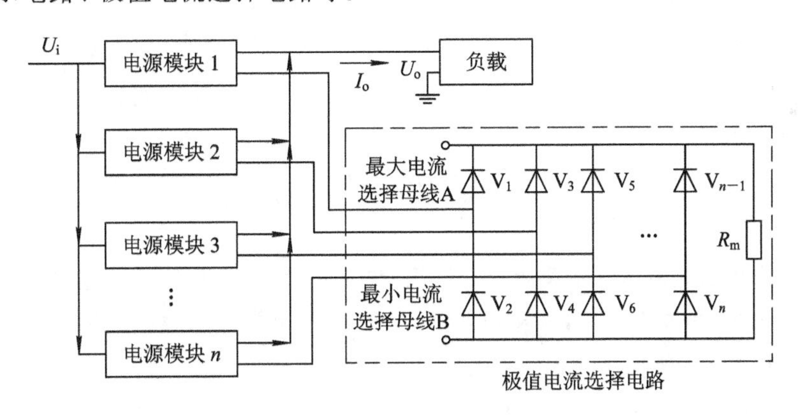

图 5 - 14 极值均流法的基本结构

极值均流法的特点是通过极值电流选择电路，求出最大输出电流和最小输出电流的电源模块，对输出电流偏离平均电流最远的电源模块进行控制，从而实现均流。

1. 开关电源模块主电路

开关电源模块主电路的内部构成如图 5 - 15 所示，其中 DC/DC 变换电路为推挽变换形式。

2. 电流检测电路

电流检测电路由电流传感器 CT 构成。电流传感器采用霍尔型电流传感器，将电流信号转换为电压信号。

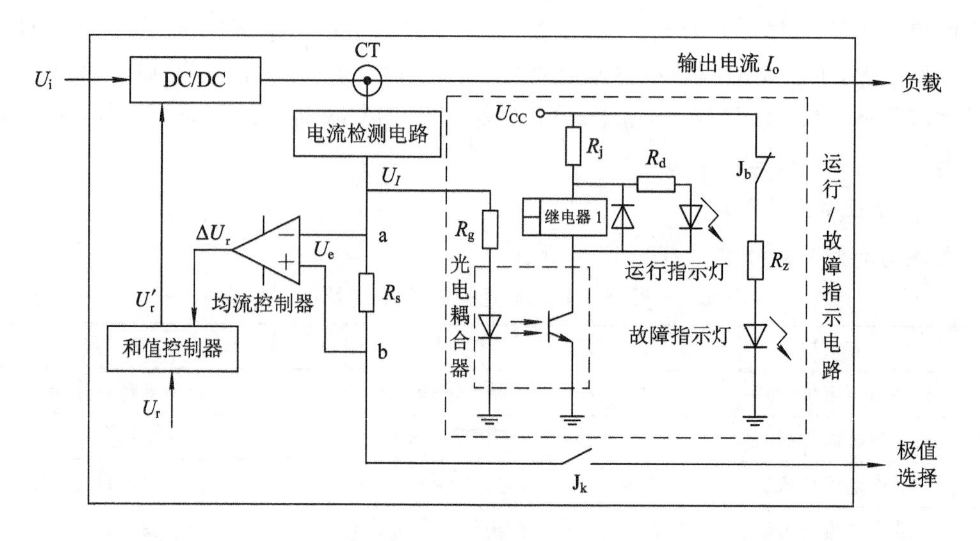

图 5-15　开关电源模块主电路

3. 均流控制器

均流控制器由电阻和运算放大器实现，构成反相放大器电路，完成如下计算：

$$\Delta U_{r\_min} = -K_p \times U_e \qquad (5-11)$$

式中：ΔU_{r_min}为给定电压增量；U_e为均流控制器输入电压；K_p为放大器增益。

当$U_e>0$时，$\Delta U_{r\_min}<0$；当$U_e<0$时，$\Delta U_{r\_min}>0$；当$U_e=0$时，$\Delta U_{r\_min}=0$。均流控制器提供一个控制量，通过抑制极值电流实现均流。

4. 和值控制器

和值控制器利用电阻和运算放大器实现，电阻和运算放大器可以构成加(减)法器电路，实现如下计算：

$$U'_r = U_r + \Delta U_{r\_min} \qquad (5-12)$$

5. 运行/故障指示电路

运行/故障指示电路由光电耦合器、直流继电器、为直流继电器供电的小型直流电源、续流二极管、运行指示灯、故障指示灯、电阻构成。光电耦合器最好用快速型的。

6. 极值电流选择电路

极值电流选择电路由二极管、最大电流选择母线、最小电流选择母线及电阻R_m构成。最大电流选择母线和最小电流选择母线采用具有屏蔽层的电缆线；电阻R_m的阻值应选择电阻R_s的十倍以上；二极管采用低导通压降快速型。

当所有开关电源模块的电流信号(U_I)到达极值电流选择电路时，只有最大的电流信号(U_{I_max})才能让上桥臂二极管导通到达最大电流选择母线，经过电阻R_m，同时只有最小的电流信号(U_I)才能让下桥臂二极管导通到达最小电流选择母线，即最大输出电流基本单元和最小输出电流基本单元的电阻R_s上电压$U_e=U_{ab}\neq 0$，亦即最大输出电流基本单元电阻R_s上电压$U_e=U_{ab}>0$，最小输出电流基本单元电阻R_s上电压$U_e=U_{ab}<0$。电压U_e输入均流控制器，当$U_e>0$时，$\Delta U_{r\_min}<0$；当$U_e<0$时，$\Delta U_{r\_min}>0$；当$U_e=0$时，$\Delta U_{r\_min}=0$。均流控制器的输出电压ΔU_{r_min}与电压U_e的极性相反。然后均流控制器的输出电压ΔU_{r_min}输入和值控制器，使得最大输出电流基本单元的给定电压 $U_r' = U_r + \Delta U_{r\_min} < U_r$（导致最大输出电流基本单元的输出电流减少），最小输出电流基本单元的给定电压 $U_r' = U_r + \Delta U_{r\_min} > U_r$（导致最小输出电流基本单元的输出电流增加），最终达到均流的目的。

5.3.3 运算分析及电路实现

1. 运算方法

设置双均流母线，即最小电流选择母线和最大电流选择母线。通过每个电源模块的电流检测电路得到模块输出电流大小的电压值 U_{I1}，U_{I2}，U_{I3}，…，U_{In}，送入到极值电流选择电路，利用最小电流选择母线和最大电流选择母线得到 i 个输出电流最大(U_{I_max})的电源模块和 j 个输出电流最小(U_{I_min})的电源模块，利用极值电流选择电路电压 U_{I_max} 和电压 U_{I_min} 之间产生的电压差作用在电阻 R_s 和电阻 R_m 上，通过电阻 R_s 求输出电流最大和输出电流最小电源模块各自所需要的电压差 $U_{e\_max} = U_{ab} > 0$ 和 $U_{e\_min} = U_{ab} < 0$。

具体运行步骤如下：

(1) 设定各个电源模块的给定电压 $U_{r1} = U_{r2} = U_{r3} = \cdots = U_{rn}$。

(2) 利用电流检测电路得到电源模块的输出电流，并转换得到代表电流大小的电压 U_I，将其加在运行/故障指示电路中的光电耦合器上。

(3) 如果电源模块正常运行，则电压 U_I 不为零，从而运行/故障指示电路中的继电器线圈得电，继电器的常开触点闭合，发光(绿)二极管亮；同时继电器的常闭触点断开，发光(红)二极管灭。此时电源模块投入运行。

(4) 如果电源模块发生故障，则电压 U_I 必为零，从而运行/故障指示电路中的继电器线圈失电，继电器的常开触点断开，发光(绿)二极管灭；同时继电器的常闭触点闭合，发光(红)二极管亮。此时电源模块退出运行。

(5) 各个电源模块的电压 U_{I1}，U_{I2}，U_{I3}，…，U_{In} 送入极值电流选择电路，利用最小电流选择母线和最大电流选择母线得到 i 个输出电流最小(U_{I_min}) 的电源模块和 j 个输出电流最大(U_{I_max})的电源模块。

(6) 电压 U_{I_max} 和 U_{I_min} 之间产生的电压差作用在电阻 R_s 和电阻 R_m 上，通过电阻 R_s 求电源模块各自所需要的电压差 U_{e_max} 和 U_{e_min}。

(7) U_{e_max} 送入最大输出电流电源模块的均流控制器，得到给定电压偏差 ΔU_{r_max}，把给定电压偏差 ΔU_{r_max} 和给定电压 U_r 送入和值控制器，得到控制电源模块的控制电压 U_{r_max}'。

(8) U_{e_min} 送入最小输出电流电源模块的均流控制器，得到给定电压偏差 ΔU_{r_min}，把给定电压偏差 ΔU_{r_min} 和给定电压 U_r 送入和值控制器，得到控制电源模块的控制电压 U_{r_min}'。

(9) 利用控制电压 U_{r_max}' 使输出电流最大电源模块的电流减小，利用控制电压 U_{r_min}' 使输出电流最小电源模块的电流增大。

(10) 重新返回(3)，再次寻求输出电流最大及最小的电源模块，调整电源模块各自的控制电压 U_r'，直到各个电源模块的输出电流达到均衡。

电源模块主电路可以采用现有的各种直流开关电源电路，包括直接 DC/DC 变换电路、间接 DC/DC 变换电路。

2. 运算分析

运算有四种结果：

(1) 当 $i=1$，$j=1$ 时，有一个最大输出电流电源模块和一个最小输出电流电源模块，极值电流选择电路等效图如图 5－16(a)所示。根据电阻 R_m 的输入与输出电流相等的原则，可得

$$\frac{U_{e\_max}}{R_s}=\frac{-U_{e\_min}}{R_s}\Rightarrow U_{e\_max}=-U_{e\_min} \tag{5-13}$$

(2) 当 $i=1$，$j>1$ 时，有一个最大输出电流电源模块和 j 个最小输出电流电源模块，极值电流选择电路等效图如图 5－16(b)所示。根据电阻 R_m 的输入与输出电流相等的原则，可得

$$\frac{U_{e\_max}}{R_s}=-\left(\frac{U_{e\_min1}}{R_s}+\frac{U_{e\_min2}}{R_s}+\frac{U_{e\_min3}}{R_s}+\cdots+\frac{U_{e\_minj}}{R_s}\right) \tag{5-14}$$

整理可得

$$U_{e\_max}=-(U_{e\_min1}+U_{e\_min2}+U_{e\_min3}+\cdots+U_{e\_minj}) \tag{5-15}$$

在此情况下，$U_{e\_max}>-U_{e\_min1}=-U_{e\_min2}=-U_{e\_min3}=\cdots=-U_{e\_minj}$。

(3) 当 $i>1$，$j=1$ 时，有 i 个最大输出电流电源模块和一个最小输出电流电源模块，极值电流选择电路等效图如图 5－16(c)所示。根据电阻 R_m 的输入与输出电流相等的原则，可得

$$\frac{-U_{e\_min}}{R_s}=\frac{U_{e\_max1}}{R_s}+\frac{U_{e\_max2}}{R_s}+\frac{U_{e\_max3}}{R_s}+\cdots+\frac{U_{e\_maxi}}{R_s}$$

整理可得

$$-U_{e\_min}=U_{e\_max1}+U_{e\_max2}+U_{e\_max3}+\cdots+U_{e\_maxi} \tag{5-16}$$

在此情况下，$-U_{e\_min}>U_{e\_max1}=U_{e\_max2}=U_{e\_max3}=\cdots=U_{e\_maxi}$。

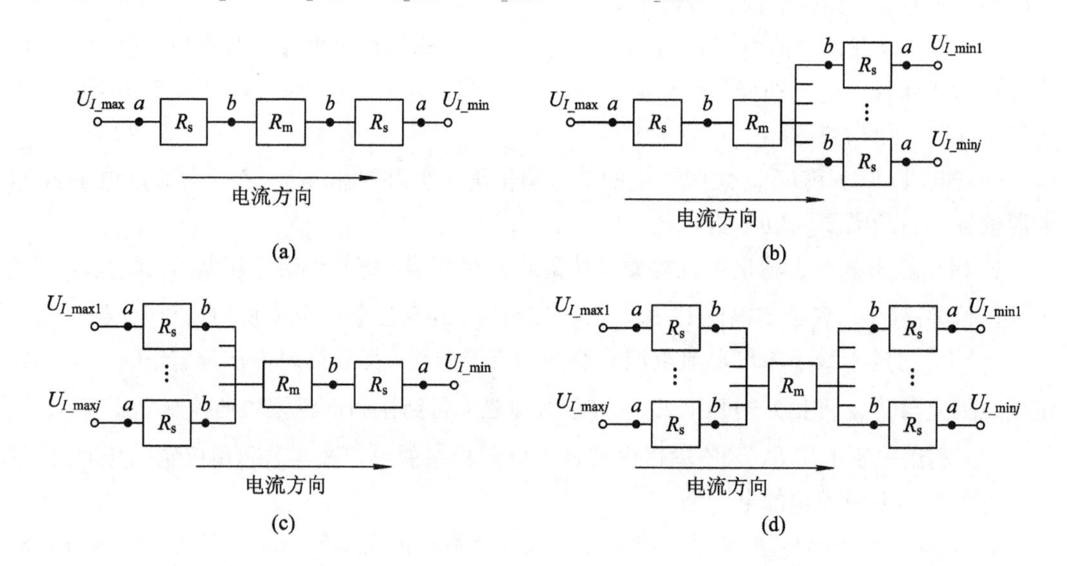

图 5－16　极值电流选择电路等效图

(a) $i=1$，$j=1$；(b) $i=1$，$j>1$；(c) $i>1$，$j=1$；(d) $i>1$，$j>1$

(4) 当 $i>1$，$j>1$ 时，有 i 个最大输出电流电源模块和 j 个最小输出电流电源模块，极值电流选择电路等效图如图 5-16(d)所示。根据电阻 R_m 的输入与输出电流相等的原则，可得

$$\frac{U_{e\_max1}}{R_s}+\frac{U_{e\_max2}}{R_s}+\frac{U_{e\_max3}}{R_s}+\cdots+\frac{U_{e\_maxi}}{R_s}=-\left(\frac{U_{e\_min1}}{R_s}+\frac{U_{e\_min2}}{R_s}+\frac{U_{e\_min3}}{R_s}+\cdots+\frac{U_{e\_minj}}{R_s}\right)$$

整理可得

$$U_{e\_max1}+U_{e\_max2}+U_{e\_max3}+\cdots+U_{e\_maxi}=-(U_{e\_min1}+U_{e\_min2}+U_{e\_min3}+\cdots+U_{e\_minj}) \tag{5-17}$$

由以上四种情况可知，无论多少个电源模块被调节，最大输出模块的电流减少量总等于最小输出模块的电流增加量。因此，在负载不变的情况下，调节最大输出模块和最小输出模块的电流而使其他模块电流不变，即可降低系统电源模块的调节频率，提高系统稳定性。

3. 电路设计

1) 电源主电路

电源主电路采用推挽式开关电路，控制芯片为 UC3524，电路原理图如图 5-17 所示。

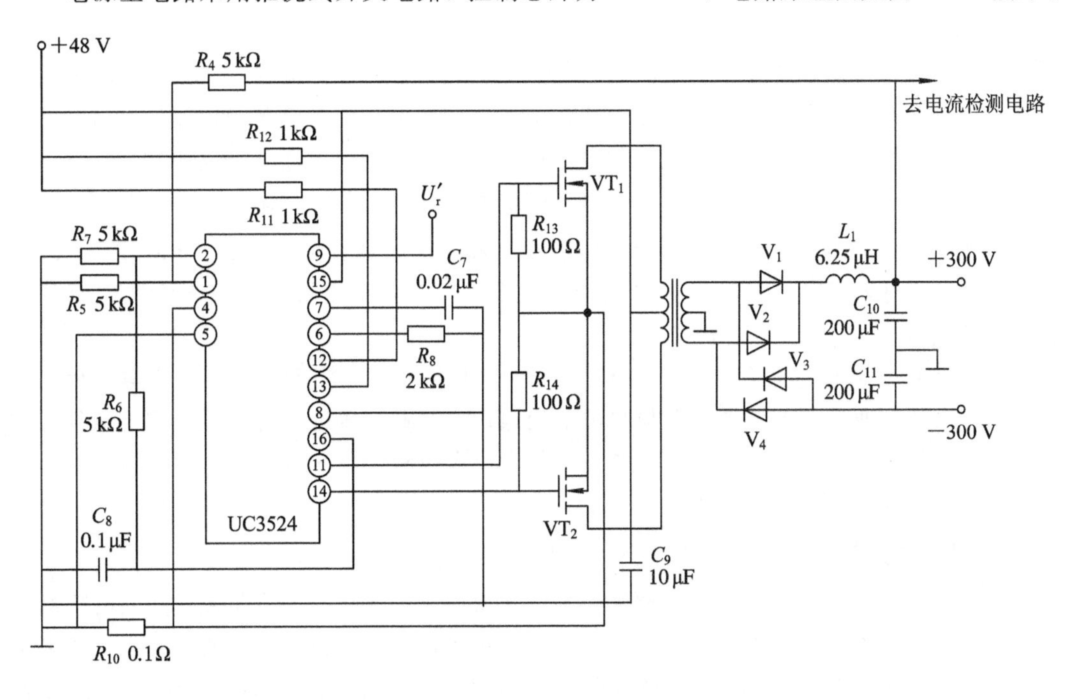

图 5-17　DC/DC 推挽电源电路

2) 变压器与功率管参数

系统保证能在输入电压最低为 44 V 时使输出电压达到 350 V。选取变比为 $n=1/11$；选用型号为 EE65 的磁心，其参数为 $A_e=354\ \text{mm}^2$，$A_w=380\ \text{mm}^2$，$A_P=13.45\ \text{cm}^4$；选取原边单绕组为 5 匝，根据变比要求，取副边单绕组匝数为 55，即变压器的绕组匝数比为 5 ∶ 5 ∶ 55；原边绕组选用 0.3 mm×40 mm 的铜箔，副边绕组选用∅0.566 mm 的铜线三股并绕。

开关管选用 N90N15 的 MOSFET 管，漏源电压为 150 V，最大漏极电流为 90 A 。副

边整流二极管选用 RHRP8120 超快速功率二极管，反向重复峰值电压为 1200 V，正向平均电流为 8 A，反向恢复时间小于 55 ns。由于输出电压较高，因此采用全桥整流电路，以降低每个整流二极管的反向承受电压。

3）PWM 芯片及功能电路

PWM 控制芯片选用 UC3524，考虑到死区时间，取最大占空比 0.45，最高振荡频率为 300 kHz。主要功能电路如下：

（1）脉冲产生电路：根据电压反馈控制电路、保护电路和软启动电路等提供的控制信号产生所需的脉冲信号，该脉冲信号经驱动电路放大后驱动功率开关管，使开关管导通或关断。

（2）检测电路：对输出电压进行采样，然后将采样电压和参考电压比较得出误差信号，反馈控制电路将误差信号进行 PI 调节处理后得到控制电压，反馈控制电路将该控制电压送给脉冲产生电路，从而调节输出脉冲的脉宽，达到调节输出电压的目的。

（3）保护电路：设计有过流保护、过压保护、欠压保护、温度保护。过流保护和过压保护是为了保护负载和电源，欠压保护和温度保护是为了电源本身而设置的。

4）控制点

为接入均流控制系统，各 DC/DC 电源电路需另外设计两个端口，一是电源输出到电流检测电路，另一是输入的均流控制信号 U_r'，形成完整的均流控制闭环回路。利用电流检测电路检测出代表电源模块负载电流的电压信号 U_I，将其送入极值电流选择电路，通过极值电流选择电路得到最大和最小电流的电源模块，然后利用均流控制器的输出电压 ΔU_r 和给定电压 U_r，通过和值控制器得到控制电压 U_r'，将其输入到相关电源的 PWM 电路，改变其脉宽，实现对电流最小和最大电源模块的控制，并将各个模块的输出电流调整至基本相等。

连接所有模块的均流总线信号为低阻抗信号，均流功能相当于提供了一个电压反馈回路。均流控制是通过调节各个电源模块的输出电压实现的，通过均流总线电路检测每一电源模块的输出电流，判断出并联系统中输出电流最大及最小的电源模块，对其调整，使其输出电流与主模块输出电流之差在 2.5%以内。

4. 稳定性控制

多模块并联系统运行不稳定的原因是控制输出电压的模块间的竞争及模块间的相互影响，随着并联模块数量的增加，系统的反馈环节增多，影响到并联系统的稳定性，如果不采取有效的均流控制，系统将不能正常运行。系统包括三个控制环，即电压环、电流环、均流环，可以保证系统的稳定性。

1）电压环调节

在图 5-17 中，当电源模块的输出电压发生变化时，采样信号(输出端)经电阻 R_4 接入 UC3524 的 1 脚，内部电路将控制 PWM 输出脉宽的改变，从而使电源模块输出电压回到稳定状态。

2）电流环调节

在图 5-17 中，开关管电流与输出电流成正比。通过检测开关管电流检测电阻 R_{10}，负载电流转换为电压信号，将其输入 UC3524 的 4 脚，内部电路将控制 PWM 输出脉宽的改变。

3）均流环调节

如前所述，在此不再赘述。

5.4 变换电路的PFC功能

为解决电源设备输入端谐波电流造成的噪声和对交流电网的谐波污染问题，保证电网的供电质量，需要采用对电网实施谐波补偿或是对电源设备本身进行改进等方法进行改善。对电网实施谐波补偿是被动方法，为彻底解决谐波污染问题，需降低电源设备自身的谐波污染，提高功率因数。功率因数校正(Power Factor Correction，PFC)的目的是将设备的输入端口对交流电网呈现纯阻性，使得输入电流和电网电压为同频同相的正弦波，功率因数接近1，则不会产生谐波污染。功率因数校正技术分为无源功率因数校正和有源功率因数校正(Active Power Factor Correction，APFC)两种。

5.4.1 整流电路的理想状态

以单相电源为例，设电网无谐波时电压及网侧电流可表示为

$$\begin{cases} u_N = U_{Nm}\sin\omega t \\ i_N = I_{Nm}\sin\omega t \end{cases} \tag{5-18}$$

式(5-18)表明，电流i_N也无谐波且与u_N同相，因为在非正弦电路中，网侧功率因数λ定义为

$$\lambda = \frac{\sum_{n=1}^{\infty} P_n}{S} = \frac{P_1 + \sum_{n=2}^{\infty} P_n}{S} \tag{5-19}$$

式中：P_1是基波有功功率；S是视在功率。

根据网压u_N无谐波的设定，式(5-19)中所有谐波的有功功率应为零，也即$\sum_{n=2}^{\infty} P_n = 0$，式(5-19)可改写为

$$\lambda = \frac{P_1}{S} \tag{5-20}$$

对于单相电路：

$$\begin{cases} P_1 = U_1 I_1 \cos\varphi_1 \\ S = UI = U_1 I_1 \end{cases} \tag{5-21}$$

式中：U_1和I_1是电压、电流基波的有效值；U和I是电流的均方根值；φ_1是u_{N1}和i_{N1}间的移相角。

将式(5-21)代入式(5-20)，有

$$\lambda = \frac{I_1}{I}\cos\varphi_1 = \mu\cos\varphi_1 \mid_{\mu=I_1/I} \tag{5-22}$$

式(5-22)表明，网侧功率因数λ是基波位移因数$\cos\varphi_1$和电流正弦因数μ的乘积，而μ可表示为

$$\mu = \frac{I_1}{I} = \frac{I_1}{\sqrt{I_1^2 + \sum_{n=2}^{\infty} I_n^2}} = \frac{I_1}{\sqrt{1+\text{THD}^2}} \tag{5-23}$$

式中，THD为电流总谐波含量，即

$$\text{THD} = \sqrt{\sum_{n=2}^{\infty}\left(\frac{I_n}{I_1}\right)^2} \tag{5-24}$$

式(5-23)表明，THD值越低，则μ值越高。若接向电网的电力电子装置可用线性阻抗等效，则电流无谐波分量，即THD=0，$\mu=1$，则式(5-22)可表示为

$$\lambda = \cos\varphi_1 \,|_{\mu=1} \tag{5-25}$$

式(5-25)表明，在正弦电路中，网侧功率因数λ可用基波位移因数$\cos\varphi_1$表示。若接向电网的电力电子装置可用线性电阻等效，则式(5-22)可写成

$$\lambda = 1 \,|_{\mu=1,\varphi_1=0} \tag{5-26}$$

由此可见，所有网侧功率因数校正(PFC)技术是围绕网侧电流正弦化和等效电阻线性化进行的。当$\lambda=1$时，电网仅对整流电路提供有功功率。

对于三相电路，若电路对称，则有

$$\begin{cases} P_1 = 3U_{a1}I_{a1}\cos\varphi_1 \\ S = 3U_aI_a \end{cases} \tag{5-27}$$

式中：U_{a1}为相电压基波有效值；I_{a1}为相电流基波有效值；U_a为相电压有效值；I_a为相电流有效值。

将式(5-27)代入式(5-20)，有

$$\lambda = \frac{P_1}{S} = \frac{I_{a1}}{I_a}\cos\varphi_1 = \mu\cos\varphi_1 \,|_{U_a=U_{a1}} \tag{5-28}$$

式(5-28)表明，三相对称交流电路的网侧功率因数与单相电路的相同，在网压为正弦波的条件下，仍可表示为μ和$\cos\varphi_1$的乘积。

5.4.2 电容滤波整流电路

小功率单相整流电路大量应用于微机、电视等所采用的开关电源中，包括三相结构、多用桥式不可控整流电路，可称为电容滤波整流电路。这种电路是一种非线性元件和储能元件的组合，因此，虽然输入的交流电压波形是正弦波，但输入的交流电流有严重畸变，对电网有危害作用。

1. 网侧功率因数低

相控整流电路在输出电流连续并忽略换流过程时，有

$$\cos\varphi_1 = \cos\alpha \tag{5-29}$$

式中，α是滞后控制角。

式(5-29)表明，控制角α较大时，直流输出电压很低，相应的网侧功率因数也很低，即在输出有功功率降低的同时，电路向电网吸取的基波无功功率Q_1却随之增大。Q_1可表示为

$$Q_1 = U_1I_1\sin\varphi_1 = U_1I_1\sin\alpha \tag{5-30}$$

网侧功率因数低的现象也存在于不控整流电路。例如，为提高电路功率密度，实现产品小型、轻量化，目前小容量开关电源普遍采用不控整流加电容滤波的输入电路，由于负

载的非线性特性，i_N已严重失真，经测算其电流正弦因数 $\mu=0.6\sim0.7$。因此，尽管位移因数 $\cos\varphi_1$ 较高，但网侧功率因数 $\lambda=0.5\sim0.6$，大量使用这种电路对电网的危害并不亚于相控整流电路。

2. 对电网的危害

相控整流电路电流严重畸变，包含了大量谐波。对脉波数为 a_m 的相控式理想化整流电路分析可知，在电流连续平滑并忽略换流过程影响时，网侧电流的 n 次谐波幅值 I_{nm} 可表示为

$$I_{nm}=\frac{I_{1m}}{n} \tag{5-31}$$

式中：$n=a_m k\pm1(k=1, 2, 3, \cdots)$；$I_{1m}$为基波幅值。

设 $a_m=6$ 的三相整流电路在上述条件下，其网侧相电流 i_{Na} 可表示为

$$i_{Na}=I_{1m}\left[\sin\omega t-\frac{1}{5}\sin5\omega t-\frac{1}{7}\sin7\omega t+\cdots+\left(-\frac{1}{n}\sin n\omega t\right)\right] \tag{5-32}$$

式(5-32)表明，网侧电流包含各次谐波，它们不仅使网侧功率因数下降(导致发电、配电及变电设备的利用率降低，功耗加大和效率下降)，还使线路阻抗产生谐波压降，使原为正弦波的网压产生畸变；谐波电流还使线路和配电变压器过热，高次谐波还会使电网高压电容过电流、过热以至损坏。谐波不仅危害电网，还可对网间各种负载造成不良影响，诸如电动机、变压器和继电器等。此外，谐波对通信系统的干扰会引起噪声，降低通信质量等。下面重点分析单相 PFC 变换技术。

5.4.3 有源 PFC 电路

从本质上来讲，功率因数校正技术的目的是要使用电设备的输入端对交流电网呈现纯阻性，使输入电流与输入电压始终为成比例的正弦波。要用 APFC 技术来实现这一目的，原则上是在整流器和负载之间加入一个 DC/DC 开关变换器，应用电流反馈技术使输入电流跟踪交流电压波形，以使电流接近正弦波。基本 DC/DC 变换器，如 Buck、Boost、Flyback、Buck-Boost、Zeta、Sepic 和 Cuk 等原理上都可以构成 PFC 电路，其中 Boost 变换器具有独特的优点。

1. Boost 升压 PFC 电路原理

单相 Boost 升压 PFC 电路的拓扑结构如图 5-18 所示。整流后，电流 i_L经过电感 L 和二极管 V 对电容 C 充电，开关管 VT 以固定的开关频率导通/关断。VT 导通时，电感 L 吸收能量；VT 截止时，L 经过二极管 V 释放能量。

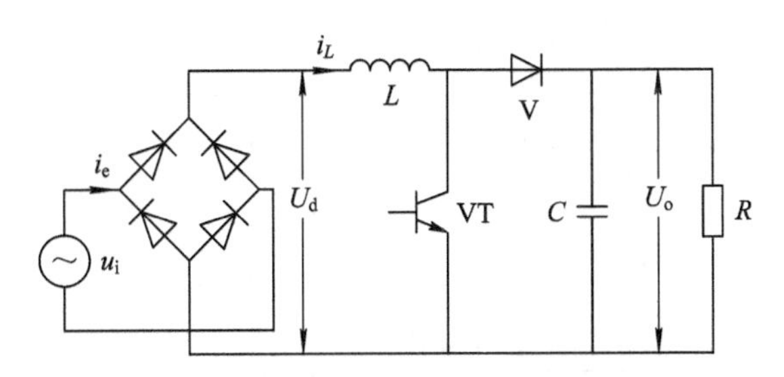

图 5-18 单相 Boost 升压 PFC 电路的拓扑结构

PFC 电路可以工作于连续导通模式(Continuous Conduction Mode，CCM)或不连续导

通模式(Discontinuous Conduction Mode，DCM)。连续导通模式时，系统可以得到功率因数为1且连续的输入电流，但系统结构及控制比较复杂；不连续导通模式的系统结构简单，使用器件少，开关频率符合大于20 kHz的要求。

升压型变换器的DCM有3种工作模式。

模式1($t_0 \leqslant t < t_1$)：在t_0时刻，开关管VT导通，整流后直流电压直接加在电感L上，其电流i_L线性上升。导通前L的电流$i_L=0$，i_L的表达式为

$$i_L = \frac{U_d}{L}t \tag{5-33}$$

由此可知，电感电流i_L以正比于输入电压瞬时值的速率增加。由于输入为正弦波电压，且电感的脉冲电流从零开始增大，因此其平均值随着输入电压波形按正弦规律变化，从而改善了输入电流波形，提高了输入功率因数。

在t_1时刻，VT关断，i_L到达I，由式(5-33)求得

$$I = U_d \frac{T_1}{L} \tag{5-34}$$

模式2($t_1 \leqslant t < t_2$)：VT关断后，L的反电动势改变方向，二极管V导通，U_d加上L的反电动势经V向电容C和负载R提供电流，i_L线性下降，因此有

$$U_d + L\frac{di}{dt} = U_o$$

即

$$U_o - U_d = L\frac{di}{dt} \tag{5-35}$$

电感电流i_L的衰减速率与输入电压的差值成正比，输入电压越高，电感电流的衰减越快。由于VT的开关频率很高即T很小，可认为在T期间U_d为恒值，则

$$i_L(t) = I - \frac{U_o - U_d}{L}t \tag{5-36}$$

在t_2时刻，$i_L=0$，由式(5-36)求得

$$0 = \frac{1}{L}(U_d - U_o)T_2 + I$$

故

$$T_2 = U_d \frac{T_1}{U_o - U_d} \tag{5-37}$$

模式3($t_2 \leqslant t < t_0$)：$i_L=0$后二极管V截止，直到下一个t_0时刻开始模式循环。根据以上分析，得出电感电流波形如图5-19所示。

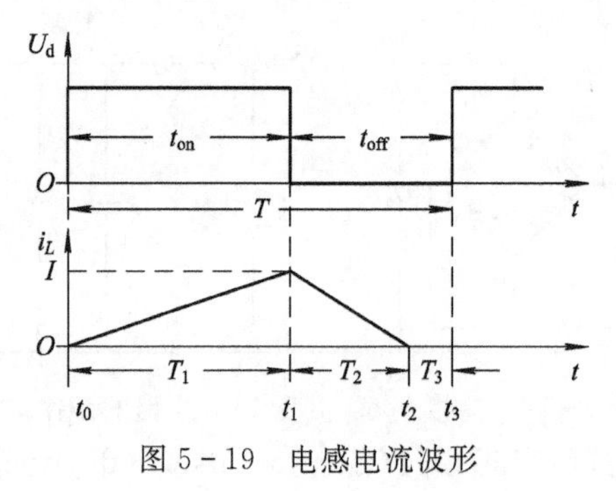

图5-19 电感电流波形

2. 单相硬开关升压型 PFC 电路输入电流波形解析

由图 5-19 所示的电感电流波形可求出电感的平均电流$\bar{i}_L$，即

$$\bar{i}_L=\frac{1}{T}\cdot\frac{I(T_1+T_2)}{2} \tag{5-38}$$

根据式(5-34)和式(5-37)，得

$$\begin{aligned}\bar{i}_L&=\frac{1}{T}\cdot\frac{U_{\mathrm{d}}T_1(T_1+T_2)}{2L}=\frac{1}{T}\cdot\frac{U_{\mathrm{d}}T_1^2}{2L}\left(1+\frac{U_{\mathrm{d}}}{U_{\mathrm{o}}-U_{\mathrm{d}}}\right)\\&=\frac{1}{T}\cdot\frac{U_{\mathrm{d}}U_{\mathrm{o}}T_1^2}{2L(U_{\mathrm{o}}-U_{\mathrm{d}})}=\frac{U_{\mathrm{o}}T_1^2}{2LT}\cdot\frac{U_{\mathrm{d}}}{U_{\mathrm{o}}-U_{\mathrm{d}}}\end{aligned} \tag{5-39}$$

令 $T_1/T=D$，$1/T=f$，$u_{\mathrm{i}}=U_{\mathrm{i}}\sin\omega_1 t$，$U_{\mathrm{o}}/U_{\mathrm{i}}=\alpha$，将其代入式(5-39)，得

$$\bar{i}_L=\frac{U_{\mathrm{i}}D^2\alpha}{2Lf}\cdot\frac{U_{\mathrm{d}}}{U_{\mathrm{o}}-U_{\mathrm{d}}} \tag{5-40}$$

因$\frac{U_{\mathrm{d}}}{U_{\mathrm{o}}-U_{\mathrm{d}}}\approx\frac{1}{\alpha^2-1}(\alpha\sin\omega_1 t+\sin^3\omega_1 t)$，将其代入式(5-40)，得

$$\bar{i}_L=\frac{U_{\mathrm{i}}D^2\alpha}{2Lf}\times\frac{1}{\alpha^2-1}(\alpha\sin\omega_1 t+\sin^3\omega_1 t) \tag{5-41}$$

因 $\sin^3\omega_1 t=\frac{3}{4}\sin\omega_1 t-\frac{1}{4}\sin 3\omega_1 t$，故式(5-41)可化为

$$\bar{i}_L=\frac{U_{\mathrm{i}}D^2}{8fL}\left(\frac{\alpha}{\alpha^2-1}\right)[(4\alpha+3)\sin\omega_1 t-\sin 3\omega_1 t] \tag{5-42}$$

式(5-42)表明，输入电流仅含基波和 3 次谐波，其幅值 A_1和 A_3分别为

$$A_1=\frac{U_{\mathrm{i}}D^2}{8fL}\left[\frac{\alpha(4\alpha+3)}{\alpha^2-1}\right],\quad A_3=\frac{U_{\mathrm{i}}D^2}{8fL}\,\frac{\alpha}{\alpha^2-1}$$

输入电流的总失真率(THD)为

$$\mathrm{THD}=\frac{\sqrt{I_3^2+I_5^2+I_7^2+\cdots}}{I_1}=\frac{\sqrt{I_3^2}}{I_1}=\frac{1}{4\alpha+3}=\frac{1}{4U_{\mathrm{o}}/U_{\mathrm{i}}+3}$$

上述分析表明，PFC 功能可实现电流输入，EMI 小，可防止电网对主电路的高频干扰，其优点是显而易见的。

第6章　多重变换在电源中的应用

多重变换技术在一些应用中可以获得更好地技术特性和经济效益，或满足特定的技术要求。

6.1　多重逆变技术

多重逆变电路的基本思想是：将多个功率器件按一定的拓扑结构连接成可以提供多种电平输出的电路，然后使用适当的控制逻辑将几个电平台阶合成阶梯波，以逼近正弦输出电压。这种逆变器和高-低-高间接结构的高压变换器相比较，减少了输出变压器，可以直接输出高电压，因而系统结构更简洁，效率增加。

多重变换功率变换器采用多级直流电压合成阶梯波，以逼近正弦波。随电平级数的增加，合成的输出阶梯波级数增加，输出越来越逼近正弦波，谐波含量大大减小。多重变换器不仅能够输出更高等级的电压，而且能大大降低输出波形的谐波含量。其中单元级联型多电平逆变电路是多重变换逆变器的一种结构形式，它既有多电平功率变换电路共有的优良输出性能，又具有和自身拓扑结构相应的特点，因而应用前景广阔。

级联型逆变器具有以下优势：

(1) 多种输出电平改善输出波形和控制效果。

(2) 低的 dv/dt 和较低的开关损耗降低了对开关器件的要求，使中等功率的开关器件可用于高电压场合。

(3) 降低了输入电流的谐波，减小了对环境的污染。

(4) 用于三相感应电动机驱动时，可以减小或消除中性点电平波动。

(5) 安全性更高，母线短路的危险性大大降低。

级联型逆变器的技术特点如下：

(1) 其结构易于模块化和扩展。级联型逆变器是一种串联结构，每个 H 桥臂结构相同，易于模块化生产。逆变器拆卸和扩展都很方便，这是其他多电平逆变器所不具有的。

(2) 级联型逆变器每相某一输出电压存在多种级联单元的状态组合。各级联单元的工作是完全独立的，其输出只影响输出总电压，不会对其他级联单元造成影响。

(3) 便于实现软开关技术。通过对 H 桥臂加入谐振电感、电容，采用适当的控制策略比较容易实现软开关，从而可以去除缓冲电路，减少散热装置的体积。

(4) 级联型逆变器是多电平逆变器中输出同样数量电平而所需器件最少的一种。

6.1.1　多重级联变换器的结构

对于 N 重相同的 H 桥臂串联的级联型变换器，若能输出 M 个电平，则该变换器称为 N 重 M 电平级联型逆变器，其中，$M=2N+1$。由此可知，由两个级联单元组成的级联型逆变器可输出$+2E$、E、0、$-E$、$-2E$五种电平，由H型全桥逆变电路作为功率单元级联而成。图6-1为三重七电平级联型逆变器，此种拓扑结构的特点如下：

(1) 每个功率逆变单元直流侧采用相互独立的直流电源，不存在电压不平衡问题，易于实现PWM控制。

(2) 每一个功率单元结构相同，给模块化设计和制造带来方便，而且装配简单。

(3) 系统可靠性高。某一功率单元发生故障时可以被旁路掉，其他单元仍可以正常工作，不间断供电。

(4) 由于没有钳位二极管或钳位电容器的限制，这种结构的功率变换器输出电平数可以更多，在输出电压提高的同时，谐波含量更小。

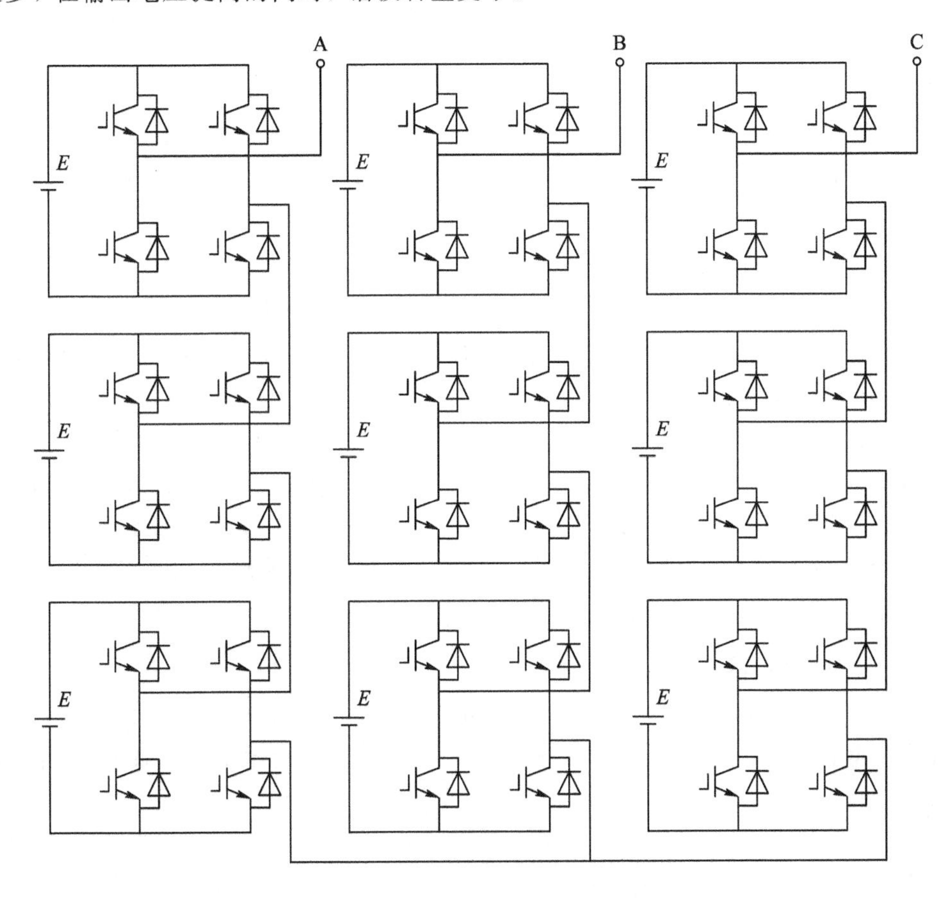

图6-1 级联型逆变器的通用结构

6.1.2 变换电路的工作原理及数学模型

下面以两重五电平逆变器为例，分析级联多电平功率变换电路的工作原理。在分析单元级联型逆变电路工作原理的基础上建立其数学模型。

1. 单元级联型功率变换电路的工作原理

逆变单元主电路为电压型单相全桥逆变器，亦称H桥逆变单元。图6-2(a)为H桥逆变单元的主电路拓扑结构。

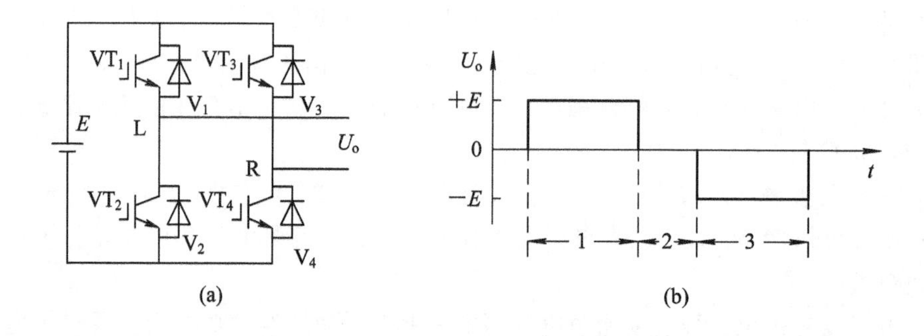

图 6-2　H 桥逆变单元

(a) 主电路拓扑结构；(b) 输出电压波形

H 桥逆变单元的直流电压源由三相或单相交流电压整流成脉动的直流电压，经电容滤波后获得。H 桥由 VT_1、VT_2、VT_3和 VT_4四只 IGBT 及反并联二极管组成。每两个 IGBT 串联构成一个桥臂(VT_1和 VT_2串联构成左桥臂，VT_3和 VT_4串联构成右桥臂)，两个桥臂并联后连接到直流母线上。通过对逆变桥进行 PWM 控制，使左、右桥臂的中点(L、R 之间)输出幅值和频率可变的交流电压。

为防止直流母线发生短路，同一桥臂的两个 IGBT 不能同时导通，因而要求来自控制系统的 IGBT 的触发信号中 VT_1和 VT_2触发信号反相，VT_3和 VT_4触发信号反相。四个 IGBT 共有四种有效的组合状态：当 VT_1和 VT_4导通而 VT_2和 VT_3关断时，左、右桥臂的中点(L、R 之间)输出电压 $U_o=+E$；当 VT_2和 VT_3导通而 VT_1和 VT_4关断时，左、右桥臂的中点(L、R 之间)输出电压 $U_o=-E$；当 VT_1和 VT_3导通而 VT_2和 VT_4关断时，或当 VT_2和 VT_4导通而 VT_1和 VT_3关断时，左、右桥臂的中点(L、R 之间)输出电压 $U_o=0$。因此，根据四个 IGBT 不同的状态组合，每个逆变功率单元能够输出$+E$、0 和$-E$ 三种不同电平的电压，如图 6-2(b)所示。

2. 单元级联型逆变电路

单元级联型多电平功率变换器的每一相均由 N 个结构相同的逆变单元构成，逆变单元的输出为串联，叠加后形成多电平功率变换电路的某一相输出，如 A 相输出相电压 U_{AN}为

$$U_{AN}=U_{o1}+U_{o2}+\cdots+U_{oN} \tag{6-1}$$

多电平功率变换器的每相输出电压是 N 个级联的功率单元输出电压之和，每一功率单元可以输出$+E$、0 和$-E$ 三种电压，故每一相可以输出 M 电平：$-NE$，$-(N-1)E$，$\cdots$，$-E$，0，E，$\cdots$，$(N-1)E$，NE。

多电平的功率变换电路中输出电压的合成方式灵活，每种电平的输出电压对应多种开关组合方式。图 6-3(a)为两单元级联功率变换电路 A 相电路结构图，输出相电压 U_{AN}由不同的开关组合方式合成五种电平输出，如图 6-3(b)所示。表 6-1 列出了 A 相不同电平输出对应的各种开关组合及开关状态(其中“0”表示功率元件处于关断状态，“1”表示功率元件处于导通状态)。

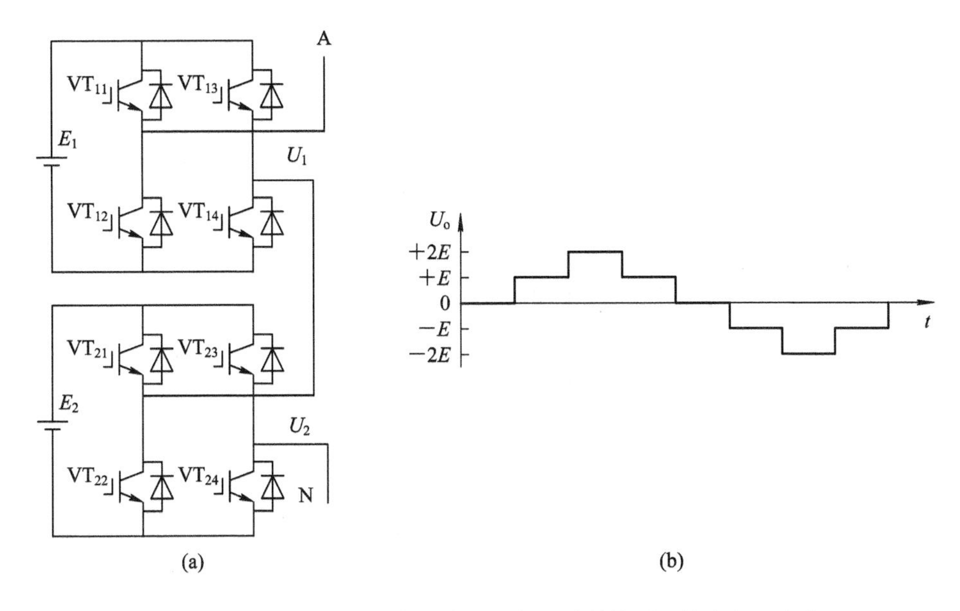

图 6-3　两单元级联功率变换器 A 相电路结构图及输出电压波形
(a) 电路结构图；(b) 波形图

表 6-1　输出电压组合与开关状态表

输出相电压 U_{AN}	开关状态							
	VT_{11}	VT_{12}	VT_{13}	VT_{14}	VT_{21}	VT_{22}	VT_{23}	VT_{24}
$U_{AN}=+2E$	1	0	0	1	1	0	0	1
$U_{AN}=+E$	1	0	0	1	1	0	1	0
	1	0	0	1	0	1	0	1
	1	0	1	0	1	0	0	1
	0	1	0	1	1	0	0	1
$U_{AN}=0$	1	0	1	0	1	0	1	0
	0	1	0	1	1	0	1	0
	1	0	1	0	0	1	0	1
	0	1	0	1	0	1	0	1
	1	0	0	1	0	1	1	0
	0	1	1	0	1	0	0	1
$U_{AN}=-E$	0	1	1	0	1	0	1	0
	0	1	1	0	0	1	0	1
	1	0	1	0	0	1	1	0
	0	1	0	1	0	1	1	0
$U_{AN}=-2E$	0	1	1	0	0	1	1	0

3. 简化模型分析

级联型逆变器的简化电路模型如图 6-4 所示。该电路中一组相互隔离的直流电源串联起来，开关所处的位置决定直流电源是否参与能量的输出。开关 S 处于左侧，表明直流电源为总输出提供了能量，此时级联单元处于“输出”状态；开关 S 处于右侧，表明直流电源不参与总输出，此时级联单元处于“续流”状态，仅提供了一个电流回路。

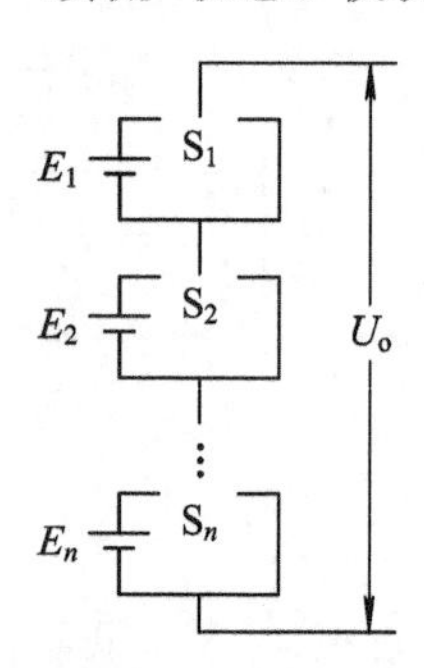

图 6-4 级联型逆变器的简化电路模型

6.1.3 单元级联型变换电路的数学模型

1. 基本功率单元

级联型功率变换电路是由基本功率单元组成的，因而基本功率单元的数学模型是建立完整功率变换电路数学模型的基础。

对于基本功率单元为 H 桥逆变单元(见图 6-21(a))，为获得基本功率单元的数学描述，引入开关变量 S，并分别用 S_L 和 S_R 作为控制左、右桥臂的开关变量。

定义：

$$S=\begin{cases}1 & (\mathrm{VT_1}\ \text{导通、}\mathrm{VT_2}\ \text{截止或}\ \mathrm{VT_3}\ \text{导通、}\mathrm{VT_4}\ \text{截止})\\ 0 & (\mathrm{VT_2}\ \text{导通、}\mathrm{VT_1}\ \text{截止或}\ \mathrm{VT_4}\ \text{导通、}\mathrm{VT_3}\ \text{截止})\end{cases} \tag{6-2}$$

对于左桥臂，L 点对 N 点(输出端中点)的输出电压为 $U_L=S_L E$，左桥臂的电流为 $I_L=S_L I$；同理对于右桥臂，R 点对 N 点的输出电压为 $U_R=S_R E$，左桥臂的电流为 $I_R=-S_R I$。

根据基尔霍夫电压电流定律，有

$$\begin{cases}U_o=(S_L-S_R)E\\ I_o=I_L+I_R=(S_L-S_R)I\end{cases} \tag{6-3}$$

式(6-3)即为基本功率单元的数学模型。

2. 三相单元功率变换电路

三相单元功率变换电路如图 6-5 所示。该电路由三个基本功率单元组成，每相数学模型可依上述分析过程建立，结果为

$$\begin{cases}U_{ao}=(S_{La}-S_{Ra})E\\ I_{ea}=(S_{La}-S_{Ra})I_a\\ U_{bo}=(S_{Lb}-S_{Rb})E\\ I_{eb}=(S_{Lb}-S_{Rb})I_b\\ U_{co}=(S_{Lc}-S_{Rc})E\\ I_{ec}=(S_{Lc}-S_{Rc})I_c\end{cases} \tag{6-4}$$

式中：S_{La}、S_{Lb}、S_{Lc}和S_{Ra}、S_{Rb}、S_{Rc}分别为A、B、C三相功率单元左桥臂和右桥臂的开关信号；U_{ao}、U_{bo}、U_{co}分别为A、B、C三相功率单元的输出电压；I_{ea}、I_{eb}、I_{ec}分别为A、B、C三相功率单元电源E的输出电流。

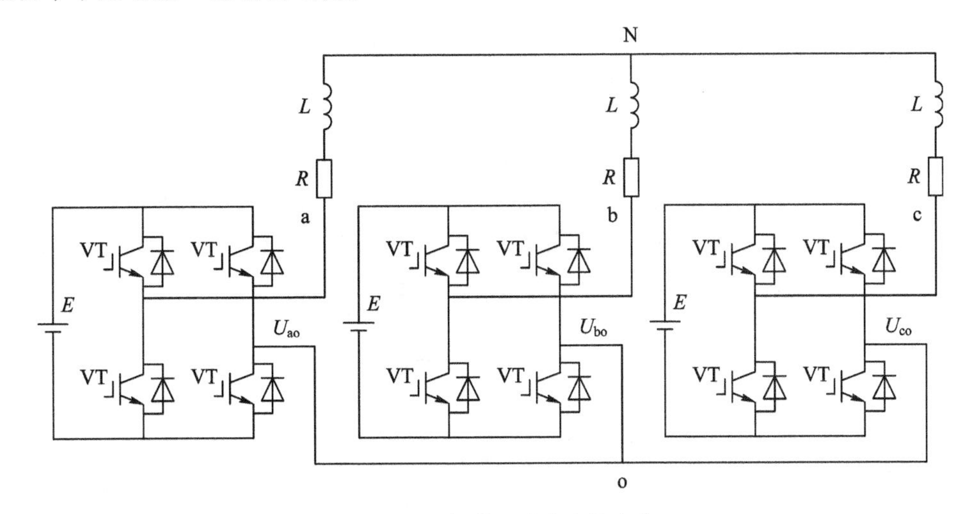

图6-5　三相单元功率变换电路

3. 状态方程的建立

对A、B、C三相所在的三条支路利用基尔霍夫电压定律列写回路方程：

$$L\frac{\mathrm{d}I_a}{\mathrm{d}t}=U_{ao}+U_{oN}-I_aR \tag{6-5}$$

$$L\frac{\mathrm{d}I_b}{\mathrm{d}t}=U_{bo}+U_{oN}-I_bR \tag{6-6}$$

$$L\frac{\mathrm{d}I_c}{\mathrm{d}t}=U_{co}+U_{oN}-I_cR \tag{6-7}$$

对于中性点不接地的三相系统有

$$I_a+I_b+I_c=0 \tag{6-8}$$

对于三相对称负载，依据上式有

$$U_{oN}=\frac{1}{3}(U_{ao}+U_{bo}+U_{co}) \tag{6-9}$$

由以上可得图6-6功率变换电路的状态方程为

$$\begin{bmatrix} L\frac{\mathrm{d}I_a}{\mathrm{d}t} \\ L\frac{\mathrm{d}I_b}{\mathrm{d}t} \\ L\frac{\mathrm{d}I_c}{\mathrm{d}t} \end{bmatrix}=\begin{bmatrix} -R & 0 & 0 \\ 0 & -R & 0 \\ 0 & 0 & -R \end{bmatrix}\begin{bmatrix} I_a \\ I_b \\ I_c \end{bmatrix}+\frac{1}{3}\begin{bmatrix} 2S_{La}-S_{Lb}-S_{Lc}-(2S_{Ra}-S_{Rb}-S_{Rc}) \\ 2S_{Lb}-S_{Lc}-S_{La}-(2S_{Rb}-S_{Rc}-S_{Ra}) \\ 2S_{Lc}-S_{La}-S_{Lb}-(2S_{Rc}-S_{Ra}-S_{Rb}) \end{bmatrix}E \tag{6-10}$$

6.1.4 三相单元级联功率变换电路

1. 三相单元级联功率变换电路

三相单元级联功率变换电路如图6-6所示。三相单元级联功率变换器每相电路仍由基本功率单元级联而成，其数学模型仍可按上面的分析过程建立：

$$\begin{cases}U_{ai}=(S_{Lai}-S_{Rai})E_i\\I_{eai}=(S_{Lai}-S_{Rai})I_a\\U_{bi}=(S_{Lbi}-S_{Rbi})E_i\\I_{ebi}=(S_{Lbi}-S_{Rbi})I_b\\U_{ci}=(S_{Lci}-S_{Rci})E_i\\I_{eci}=(S_{Lci}-S_{Rci})I_c\end{cases}\tag{6-11}$$

其中：S_{Lai}、S_{Lbi}、S_{Lci}和S_{Rai}、S_{Rbi}、S_{Rci}分别为A、B、C三相第i个级联功率单元左桥臂和右桥臂的开关信号；U_{ai}、U_{bi}、U_{ci}分别为A、B、C三相第i个级联功率单元的输出电压；I_{eai}、I_{ebi}、I_{eci}分别为A、B、C三相第i个级联功率单元电源E_i的输出电流。

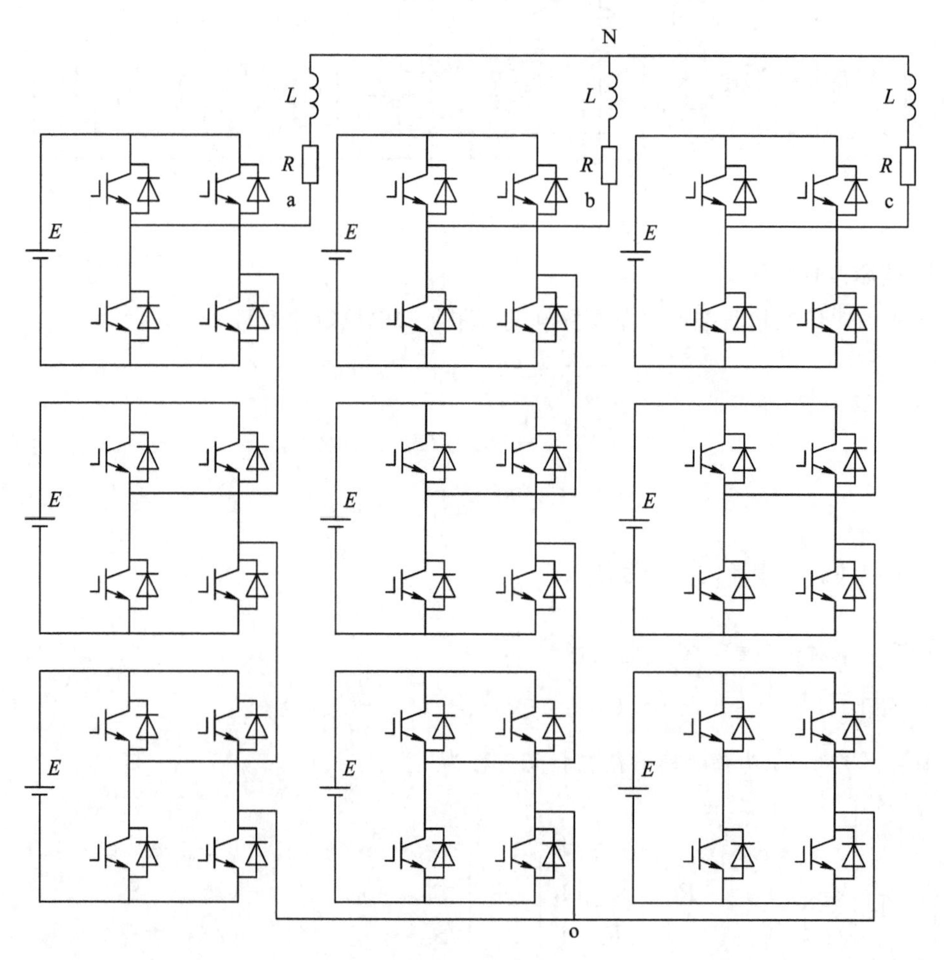

图6-6　三相单元级联功率变换电路

2. 状态方程的建立

对于图6-6的n单元级联功率变换电路，每相输出电压为

$$U_{ao}=\sum_{i=1}^{n}U_{ai}\tag{6-12}$$

$$U_{bo} = \sum_{i=1}^{n} U_{bi} \tag{6-13}$$

$$U_{co} = \sum_{i=1}^{n} U_{ci} \tag{6-14}$$

建立的上述A、B、C三相所在的三条支路电压方程式对于中性点不接地的三相系统依然成立。综合上述分析计算可得功率变换电路的状态方程为

$$\boldsymbol{LI} = \boldsymbol{AI} + \boldsymbol{BE} \tag{6-15}$$

其中：

$$\boldsymbol{I} = [I_a \quad I_b \quad I_c]^T$$

$$\boldsymbol{E} = [E_1 \cdots E_i \cdots E_n]^T$$

$$\boldsymbol{A} = \begin{bmatrix} -R & 0 & 0 \\ 0 & -R & 0 \\ 0 & 0 & -R \end{bmatrix}$$

$$\boldsymbol{B} = \begin{bmatrix} \frac{2}{3}(S_{La1}-S_{Ra1})-\frac{1}{3}(S_{Lb1}-S_{Rb1})-\frac{1}{3}(S_{Lc1}-S_{Rc1})\cdots \\ -\frac{1}{3}(S_{La1}-S_{Ra1})+\frac{2}{3}(S_{Lb1}-S_{Rb1})-\frac{1}{3}(S_{Lc1}-S_{Rc1})\cdots \\ -\frac{1}{3}(S_{La1}-S_{Ra1})-\frac{1}{3}(S_{Lb1}-S_{Rb1})+\frac{2}{3}(S_{Lc1}-S_{Rc1})\cdots \end{bmatrix.$$

$$\begin{matrix} \frac{2}{3}(S_{Lai}-S_{Rai})-\frac{1}{3}(S_{Lbi}-S_{Rbi})-\frac{1}{3}(S_{Lci}-S_{Rci})\cdots \\ -\frac{1}{3}(S_{Lai}-S_{Rai})+\frac{2}{3}(S_{Lbi}-S_{Rbi})-\frac{1}{3}(S_{Lci}-S_{Rci})\cdots \\ -\frac{1}{3}(S_{Lai}-S_{Rai})-\frac{1}{3}(S_{Lbi}-S_{Rbi})+\frac{2}{3}(S_{Lci}-S_{Rci})\cdots \end{matrix}$$

$$\left.\begin{matrix} \frac{2}{3}(S_{Lan}-S_{Ran})-\frac{1}{3}(S_{Lbn}-S_{Rbn})-\frac{1}{3}(S_{Lcn}-S_{Rcn}) \\ -\frac{1}{3}(S_{Lan}-S_{Ran})+\frac{2}{3}(S_{Lbn}-S_{Rbn})-\frac{1}{3}(S_{Lcn}-S_{Rcn}) \\ -\frac{1}{3}(S_{Lan}-S_{Ran})-\frac{1}{3}(S_{Lbn}-S_{Rbn})+\frac{2}{3}(S_{Lcn}-S_{Rcn}) \end{matrix}\right]$$

式(6-15)适用于任何具有相同拓扑结构的级联型功率变换电路。

6.2 多重整流技术

利用多个整流器直流输出进行并联、串联或者同时串并联，可以增加系统容量。本节将分析PWM整流器数学模型和控制方法及基于电压源和电流源模型的串并联控制方案的特点，建立基于功率源模型的串并联控制方案，并对谐波和控制的影响进行理论分析及仿真验证。利用PWM整流器的多重化是一种比较理想的选择。出于系统可靠性和冗余性的需要，PWM整流器彼此之间的耦合因素要尽可能少，因此各PWM整流器交流侧应为并联关系，以保证各自能够独立工作。

6.2.1 多重化主电路

1. 直接联接型

直接联接型的PWM整流器并联二重化主电路如图6-7所示，其中L_1、L_2为PWM整流器三相交流电抗。交流侧电感的作用如下：

(1) 隔离电网电压和脉宽调制输出交流电压，并通过改变调制输出电压的幅值和相位实现PWM整流器的四象限运行。

(2) 限制交流电流的高次谐波。

(3) 系统可获得一定的阻尼特性，有利于控制系统的稳定运行。

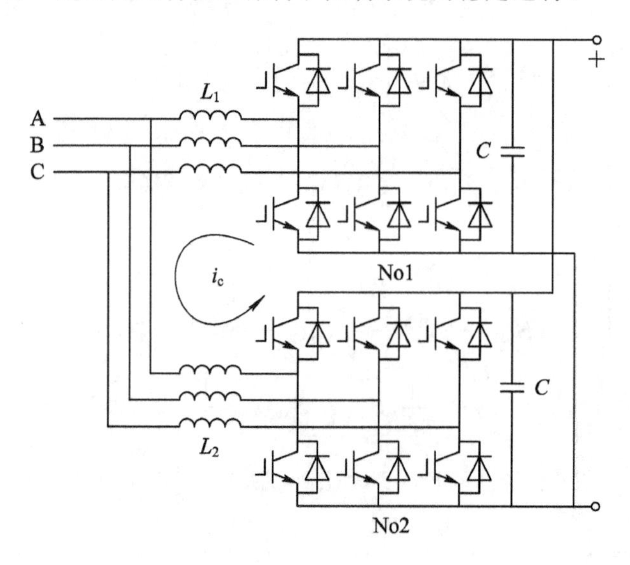

图6-7 直接联接型二重化主电路

按照图6-7所示连接的两台变流器，由于其交流侧直接相连，因此为零序环流的形成提供了流通路径。当采用SVPWM方法时，使用零矢量111和000进行调制会产生零序环流。假设整流器No1正以零矢量111进行SVPWM调制且三个桥臂上管均处于开通状态，而此时整流器No2却正以零矢量000进行SVPWM调制且三个桥臂下管均处于开通状态，这种情况下会在两台整流器之间形成零序环流i_c。相反情况下，当整流器No1使用矢量000进行调制，而整流器No2恰好使用111进行调制，此时零序环流i_c也会相应反向。图6-7所示的直接联接型二重化主电路的特殊性决定了零序环流i_c只能按图中所示单方向流动，因此无法通过改变两个整流器零矢量111和000使用比例来抑制零序环流。当零序环流i_c不断增大，达到系统设定的保护值时，系统将停止工作。

2. 隔离联接型

图6-8所示为隔离联接型的PWM整流器二重化主电路。该电路采用多绕组变压器将各PWM整流器交流侧相互隔离开，切断了零序环流的流通路径，这从根本上避免了零序环流的产生。

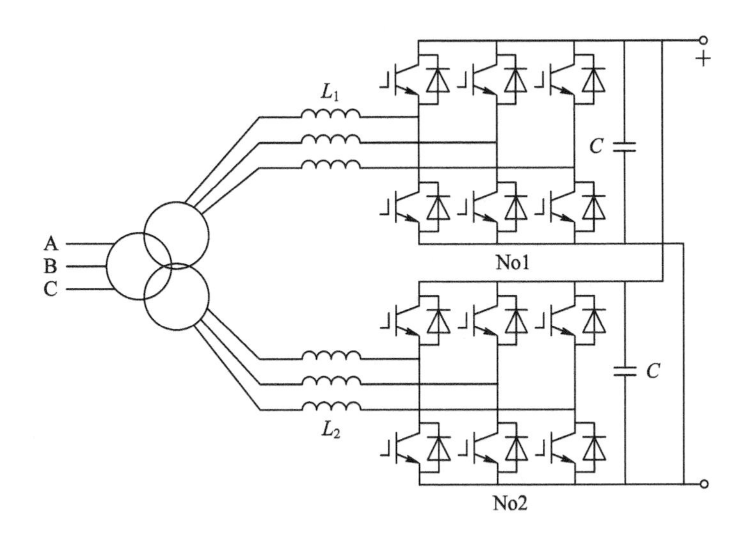

图 6－8　隔离联接型二重化主电路

3. 并联结构

对于 N 台变流器直流侧并联连接，要求其直流输出电压相等，主要解决的问题是并联变换器的直流均流问题。理想情况下，每台变换器直流输出电流应相等，其大小为系统总直流输出电流 I_d/N，以实现各变换器功率均分，提高系统可靠性。若将每台 PWM 变流器直流输出控制成恒流源，再以电流源的形式进行并联，则电流源并联等效电路如图 6－9 所示，其中 $I_{d1}=I_{d2}=\cdots=I_{dN}=I_d/N$（$N$ 为并联变换器数）。

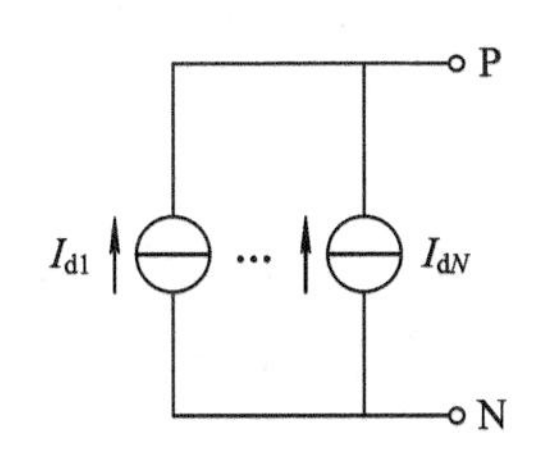

图 6－9　电流源并联等效电路

将每台 PWM 变换器直流输出控制成恒流源，只需在其原有 $d-q$ 轴电流闭环的基础上引入直流电流闭环，并将直流电流闭环输出作为电流环 d 轴电流给定值。由于 d 轴电流大小控制变流器交直流传递功率大小，因而其可以实现对直流电流的调节。PWM 整流器直流电流闭环控制框图如图 6－10 所示。采用这种将各变换器控制成电流源的并联方案的优点是：

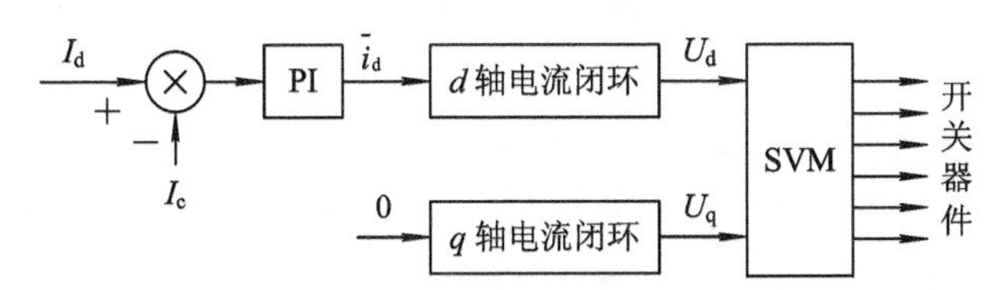

图 6－10　PWM 整流器直流电流闭环控制框图

(1) 各 PWM 变换器的控制相对独立，只需对自身直流电流进行闭环控制。

(2) 不需要引入其他与之并联变流器的信息参与控制，适合于任意多变换器并联的情况。

并联系统输出特性呈现为电流源，不能直接与其他电流源输出特性的变换器系统串联工作。为提高整流系统功率，可以设计一种既串联又并联的多变换器联接系统，在上述控制方法基础上引入更加有效的控制。

4. 串联＋并联结构

图 6－11 所示为先串联后并联即“串联＋并联”主电路拓扑结构图，其中各变换器交流侧通过变压器实现隔离。该系统中共有 N 个并联回路，每个并联回路为 N 台变换器串联，其中 U_{d1}，U_{d2}，…，U_{dN} 分别为各回路内串联变流器直流电压，I_{d1}，I_{d2}，…，I_{dN} 分别为各并联回路直流电流。

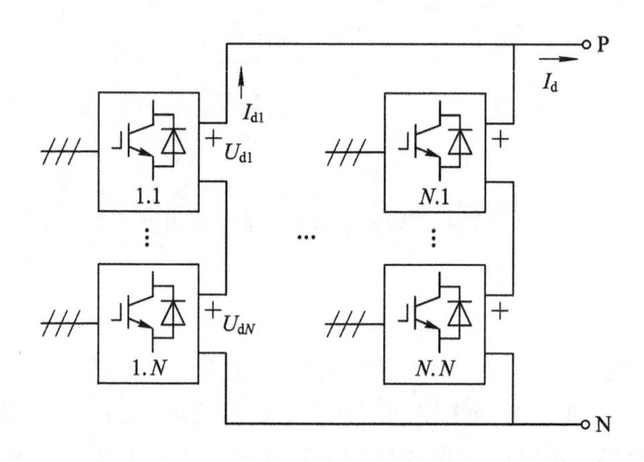

图 6－11 “串联＋并联”主电路拓扑结构图

为了实现各并联回路的直流均流，对各并联回路的直流电流进行闭环控制。图 6－12 所示为并联回路闭环控制框图，其中 I_{d1} 为并联回路 1 直流电流给定值，U_{d1} 为该回路总的直流电压给定值。图 6－12 中，最外环为直流电流环，将每个并联回路控制为电流源。电流环输出为该回路总直流电压给定值 $\overline{U}_d$，N 等分后作为每台变换器直流电压给定值，并分别进行闭环控制，实现各变换器的串联均压。令各并联回路直流电流给定值相等，即 $\overline{I}_{d1}=\overline{I}_{d2}=\cdots=\overline{I}_{dN}$，可实现各回路并联均流。

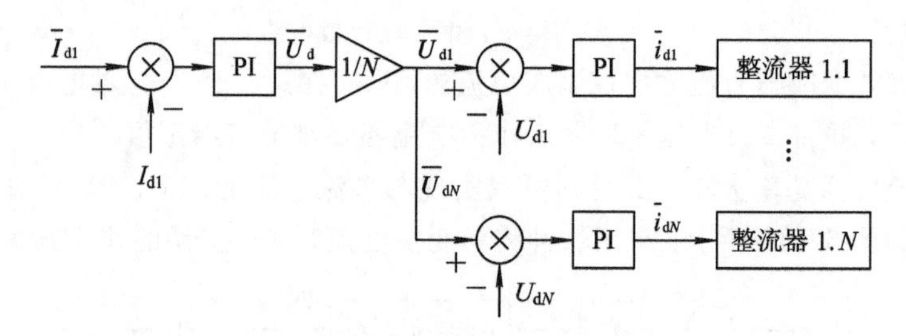

图 6－12 并联回路闭环控制框图

上述控制方案解决了先串联后并联系统的均压均流问题，系统输出特性为电流源特性。

5. 并联＋串联结构

图 6－13 所示的先并联后串联即“并联＋串联”系统，包含 N 个串联部分，每部分由 N 台变流器并联而成，其中 U_{d1}，U_{d2}，…，U_{dN} 分别为各串联部分直流电压，I_{d1}，I_{d2}，…，I_{dN} 分别为各部分并联变流器直流电流，I_d 为系统总直流电流。

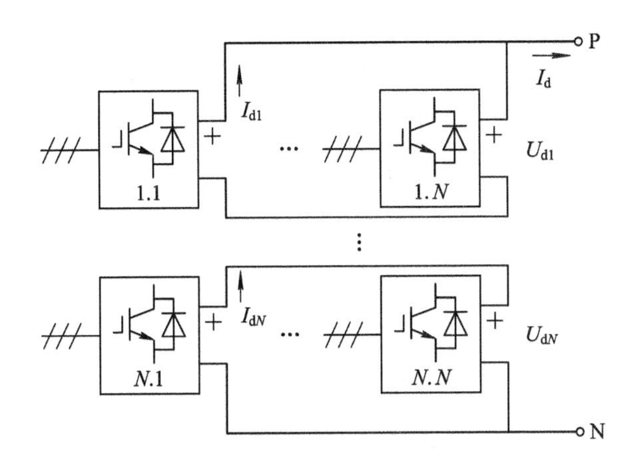

图 6-13　并串联主电路拓扑

图 6-14 所示为串联部分的控制框图。外环为直流电压环，作用是将每个串联部分控制为稳压源。电压环输出为总直流电流给定值，N 等分后作为并联变流器直流电流给定值，然后分别进行闭环控制实现变流器的并联均流。为了实现各串联部分的均压，其直流电压给定值满足$\overline{U}_{d1}=\overline{U}_{d2}=\cdots=\overline{U}_{dN}=\overline{U}_d/N$。

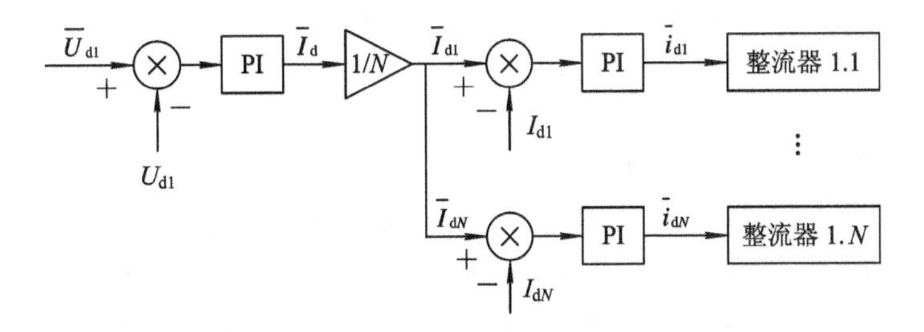

图 6-14　串联部分的控制框图

上述控制方案可以解决了先并联后串联系统的均压均流问题，但是系统输出特性为电压源特性，应用范围有所限制。

综上可知，无论是先串联后并联还是先并联后串联的系统，都是通过加入闭环对直流输出特性加以改造，然后进行串并联，其控制框图中同时含有直流电压闭环和直流电流闭环，使得整个系统的控制变得较为复杂。

6. 无闭环并联结构

多个变流器并联主电路要求变换单元直流电压相等，即 $U_{d1}=U_{d2}=\cdots=U_{dN}$。只要控制各 PWM 变流器 d 轴电流相同，即 $i_{d1}=i_{d2}=\cdots=i_{dN}$，以使各变流器输出功率相同，就可实现各变流器的并联均流，而无需附加额外的闭环控制。

根据电网输入有功功率 P_e 等于负载有功功率 P_d 的平衡关系 $P_e=P_d$，可以得出

$$\frac{3}{2}e_{dN}i_{dN}=U_{dN}I_{dN} \tag{6-16}$$

以及

$$I_{dN}=\frac{1.5e_{dN}}{U_{dN}}i_{dN} \tag{6-17}$$

理想情况下，假设电网电压恒定，即 $e_{d1}=e_{d2}=\cdots=e_{dN}=C$(常数)，由于并联时 $U_{d1}=U_{d2}=\cdots=U_{dN}$，因此只要控制 $i_{d1}=i_{d2}=\cdots=i_{dN}$，即可得到 $I_{d1}=I_{d2}=\cdots=I_{dN}$，但是受 i_d闭环控制误差的影响，i_{d1}，i_{d2}，…，i_{dN}必然存在一定误差 Δi_d，从而存在直流电流差 ΔI_d，即

$$\Delta I_d=\frac{1.5e_d}{U_d}\Delta i_d \tag{6-18}$$

定义误差传递系数为

$$k=\frac{1.5e_d}{U_d} \tag{6-19}$$

则式(6－18)可表示为

$$\Delta I_d=k\cdot\Delta i_d \tag{6-20}$$

由式(6－20)可知，k 与 e_d大小成正比，与 U_d大小成反比。各负载变化范围内 U_d都在额定电压附近波动，变化范围很小，因此 k 可以近似为常数。

6.2.2 串并联控制策略对比分析

在变换器串联运行模式中，电压源串联控制模式直接对电压进行控制，可抵消交流电流检测误差和控制误差对均压的影响；功率源控制模式中，交流电流检测误差和控制误差直接决定均压效果，尤其是轻载时输入的交流电流可能被误差值干扰，导致严重不均压情况的发生，实际应用中必须外加某种压差修正环节等，以保证负载大范围变换时具有良好的均压能力。

在变换器并联运行模式中，电流源并联控制模式通过对直流电流进行闭环控制，抵消交流电流检测误差和控制误差对均压的影响，直流闭环控制精度决定并联均流精度；而功率源并联控制模式中，d 轴电流闭环控制精度决定并联均流精度。无论是直流电流闭环控制误差，还是 d 轴电流闭环控制误差，都是在一定允许范围内存在的。

多变换器串并联运行模式不仅涉及串联均压，还涉及并联均流，因此仅采用电压源串联以及电流源并联的传统控制模式会使控制愈加复杂而难以实现，需要研究新的控制方法。

6.3 动态环流分析

上述分析表明，扩大电源系统容量可通过改变变换器的联接结构增大系统的容量；或者用单个器件并联增大单个电源容量来实现。单个器件并联时，各并联器件采用相同脉冲进行驱动，并联均流只能采用硬件方法解决；变换器并联时，各并联变换器具有相互独立的驱动脉冲，因此可以通过多种控制方法来解决变换器间的均流问题。

器件级并联分为 IGBT 元件直接并联和智能并联两种。智能功率模块并联主要面临的问题是动态均流问题。各智能电源模块为独立驱动电路，要对输入驱动脉冲进行整形、隔离、功率放大等处理，驱动板输出驱动脉冲会存在差异，从而导致各电源模块开关不同步，并形成模块间动态环流。为了简化分析驱动脉冲差异对动态均流的影响，假设电源模块为理想开关器件。

6.3.1 功率模块动态环流

图 6-15(a)为两个电源模块并联电路，其中开关器件 $VT_1 \sim VT_4$分别由 $P_1 \sim P_4$脉冲驱动，L_1、L_2分别为模块交流输出至并联点 A 之间的线路寄生电感，电感具有关系 $L_1=L_2=L$；直流电压为 U_d，忽略直流母线寄生参数影响，两功率模块交流输出差模电压 $U_m=\pm U_d$，环路电感 $L_m=L_1+L_2=2L$，输出差模电流 $i_m=i_1-i_2$即为环流。

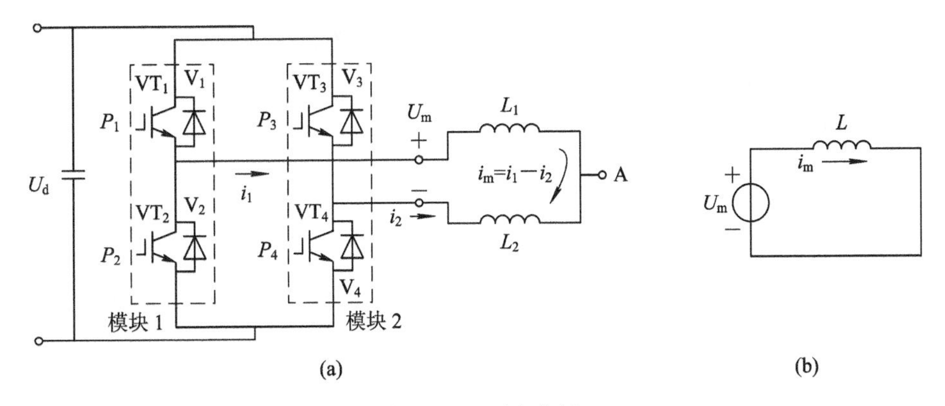

图 6-15　环流分析

(a) 功率模块并联电路；(b) 动态环流

如果脉冲 P_1与 P_3、P_2与 P_4完全重合，则两功率模块交流输出电压差 U_m及环流 i_m始终为零。相反，如果 P_1 与 P_3、P_2与 P_4之间存在差异，则两桥臂输出差模电压不为零，其值为 $U_m=\pm U_d$，该电压导致动态环流 i_m产生，如图 6-15(b)所示。U_m和 i_m满足如下关系：

$$\begin{cases} U_m = L \cdot \dfrac{di_m}{dt} = L \cdot \dfrac{\Delta i_m}{\Delta t} \\ \Delta i_m = \dfrac{U_m \cdot \Delta t}{L} \end{cases} \tag{6-21}$$

由式(6-21)可知，环流增量 Δi_m与差模电压 U_m及其作用时间 Δt 成正比，与环路电感 L 成反比。在一个开关周期，假设驱动脉冲差异表现为两个桥臂驱动脉冲存在一定延迟差异，波形如图 6-16 所示，则两个功率模块输出电流极性不同时，其对动态环流影响也不同。

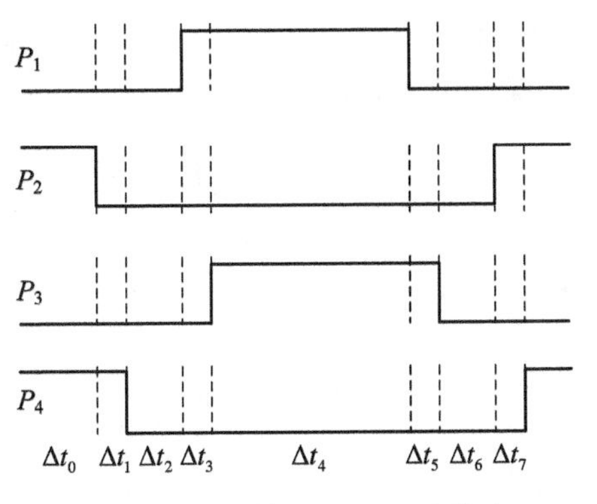

图 6-16　延迟差异的驱动脉冲

1. 电流 i_1、i_2 为正时

为方便分析，将图 6－16 中的一个周期分为 Δt_0～Δt_7 不同时段。

1) Δt_0 时段

P_2 和 P_4 为正，但是由于电流 i_1、i_2 为正，因此电流经过 VT_2、VT_4 的反并联二极管 V_2、V_4 流通，两桥臂输出差模电压 $U_m=0$，该时段对环流无影响。

2) Δt_1 时段

P_2 变低，由于电流 i_1 靠 V_2 流通，因此对电流 i_1 无影响，两桥臂输出差模电压仍为 $U_m=0$，该时段对环流无影响。

3) Δt_2 时段

P_2 和 P_4 均为零，电流 i_1、i_2 流经 V_2、V_4，两桥臂输出差模电压 $U_m=0$，该时段对环流无影响。

4) Δt_3 时段

P_1 为正，VT_1 开通，电流 i_1 流经 VT_1，两桥臂输出差模电压 $U_m=U_d$，环流增量为

$$\Delta i_m = \frac{U_d \cdot \Delta t_3}{L}$$

5) Δt_4 时段

P_1 和 P_3 均为正，VT_1、VT_3 均开通，电流 i_1、i_2 分别流经 VT_1、VT_3 输出差模电压 $U_m=0$，该时段对环流无影响。

6) Δt_5 时段

P_1 变为零，VT_1 关断，V_2 导通，两桥臂输出差模电压 $U_m=-U_d$，环流增量为

$$\Delta i_m = \frac{-U_d \cdot \Delta t_5}{L} \tag{6-22}$$

7) Δt_6 时段

P_1 和 P_3 均为零，电流 i_1、i_2 流经 V_2、V_4，两桥臂输出差模电压 $U_m=0$，该时段对环流无影响。

8) Δt_7 时段

P_2 为正，电流 i_1 仍经过 V_2 流通，两桥臂输出差模电压 $U_m=0$，该时段对环流无影响。

综上可得：

若 $\Delta t_3=\Delta t_5$，则一个调制周期内动态环流的正向增量与负向增量大小相等，可以相互抵消，环流在零轴上下波动，保持正负对称，如图 6－17 所示。

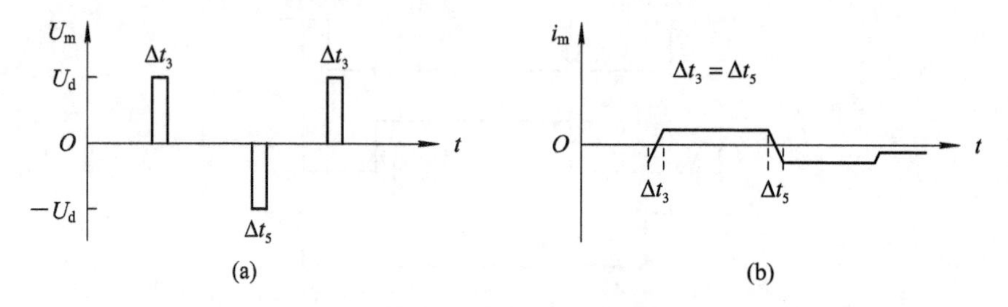

图 6－17　动态环流抵消波形

(a) 差模电压；(b) 动态电流

若 $\Delta t_3 > \Delta t_5$，则动态环流的正向增量大于负向增量，环流将发生正向偏移，如图 6－18 所示。

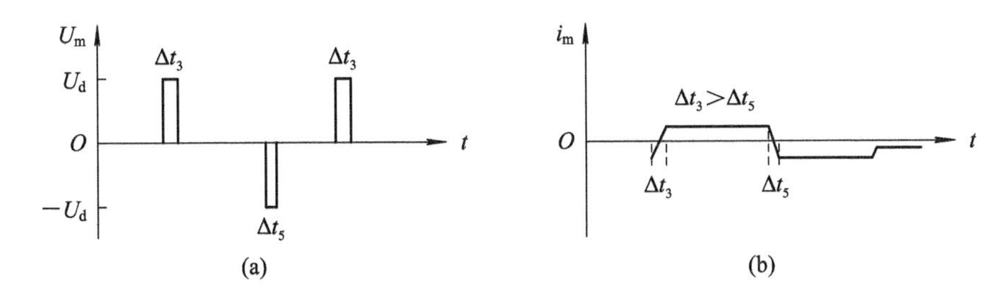

图 6－18　动态环流正向偏移波形

（a）差模电压；（b）动态电流

若 $\Delta t_3 < \Delta t_5$，则动态环流的正向增量小于负向增量，环流将发生负向偏移，如图 6－19 所示。

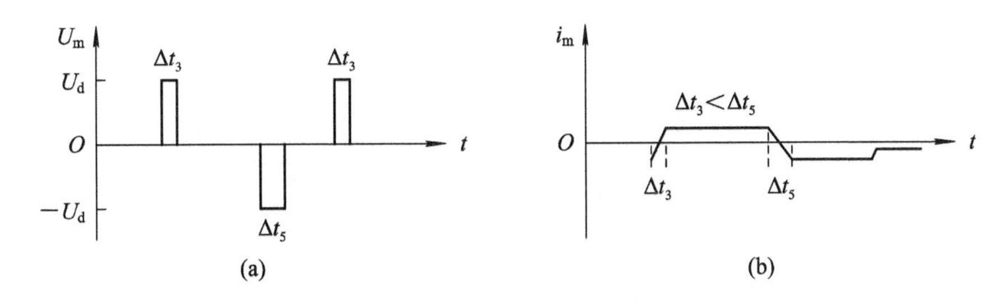

图 6－19　动态环流负向偏移波形

（a）差模电压；（b）动态电流

2. 电流 i_1、i_2 为负时

1）Δt_0 时段

P_2 和 P_4 均为正，i_1、i_2 流经 VT_2、VT_4，两桥臂输出差模电压 $U_m=0$，该时段对环流无影响。

2）Δt_1 时段

P_2 变为零，VT_2 关断，电流 i_1 通过 V_1 续流，两桥臂输出差模电压 $U_m=U_d$，环流增量为

$$\Delta i_m = \frac{U_d \cdot \Delta t_1}{L} \tag{6-23}$$

3）Δt_2 时段

P_2 和 P_4 均为零，i_1、i_2 经 V_1、V_3 续流，两桥臂输出差模电压 $U_m=0$，该时段对环流无影响。

4）Δt_3 时段

P_1 为正，但 i_1 仍经 V_1 续流，两桥臂输出差模电压 $U_m=0$，该时段对环流无影响。

5）Δt_4 时段

P_1、P_3 为正，i_1、i_2 仍经 V_1、V_3 续流，两桥臂输出差模电压 $U_m=0$，该时段对环流无影响。

6）Δt_5 时段

P_1 为零，i_1 仍经 V_1 续流，两桥臂输出差模电压 $U_m=0$，该时段对环流无影响。

7) Δt_6时段

P_1、P_3均为零，i_1、i_2仍经V_1、V_3续流，两桥臂输出差模电压$U_m=0$，该时段对环流无影响。

8) Δt_7时段

P_2为正，VT_2导通，V_1截止，两桥臂输出差模电压$U_m= -U_d$，环流增量为

$$\Delta i_m = \frac{-U_d \cdot \Delta t_7}{L} \tag{6-24}$$

综上可得：

若$\Delta t_1=\Delta t_7$，则一个调制周期内动态环流的正向增量与负向增量大小相等，可以相互抵消，环流波形正负对称；

若$\Delta t_1>\Delta t_7$，则动态环流的正向增量大于负向增量，环流出现正向偏移；

若$\Delta t_1<\Delta t_7$，则动态环流的正向增量小于负向增量，环流出现负向偏移。

在理想情况下，为避免环流出现偏移积累，须满足条件$\Delta t_3=\Delta t_5$以及$\Delta t_1=\Delta t_7$，即两模块驱动脉冲脉宽相同，仅存在时间延迟。

6.3.2 工程条件下的环流分析

考虑到器件等效内阻和线路寄生参数对动态环流造成的影响，U_m可表示为

$$U_m = i_m R + L \cdot \frac{di_m}{dt} \tag{6-25}$$

当i_1、i_2为正进行时，在Δt_3时段，差模电压$U_m=U_d$，环流正向增加；在Δt_5时段，差模电压$U_m=-U_d$，环流负向增加。图6-20(a)为环流增加的等效电路。

当$U_m\neq 0$时，在Δt_3、Δt_5时段，i_1、i_2为正，在Δt_1、Δt_7时段，i_1、i_2为负，其余时段内环流i_m按照L、R_0参数衰减。图6-20(b)为环流衰减的等效电路，其中$i_m(0)$为环流初值，R_0为环路等效寄生电阻。

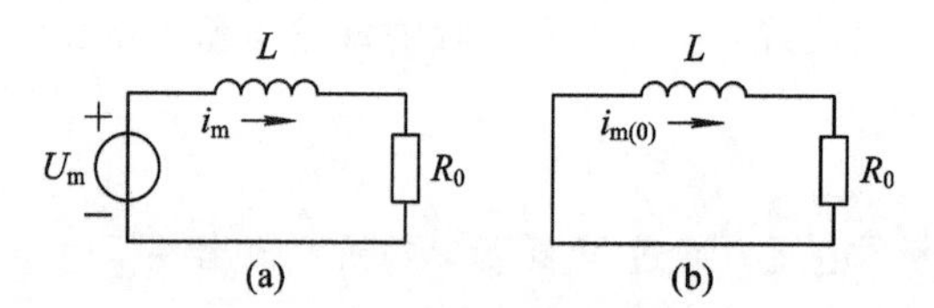

图6-20 动态环流的等效电路

(a) 环流增加；(b) 环流衰减

环流衰减过程表示为

$$i_m(t) = i_m(0)e^{-\frac{t}{\tau}} \tag{6-26}$$

式中，$\tau=\dfrac{L}{R_0}$为时间常数。

由式(6-26)可知，τ越大，环流i_m的衰减速度越慢。一个开关周期的环流波形如图6-21所示。其中环流i_m正向时用i_{m+}表示；环流反向时用i_{m-}表示；i_{m+}衰减总时间$T_+=\Delta t_4$；i_{m-}衰减总时间$T_-=\Delta t_1+\Delta t_0+\Delta t_6+\Delta t_7$。

根据式(6-23)得T_+时段内正向环流衰减量为

$$\Delta i_{m+}(t) = \Delta i_{m+}(0)(1-e^{-\frac{T_+}{\tau}}) \tag{6-27}$$

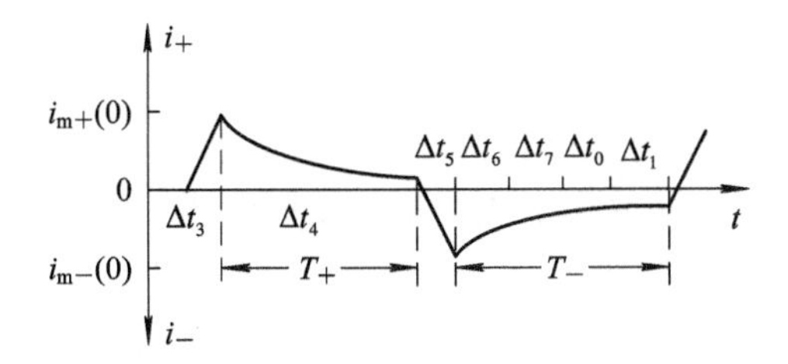

图 6-21 动态环流波形

T_-时段内反向环流衰减量为

$$\Delta i_{m-}(t) = \Delta i_{m-}(0)(1 - e^{-\frac{T_-}{\tau}}) \tag{6-28}$$

式中，$\Delta i_{m+}(0)$和$\Delta i_{m-}(0)$分别表示正向环流衰减和反向环流衰减初值。

由式(6-28)可知，环流衰减量与环流初值、衰减时间常数、衰减时间等有关。当环流增量小于环流衰减量时，满足：

$$\begin{cases} \dfrac{U_d \cdot \Delta t_3}{L} \leqslant \Delta i_{m+} \\ \dfrac{U_d \cdot \Delta t_5}{L} \leqslant \Delta i_{m-} \end{cases} \tag{6-29}$$

环流即可受到抑制不再连续偏移。在考虑环流衰减的情况下，只要式(6-29)成立，在$\Delta t_3 \neq \Delta t_5$条件下也存在环流，即

$$\begin{cases} i_{m+}(t) = \dfrac{U_d \cdot \Delta t_3}{L_j(1 - e^{-\frac{T_+}{\tau}})} \\ i_{m-}(t) = \dfrac{U_d \cdot \Delta t_5}{L_j(1 - e^{-\frac{T_-}{\tau}})} \end{cases} \tag{6-30}$$

其中，L_j为环路电感，其大小通过辅助电感L_a调节。设$L_j = 2L + L_a$，则由式(6-30)可得环流i_m随环路电感L_j的变化关系曲线如图6-22所示。随着L_j的增加，环流i_{m+}、i_{m-}随之减小。

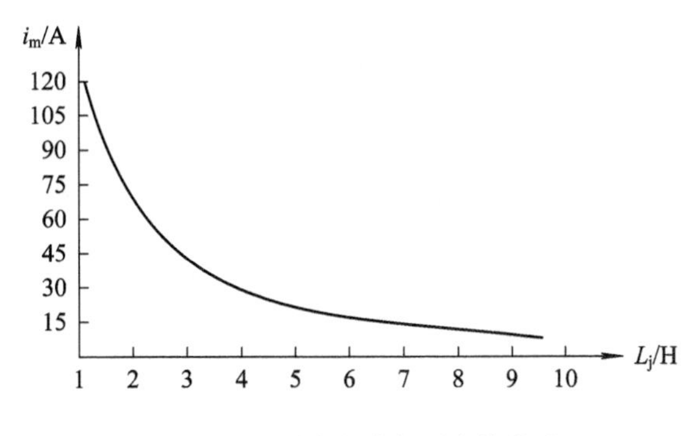

图 6-22 环流电感与环流的关系

6.3.3 动态环流抑制

电源模块线路寄生电感L比较小，可以通过外加辅助电感L_a实现抑制环流。设计中为了确保并联点A之前各并联支路参数的对称性，采取如图6-23所示的两种方案。

图 6-23(a)所示为两个参数相同($L_1=L_2=L_a/2$)的独立电感分别串联到两个功率模块交流输出与并联点 A 之间。

在大功率条件下流过电感的电流较大，为防止电感饱和，采用差模电感的抑制环流，见图 6-23(b)。由于 i_1、i_2 中的共模电流分量在差模电感 L_d 中产生的磁通相互抵消，仅有差模电流 i_{dm} 在磁心中产生磁通，差模电流远小于共模电流，因此磁心体积可以大为减小。电路中差模电感的电感量取值 $L_d=2(L_1+L_2)$，有较理想的抑制环流。

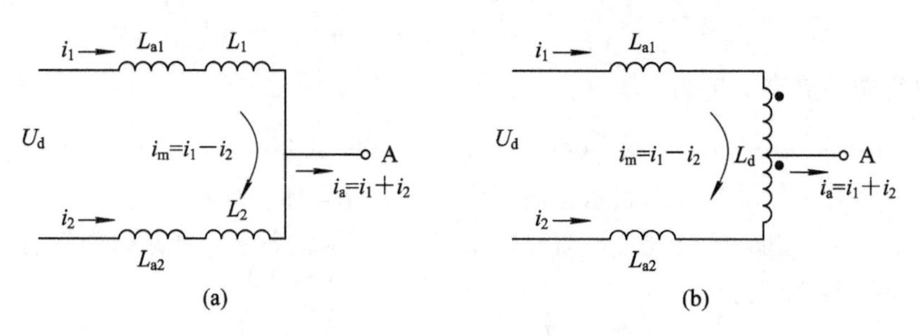

图 6-23 两种动态环流抑制方式

(a) 相同电感联接；(b) 差模电感联接

第7章　多电平结构电源

为了满足中、高压大功率变换器的需求，需要采用功率器件串/并联技术、功率变换器串/并联技术、多重化技术以及组合变换器相移技术等。多电平拓扑变换是一种具有代表性和较为理想的解决方案。直流变换器用途广泛，一般分为 Buck、Boost、Buck - Boost、Cuk、Sepic、Zeta 等六种基本类型。尽管直流变换器结构简单，但由于开关管电压的限制，只能在中、小功率开关电源中应用，不适合在输入/输出电压较高的场合应用。把三电平变换技术应用于上述六种变换器中，提高变换器的输入/输出电压，拓宽其应用范围，是本章研究的内容之一。若再推广到中、小功率的推挽式直流变换器和全桥变换器等，对它们进行三电平拓扑变换，即可使其工作在输入电压更高的场合，变换效率可以更高，进一步扩展了应用范围。

7.1　多电平变换电源的基本原理

多电平拓扑变换的特点是用两只串联的开关管替代原来的一只开关管，开关管的电压仅为原来电压的一半，实现开关管的电压降低的要求。下面以三电平为例分析利用基本直流变换器进行多电平拓扑变换的方法。

多电平变换器具有以下特点：

(1) 主电路中的每个开关器件仅承受部分的直流母线电压，可以采用较低耐压的器件的组合来实现高压大功率输出，且无需动态均压电路。

(2) 输出电压电平数的增加改善了输出电压波形，减小了输出电压波形的畸变。

(3) 相同的直流母线电压条件下，du/dt 应力减小。若在中、高压大电机驱动中应用，可有效防止电机绕组绝缘击穿，并改善变换器装置的 EMI 特性。

(4) 以较低的开关频率获得与高开关频率下两电平变换器类似的输出电压波形，开关损耗较小，效率高。

7.1.1　多电平变换器主电路的拓扑结构

三电平结构的提出为研制高压大功率变换器提供了新的途径。通过改进变换器电路的结构，即增加输出电路电平数的方法减小 du/dt 和 EMI，从而减小输出电压中的谐波和开关损耗，提高变换器的输出电压和输出功率。

多电平变换器按主电路拓扑结构的不同，可分为以下三种基本的拓扑结构。

1. 二极管钳位型电路(Diode-clamped)

在电压型变换器中，传统应用的是两电平电路，即通过控制开关器件的导通和关断，在输出端将正、负端电压分别引出。三电平电路对原有两电平电路拓扑结构进行了转换改进，在开关器件耐压水平不变的条件下，可获得更多电平的电压输出。三相三电平电路的单相桥臂电路如图 7－1 所示。直流侧通过两个串联的电容将输入电压 U_i 分为三种电平，中点 O 为零电平；功率变换部分采用 4 个带有反并二极管 $V_1 \sim V_4$ 的开关管 $VT_1 \sim VT_4$ 串联构成，并有两个钳位二极管 V_{11}、V_{12} 与内侧开关管 VT_2、VT_3 并联，中心点和直流侧电容的中点相连实现中点钳位，形成中点钳位变换器结构，也称为 NPC（Neutral Point Clamped）电路。

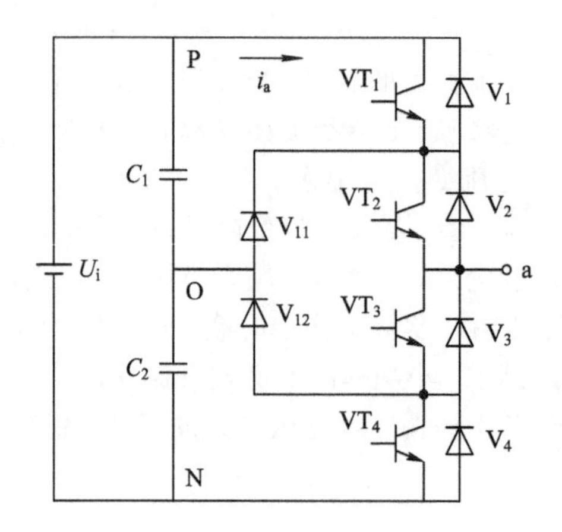

图 7－1　中点钳位型(NPC)三电平单相电路

图 7－1 所示变换器中的功率开关管由于二极管的钳位作用，所承受的电压是直流侧电压的 1/2，因此开关过程的电压变化率 $\mathrm{d}u/\mathrm{d}t$ 减小。同时由于输出的相电压为三电平，使得输出的高次谐波比两电平变换器也大大降低。NPC 逆变器输出电压有 $+U_i/2$、0、$-U_i/2$ 三种电平，故称之为三电平变换器。NPC 逆变器的输出电压的谐波成分比传统的单相逆变器电路要小。对于每一种开关组合，由于钳位二极管的作用，每个关断的开关管均仅承受一半的输入直流母线电压，这与开关管串联技术相比，避免了动态电压的均压分配问题。图 7－2 所示为 NPC 逆变器与传统的逆变器的单相输出电压波形对比，由图可见，前者输出更接近正弦波。

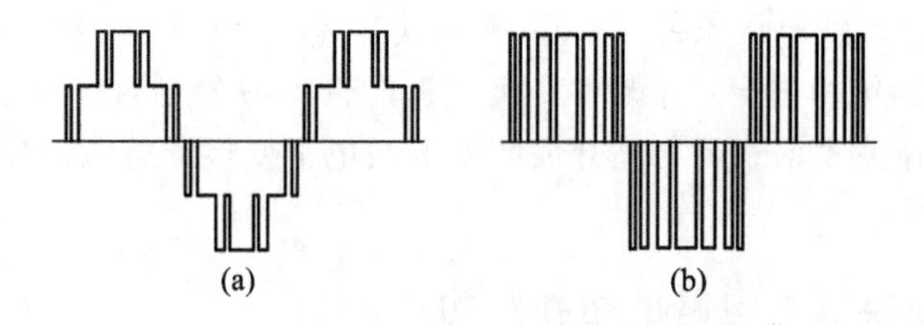

图 7－2　两种逆变器输出电压波形对比

(a) NPC 单相逆变器；(b) 传统单相逆变器

若要得到 n 电平，需将直流分压电容增为 $(n-1)(n-2)/2$ 只，每 $n-1$ 只串联后分别跨接在正、负半桥臂对应开关器件之间进行钳位，再根据与三电平类似的控制方法进行控制即可。

NPC 变换具有以下特点：

(1) 每只功率开关器件仅承受 $1/(n-1)$ 的供电电压。

(2) 随着电平数的增加，输出电压波形得到改善，输出电压谐波含量 THD 降低。$\mathrm{d}i/\mathrm{d}t$ 和 $\mathrm{d}u/\mathrm{d}t$ 减少，可有效防止击穿电机绕组的故障，也提高了设备的 EMI 特性。

(3) 阶梯波调制时器件在基频下工作，开关损耗小，效率高。

(4) 可控制无功功率。

2. 飞跨电容钳位型电路(Flying-capacitor)

图 7-3 所示为飞跨电容型三电平变换器的结构。电路利用飞跨在串联开关器件之间的串联电容 C_S进行钳位。C_S的作用是将功率开关管的电压钳位在单个直流分压电容的电压上，从而实现三电平输出。图中，P 点电位为$U_i/2$，N 点电位为$-U_i/2$。飞跨电容型的拓扑结构也可以拓展到任意电平中。对于一个 n 电平变换器，每相所需开关器件 $2(n-1)$只，直流分压电容 $n-1$ 只，钳位电容$(n-1)(n-2)/2$ 只。

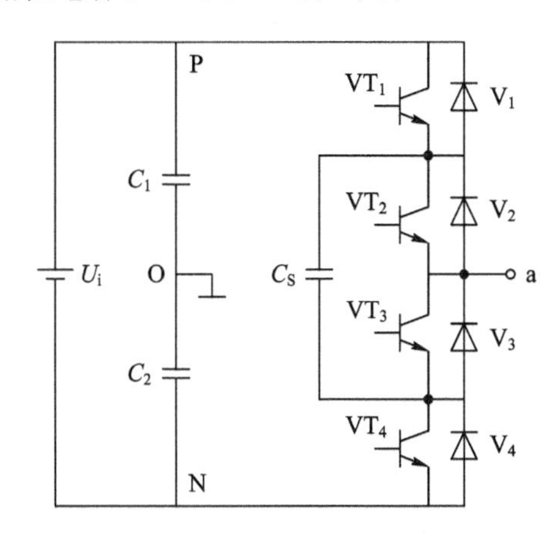

图 7-3　飞跨电容型三电平变换器的结构

飞跨电容型多电平变换器的特点是：

(1) 电平数越多，输出电压谐波含量越少。

(2) 阶梯波调制时，器件工作在基波频率，开关损耗小，效率高。

(3) 大量的开关状态组合冗余，可用于电压平衡控制。

(4) 可以采用背靠背的方式实现四象限运行。

3. 级联多电平变换器(Cascaded-converters with separate DC sources)

级联多电平变换器是通过将具有独立直流电源的全桥变换器进行级联，将各个变换器的输出电压串联起来合成最终的电压输出波形。图 7-4 为两个单相独立直流电源的级联逆变器电路。每个逆变电路由独立直流电源 U_i和一个单相的全桥逆变器相连。通过 4 个开关器件 $VT_1 \sim VT_4$的组合，每个逆变器都可以产生 3 个电平的电压：$+U_i$、0 和$-U_i$。多个逆变器的输出串联在一起，合成为逆变器输出电压 u_{ao}。当独立的直流电源的电压值相等时，由 K 个单相全桥逆变单元组成的单相级联型多电平电路输出的电平数为 $n=2K+1$。这种电路不需要前两种电路中大量的钳位二极管或钳位电容，但需要多个独立电源。对这种类型的 n 电平单相电路，需要$(n-1)/2$ 个独立电源，$2(n-1)$个主开关器件。

若两个电源的电压存在 $U_{i2}=2U_{i1}$ 的关系，则将有 7 种输出电位：0、$\pm U_{i1}$、$\pm 2U_{i1}$ 和 $\pm 3U_{i1}$。若两个电源的电压存在 $U_{i2}=3U_{i1}$ 的关系，则将有 9 种输出电位：0、$\pm U_{i1}$、$\pm 2U_{i1}$、$\pm 3U_{i1}$ 和 $\pm 4U_{i1}$。由于器件的耐压有限，所以串联级数不能无限增加，实际系统的级联数目不超过 3。

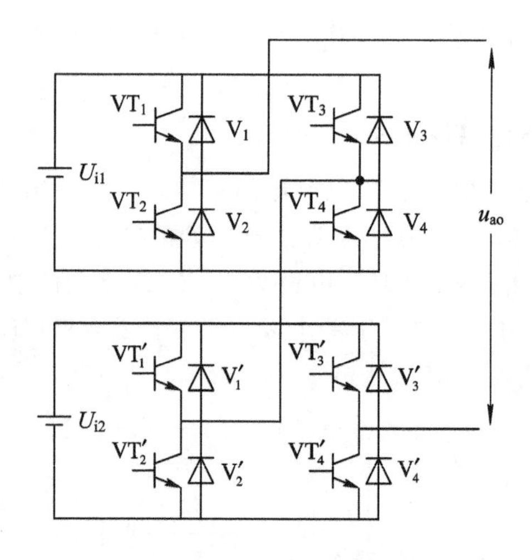

图 7-4 单相独立直流电源级联逆变器电路

转换后的级联型多电平拓扑具有以下特点：

(1) 电平数越多，输出电压谐波含量越少。

(2) 阶梯波调制时，器件工作在基波频率，开关损耗小，效率高。

(3) 与二极管钳位型和飞跨电容型逆变器相比，其变换电路简单；由于无钳位器件的限制，易于实现较大的电平数目，而且在这三种多电平结构中，对于相同的电平数，所需器件最少。

(4) 级联型逆变器易于实现冗余，易于模块化生产，提高了装置的可靠性。

以上三种主要拓扑结构各有优点和缺点，飞跨电容型逆变器虽然不需要钳位二极管，但是拓扑结构引入了大量的钳位电容，不但造价高，也影响了系统的可靠性，而且抑制电容电位漂移的冗余矢量选择也使控制算法显得复杂；级联型逆变器引入了独立直流源，造成逆变器本身不适合四象限运行，该结构变换器需要很多变压器，使得变换器的体积大且比较笨重，能量难于回馈，即使可回馈的拓扑结构，其回馈过程也很复杂，所以此种结构在不需要对能量回馈的场合可以使用；二极管钳位型逆变器可以实现能量回馈，因此得到了高度重视，但受硬件条件和控制复杂性的约束，一般在满足性能指标的前提下不需追求过高的电平，而以三电平最为普遍。近年来在级联型主电路拓扑的基础上又发展出了混合级联多电平拓扑。目前在三种基本拓扑结构基础上派生出的若干种拓扑主要集中于钳位型和级联型结构。

7.1.2 多电平变换器的控制方法

脉宽调制(PWM)控制技术是多电平逆变器的核心控制技术。微处理器应用于 PWM 数字化以后不断提出新的 PWM 技术，目前研究较多的 PWM 算法有载波调制法、优化目标函数调制法、电压空间矢量调制法(SVPWM)等。这些 PWM 控制思想由两电平应用推广到多电平逆变器的控制中。但多电平逆变器的 PWM 控制方法与拓扑的联系更加紧密，不同的拓扑具有不同的特点，其性质要求也不相同。

多电平逆变器 PWM 控制技术的主要控制目标如下：

(1) 输出电压的控制，即逆变器输出的脉冲序列在伏/秒意义上与参考电压波形等效。

(2) 逆变器本身运行状态的控制，包括电容电压的平衡控制、输出谐波控制、所有功率开关的输出功率平衡控制、器件开关损耗控制等。

多电平变换器的控制方法按开关频率的大小可分为低频 PWM 和高频 PWM 两大类。低频 PWM 技术包括阶梯波 PWM 和特定消谐波 PWM 两种控制策略。高频 PWM 技术包括载波 PWM 和非载波 PWM 两种典型控制策略。

1. 阶梯波 PWM

阶梯波 PWM 是利用输出电压阶梯电平台阶来逼近模拟电压参考信号的。典型的阶梯波调制的参考电压和输出电压如图 7-5 所示。这种方法对功率器件的开关频率要求不高，可以用低开关频率的大功率器件如 GTO 实现。该方法的缺点是：开关频率较低使得输出电压谐波含量较大，波形质量差，不适用于对电压质量要求较高的负载。

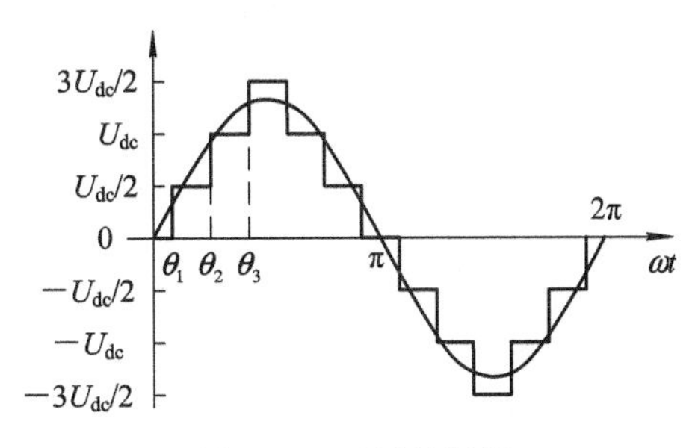

图 7-5　阶梯波调制

在阶梯波调制中，可以通过选择每一个电平持续时间的长短来实现低次谐波的消除。消除 k 次谐波的方法是使电压系数 $b_k=0$，此方法的本质是对参考电压的模拟信号作量化逼近。此方法调制比变化范围宽而且算法简单，硬件电路实现方便。不足之处是这种方法输出波形的谐波含量高。$2m+1$ 次的多电平阶梯波调制的输出电压波形的傅里叶分析如下：

$$\begin{cases} u(t) = \sum_{n=1}^{\infty} b_n \sin n\omega t \\ b_n = \dfrac{4U}{n\pi}[\cos(n\theta_1) + \cdots + \cos(n\theta_k)] \end{cases} \tag{7-1}$$

2. 特定消谐波 PWM

特定消谐波 PWM(Selected Harmonic Elimination PWM，SHEPWM)是以优化输出谐波为目标的优化 PWM 方法，三电平 SHEPWM 通过在预先确定的时刻实现特定开关的切换，从而产生预期的最优 SPWM 控制，以消除选定的低频次谐波，是一种基于傅里叶级数分解、计算得出开关时刻的 PWM 方法。SHEPWM 的原理是在阶梯波上通过选择适当的“凹槽”信息来选择性地消除特定次谐波，从而达到输出 THD 减小和输出波形质量提高的目的。图 7-6 所示为五电平的特定消谐波的一个输出电压波形。

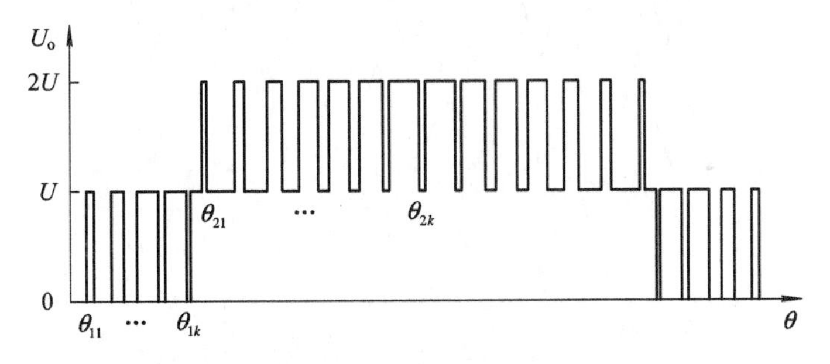

图 7-6　五电平的特定消谐波的输出电压波形

消除谐波和阶梯波的消谐波原理基本一样，不同之处是输出电压波形的傅里叶分析后的系数 b_n 不同：

$$\begin{cases} u(t) = \sum_{n=1}^{\infty} b_n \sin n\omega t \\ b_n = \dfrac{4U}{n\pi}[(\cos n\alpha_{11} - \cos n\alpha_{12} + \cdots + (-1)^{j+1}\cos n\alpha_{1j} + \cdots + (-1)^{k+1}\cos\alpha_{1k}] \\ \qquad + 2U[(\cos n\alpha_{21} - \cos n\alpha_{22} + \cdots + (-1)^{i+1}\cos n\alpha_{2j} + \cdots + (-1)^{h+1}\cos\alpha_{2k}] \end{cases} \tag{7-2}$$

由式(7-2)可以看出，b_n中的负号项反映了“凹槽”的信息。多电平特定消谐波法中，求解特定的开关点时要解非线性超越方程，计算较为复杂。目前资料中的实际应用仅局限在三、五电平结构中。

SHEPWM 方法的主要特点是：开关频率低、效率高、谐波含量较少、电压利用率较高等。SHEPWM 方法的不足之处是：计算比较复杂，无法实现在线运算，牛顿迭代方法求解时存在发散问题。

3. 载波 PWM

在 SPWM 调制方法中，载波比 n、调制系数 m 可分别表示为

$$n = \frac{f_c}{f_s} \tag{7-3}$$

$$m = \frac{A_s}{A_c} \tag{7-4}$$

当载波比 n 的数值较大时，n 为奇数或偶数对输出波形的影响很小，调制波与载波可以采取同步工作方式也可以采取异步工作方式；当载波比 n 的数值较小时，n 的选择对输出波形影响很大。为了避免基波频率附近的谐波成分发生跳变，从而得到较好的输出波形，n 的选择需满足为 3 的倍数，这样输出波形是奇函数，输出频率不含有偶次谐波。在三电平逆变器中，调制波的起点必须在载波的正的最大值、零点或负的最大值处。调制系数 m 的范围在 0～1 之间，如果直流侧电压为 U_i，当 $m=1$ 时，输出相电压幅值的最大值为 $U_i/2$，线电压幅值的最大值为$\sqrt{3}U_i/2=0.866U_i$（NPC 或飞跨电容型逆变器）。

载波 PWM 技术最具有代表性的是分谐波 PWM 方法，图 7-7 是五电平 SPWM 调制

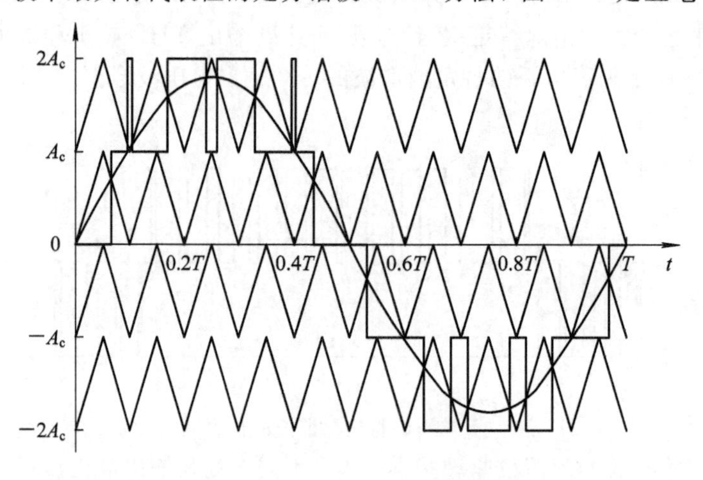

图 7-7　五电平 SPWM 调制示意图

示意图。载波是 n 个具有同相位、同频率 f_c、相同的峰值 A_c 且对称分布的三角载波，参考信号是一个峰值为 A_s、频率为 f_s 的正弦波。当三角载波和正弦波相交时，如果正弦波的值大于载波的值，则开通相应的开关器件，输出为高电平；反之，则关断开关器件，输出为低电平。

分谐波 PWM 方法的优点是：幅值调制比的范围较宽；适合高压大功率负载；输出电平数较多，电流谐波畸变率(THD)较小；不受电平数目的影响，可拓展到电平数较多的变换器电路。其不足之处是：直流侧电压利用率不高，输出电压有效值仅为输入电压的 75% 左右；自然换相点的计算较为复杂。

4. 开关频率优化 PWM

对于无中线的三相对称负载，若在三相变换器输出电压中加入 3 的倍数次谐波或直流分量，对负载电压波形不会产生影响。同样，在正弦调制波中加入不同的零序分量不会改变三相负载电压的基频分量。因此，通过加入的不同零序分量可以实现载波调制的优化控制。开关优化的 PWM 方法来源于分谐波 PWM 方法，这种方法载波和后者完全相同，不同之处是调制波中注入了零序分量。零序分量 u_0 的表达式为

$$u_0=\frac{\max(u_a,\ u_b,\ u_c)+\min(u_a,\ u_b,\ u_c)}{2} \tag{7-5}$$

调制波的表达式为

$$u_a=u_a-u_0,\quad u_b=u_b-u_0,\quad u_c=u_c-u_0$$

式中：

$$u_a=m_a\cos(\omega_m t-\varphi)$$

$$u_b=m_a\cos\left(\omega_m t-\frac{2\pi}{3}-\varphi\right)$$

$$u_c=m_a\cos\left(\omega_m t+\frac{2\pi}{3}-\varphi\right)$$

开关优化的 PWM 的原理图如图 7-8 所示。这种控制方法的最大调制比可达 1.15，由于每相的调制波都注入谐波，因此仅能用于三相系统中。

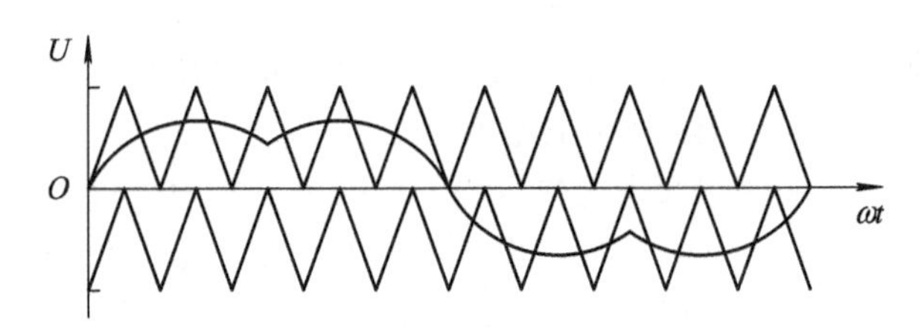

图 7-8　开关优化的 PWM 的原理图

5. 载波相移 PWM

分谐波 PWM 和开关频率优化 PWM 这两种载波方法主要应用于二极管钳位型多电平变换器。载波相移 PWM 主要用于级联型多电平变换器中。该方法中，每一个级联模块的 SPWM 信号均由一个三角载波和两个反相位的正弦波产生。此时，相互级联的多个模块之间的三角载波应有一个相位差 θ。当 $\theta=\pi/n$ (n 为级联模块的数量)时，输出相电压的谐波畸变 THD 最小。

6. 非载波 PWM

1）多电平空间矢量 PWM 技术

多电平空间矢量方法是一种建立在空间矢量合成概念上的 PWM 方法。以三电平为例，为了减少谐波，被合成的空间矢量用空间矢量定点落在的特定小三角形的三个定点的电压矢量予以合成。

2）多电平的 Sigma-delta 调制法(SDM)

SDM 是一种在离散脉冲调制系统合成电压波形的方法。其控制原理图见图 7-9。其中 U_e 为给定输出电压波形，U 为系统合成的输出波形。控制部分有三个主要环节，即误差积分环节、量化环节和采样环节。设计目标是确定合理的开关频率和积分环节的增益。一般定义增益为

$$G=\frac{K}{f_s}$$

式中：K 为微积分环节的增益；f_s 为开关频率。

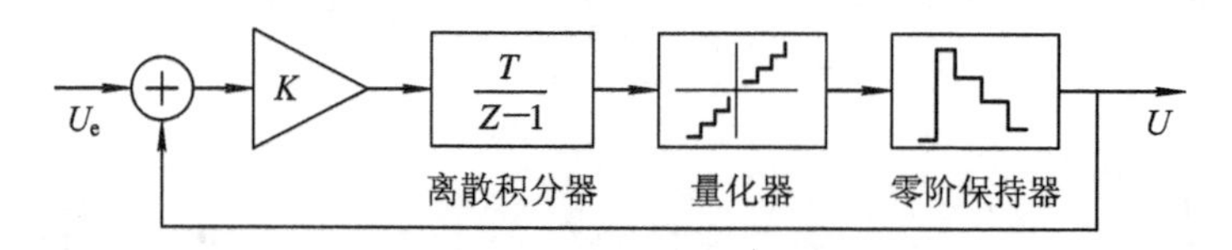

图 7-9　SDM 控制原理图

综上所述可以看出，现有多电平调制方法各自的特点如下：

(1) 空间矢量方法的优点是电压利用率高，对于二极管中点钳位的变换电路，需要利用冗余的电压矢量或其他方法实现中点即直流侧电容电压的平衡；其不足是数字实现的时候计算量非常大，当电平数大于 3 时，控制实现更复杂。

(2) 特定消除谐波 PWM 方法通过开关时刻的优化选择，可以在较低的开关频率下输出最优的输出电压波形，从而减小电流纹波和电动机的脉动转矩。

(3) 采用 SHEPWM 的控制方法在输出同样质量波形的条件下，开关次数最少，所以效率最高。这种方法的一个难点就是在计算开关角时，要解超越方程，而现在通用的牛顿迭代法中开关角的初值难以选择，计算比较困难。

(4) 正弦波调制的方法实现起来比较方便，可以模拟实现也可以用数字来实现，而且用数字来实现时计算量小，可大大降低输出谐波分量，尤其是低频分量。它的谐波主要集中在载波频率的 K 倍的位置，因此在设计滤波器的时候，比较容易实现，而且成本较低；在载波中注入合适零序列，可以较好地平衡中点电位，注入合适的三次谐波可以实现最大调制比 1.15。

7.2　三电平电源变换器的拓扑变换

单管直流变换器为非对称结构，无法直接将三电平拓扑变换方法直接应用于变换过程，所以在变换过程中需要对电路中不对称的元器件进行对称变换，为下一步的变换打好基础。

变换过程如下：

(1) 确定开关管关断时电压变化率来源，将电源变换成电压源。若电压源在电路中的位置不对称，首先进行对称变换，再将该电压源由两个电压源串联替代。

(2) 原电路中的开关管由两只串联的开关管替代。

(3) 对电路中的位置不对称的开关管进行对称变换，并对电路中其他位置不对称的元器件进行对称变换。

(4) 在适当的位置接入钳位二极管，保证两只开关管的电压变化率均衡。若由于接入了钳位二极管后电路中出现了冗余器件，则去掉该钳位二极管。

(5) 按需要将开关管与电压源的位置调换，将输入或输出电压源合并。

(6) 将步骤(1)中变换出的电压源进行反变换，换回原有的器件。

1. Buck 电路三电平变换

Buck 基本电路如图 7-10(a)所示，当开关管 VT 开启时，二极管 V 截止，电源电压 U_i加在电感 L 和电容 C 上，电感两端的电压为 U_i-U_o，此时电源的输入电流等于电感电流，电感和电容同时充电，电流逐渐增大；当开关管 VT 关断时，电源电流为零，二极管 V 导通，电感 L 向蓄能电容 C 放电，电感两端的电压为输出电压 U_o。当开关管 VT 交替地开启和关断时，电路在两种状态中交替转换，实现降压变换功能。

Buck 电路只能实现降压功能，电源输入电流不连续，使得输入电流的纹波较大，增加了对滤波电路的要求。Buck 变换器工作时，开关管的源极(S 级)电位是浮动的，当功率开关管的源极电位为 U_S 时，开关管关断时的源极电位为零，因此功率开关管的控制需要专门的电路驱动，增加了电路的复杂性。

针对 Buck 变换器特点，变换器中开关管 VT 关断时承受的电压为输入电压 U_i，视为一电压源，转换过程如下：

将电压源分为 $U_i/2$ 两等份；开关管 VT 由两个串联的开关管 VT_1 和 VT_2 替代；进行对称变换，将开关管转换到两个输入电压源中间；接入钳位二极管 V_1 和 V_2，使每个开关管的电压保持均衡；将开关管与电压源位置调换，输入电压源合并。之后电路中的电源由两只容量相等的电容替代，得到 Buck 三电平变换器的拓扑结构，如图 7-10(b)所示。

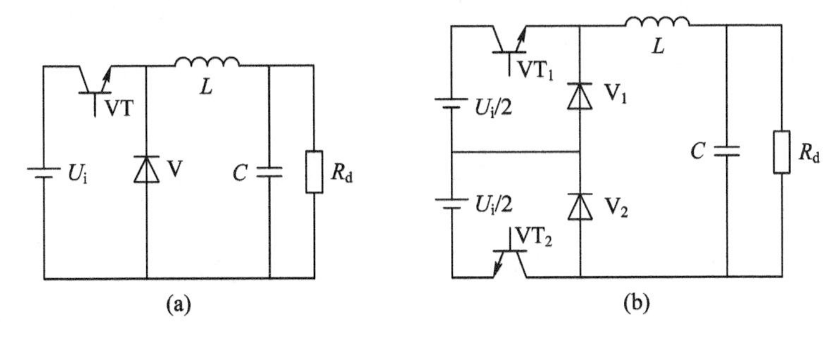

图 7-10　Buck 电路的三电平变换过程

2. Boost 电路三电平变换

Boost 基本电路如图 7-11(a)所示，该电路能实现升压变换，输入电流和电感电流相等，因此输入电流处于连续状态，输入电流的纹波较小，降低了对滤波电路的要求。由于开关管的源极电位始终为零，因此对功率管的控制相对容易。变换器中开关管 VT 关断时承受的电压为输入电压 U_i，视为一电压源，转换过程如下：

将电压源分为 $U_i/2$ 两等份；开关管 VT 由两个串联的开关管 VT_1 和 VT_2 替代；进行对称变换，将开关管转换到两个输入电压源中间；接入二极管 V_1 和 V_2；将输出电压源由两只容量相等的电容串联替代，得到 Buck 三电平变换器的拓扑结构，如图 7-11(b)所示。转换后的每只开关管的电压仅为输出电压的 1/2。

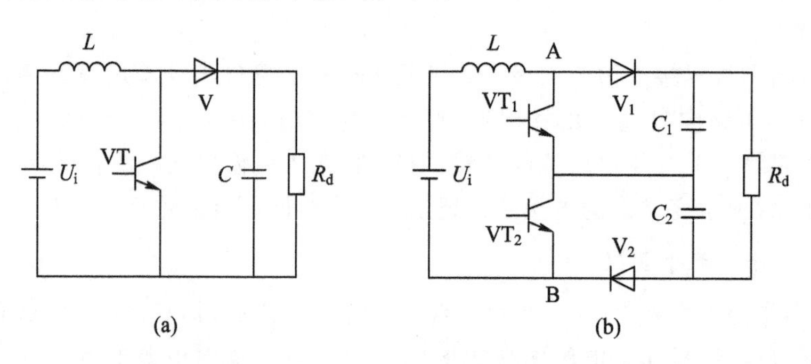

图 7-11　Boost 电路的三电平变换过程

3. Buck-Boost 电路三电平变换

Buck-Boost 由 Buck、Boost 两级变换器串联构成(见图 7-12(a))，基本结构是 Buck 变换器后串接一 Boost 变换器。Buck-Boost 变换器可以演变为多种拓扑结构，实现降压-升压输出或反极性输出。Buck-Boost 变换器电源输入电流不连续，在一定程度上增加了对滤波电路的要求，虽然其输入电流和 Buck 变换器相似，但它没有单一 Buck 变换器的输入电流在低电压时的控制死角的问题，可以用做 APFC 等功能电路的变换环节。

Buck-Boost 三电平变换器的拓扑结构如图 7-12(b)所示。转换后每只开关管的电压仅为输入电压与输出电压之和的 1/2。

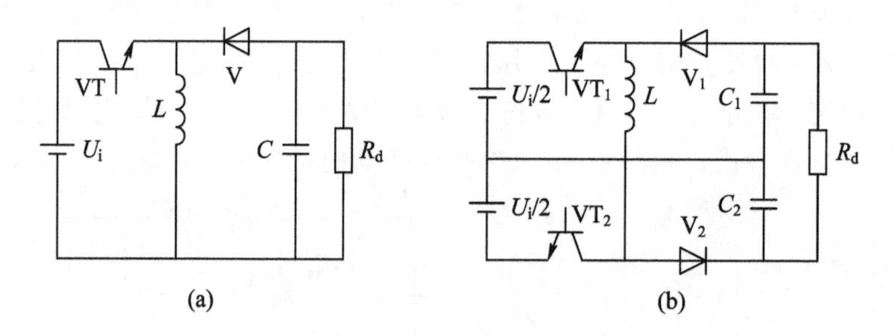

图 7-12　Buck-Boost 电路的三电平变换过程

7.3　三电平电源变换器的控制方法

单管直流变换器改变为三电平变换器后，开关管数量增加，如果仍旧使用原有的开关方式，使两只开关管同时导通或关断，仅能达到降低开关管电压的目的。随着对电源指标要求的提高，即要降低输出电压高次谐波分量，提高功率因数，必需将新的控制技术应用于三电平拓扑。本节研究通过改变开关管的控制方式，提高变换器效率的方法，即利用将两只开关管以某一相位差实现交错导通和关断的方法，得到性能更好的电压波形，从而提高变换器效率，并将新的拓扑结构与原有变换器进行比较，得出在采用交错开关方式后电感减小的幅度。基本控制方法是在保持占空比相同的条件下，使两只开关管的驱动信号具有相位差，并使开关管交错导通和关断，以控制电路输出一种新的电压波形。这种电压波形的交流分量较小，在同样的指标下可以降低滤波器的尺寸。

7.3.1 移相角与输出电压的关系

以 Buck 三电平变换器为例，变换器电路如图 7－13 所示。

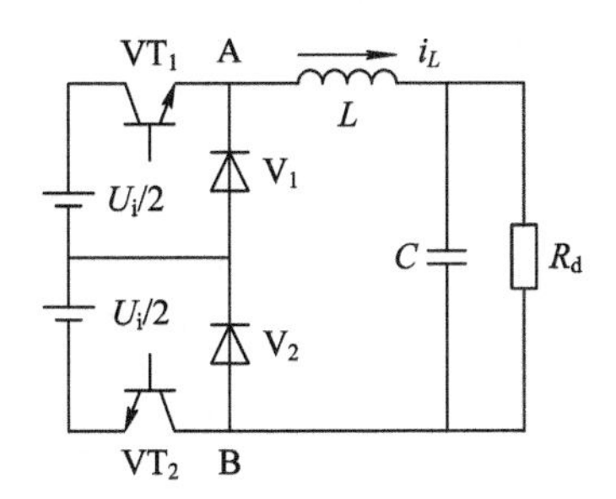

图 7－13 Buck 三电平变换器电路

假设电感电流是连续的，开关管的开关周期为 T，占空比为 D，两管触发信号移相角为 φ。控制电路可以产生如下四种工作模态：

模态 1：VT_1、VT_2导通，V_1、V_2截止，$U_{AB}=U_i$；

模态 2：VT_1、V_2导通，V_1、VT_2截止，$U_{AB}=U_i/2$；

模态 3：VT_2、V_1导通，VT_1、V_2截止，$U_{AB}=U_i/2$；

模态 4：V_1、V_2导通，VT_1、VT_2截止，$U_{AB}=0$。

下面以 $0\leqslant D\leqslant 0.5$ 和 $0.5<D\leqslant 1$ 典型条件分析电路的特点。

1. 当 $0\leqslant D\leqslant 0.5$ 时

设 $D=0.25$，移相角 φ 分别取 0、$\pi/2$ 和 π。图 7－14 给出了变换器主要点的波形。

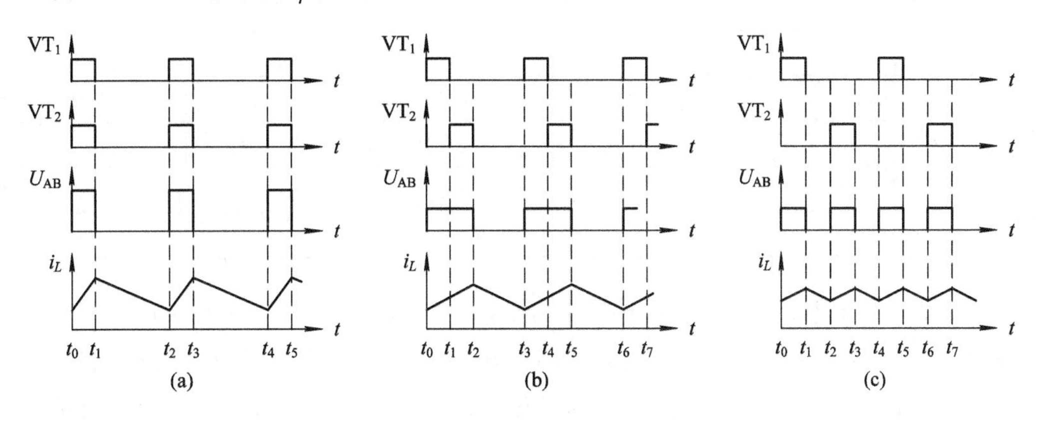

图 7－14 Buck 三电平变换器主要点的波形($D=0.25$)

(a) $\varphi=0$；(b) $\varphi=\pi/2$；(c) $\varphi=\pi$

在 $0\leqslant\varphi\leqslant\pi$ 期间，不同工作模态出现的时刻如表 7－1 所示。

表 7-1　不同移相角时的工作模态(D=0.25)

移相角	模态 1	模态 2	模态 3	模态 4
$\varphi=0$	(t_0, t_1)			(t_1, t_2)
$0<\varphi<2\pi D$	(t_1, t_2)	(t_0, t_1)	(t_2, t_3)	(t_3, t_4)
$\varphi=2\pi D$		(t_0, t_1)	(t_1, t_2)	(t_2, t_3)
$2\pi D<\varphi<\pi$		(t_0, t_1)	(t_2, t_3)	(t_1, t_2)
$\varphi=\pi$		(t_0, t_1)	(t_2, t_3)	(t_1, t_2)

2. 当 0.5<D≤1 时

设 $D=0.75$，移相角 φ 分别取 0、$\pi/2$ 和 π。图 7-15 给出了变换器主要点的波形。

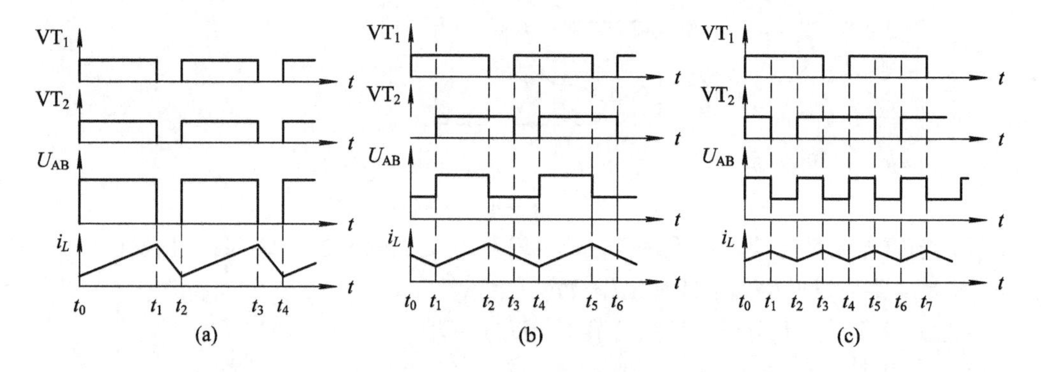

图 7-15　Buck 三电平变换器主要点的波形($D=0.75$)

(a) $\varphi=0$；(b) $\varphi=\pi/2$；(c) $\varphi=\pi$

在 $0\leqslant\varphi\leqslant\pi$ 期间，不同工作模态出现的时刻如表 7-2 所示。

表 7-2　不同移相角时的工作模态(D=0.75)

移相角	模态 1	模态 2	模态 3	模态 4
$\varphi=0$	(t_0, t_1)			(t_1, t_2)
$0<\varphi<2\pi(1-D)$	(t_1, t_2)	(t_0, t_1)	(t_2, t_3)	(t_3, t_4)
$\varphi=2\pi(1-D)$	(t_1, t_2)	(t_0, t_1)	(t_2, t_3)	
$2\pi(1-D)<\varphi<\pi$	(t_0, t_1)	(t_1, t_2)	(t_3, t_4)	
$\varphi=\pi$	(t_0, t_1)	(t_1, t_2)	(t_3, t_4)	

由图 7-14 和图 7-15 得出输出电压与移相角的关系：变换器的输出电压 U_o 由 U_{AB} 经低通滤波输出，其平均值就是电压 U_{AB} 的平均值；VT_1 或 VT_2 单独导通时给 U_{AB} 提供的电压为 $U_i/2$；VT_1 和 VT_2 同时导通时 U_{AB} 为两只开关管分别提供的电压之和；两只开关管的 D 相等，得到输出电压表达式：

$$U_o=\frac{U_i}{2}D_1+\frac{U_i}{2}D_2=\frac{U_i}{2}(D_1+D_2)=U_iD \tag{7-6}$$

由式(7-6)可见，输出电压 U_o 与移相角 φ 无关。

7.3.2 电感电流对移相角的影响

下面以 $0 \leqslant D \leqslant 0.5$ 和 $0.5 < D \leqslant 1$ 典型条件分析电路的特点。

1. 当 $0 \leqslant D \leqslant 0.5$ 时

设 $D=0.25$，当 $\varphi=0$ 时，U_{AB}可出现 0 和 U_i两种电平；当 $0<\varphi<2\pi D$ 时，U_{AB}有 0、$U_i/2$ 和 U_i三种电平；当 $2\pi D<\varphi<\pi$ 时，U_{AB}有 0 和 $U_i/2$ 两种电平。设在稳态条件下，电流上升值与下降值相等。由于 $0 \leqslant D \leqslant 0.5$ 时，$U_o \leqslant U_i/2$，即只有 $U_{AB}=0$ 时电感电流出现下降，因此电流下降值的时段就是在一个周期内 $U_{AB}=0$ 的最长连续时间。该时段在 $\varphi \leqslant \pi$ 时为 $T(1-D-\varphi/2\pi)$，此时电感所承受的反向电压为 U_o。电流的下降值可表示为

$$\Delta i_L = \Delta t \frac{U_o}{L} = T\left(1-D-\frac{\varphi}{2\pi}\right)\frac{U_o}{L} = \frac{U_o T(1-D)}{L} - \frac{U_o T}{2\pi L}\varphi \tag{7-7}$$

2. 当 $0.5<D \leqslant 1$ 时

设 $D=0.75$，当 $\varphi=0$ 时，U_{AB}有 0 和 U_i两种电平；当 $0<\varphi<2\pi(1-D)$时，U_{AB}有 0、$U_i/2$ 和 U_i三种电平；当 $2\pi(1-D) \leqslant \varphi \leqslant \pi$ 时，U_{AB}有 $U_i/2$ 和 U_i两种电平。因为 $0.5<D \leqslant 1$ 时，$U_o>U_i/2$，即只有 U_{AB}为 0 时电感电流会下降，因此电流上升值的时段就是一个周期内 $U_{AB}=U_i$的最长连续时间。该时段在 $\varphi \leqslant \pi$ 时为 $T(D-\varphi/2\pi)$，此时电感所承受的电压为 U_i-U_o。电感电流的变化值表示为

$$\Delta i_L = \Delta t \frac{U_i-U_o}{L} = \frac{(U_i-U_o)TD}{L} - \frac{(U_i-U_o)T}{2\pi L}\varphi \tag{7-8}$$

通过上述分析可知，在占空比恒定时，电流变化值与移相角呈线性关系。$\varphi=0$ 时，电流变化值最大，随着移相角 φ 的增加，电感电流的脉动变小；当 $\varphi=\pi$ 时，电感电流脉动达到最小值；当 $\varphi>\pi$ 时，电感电流脉动与移相角为 $2\pi-\varphi$ 时的相同。

7.3.3 电感电流动态分析

定量分析电感电流脉动值的变化规律，对滤波器和电容器设计至关重要。下面分别在 U_i恒定和 U_o恒定条件下分析电感电流脉动值的变化。

1. Buck 变换器

1) U_i恒定条件

由式(7-7)和式(7-8)可解得电流变换值为

$$\Delta i_L = \begin{cases} \dfrac{T \cdot U_i}{L} \cdot D \cdot \left(1-D-\dfrac{\varphi}{2\pi}\right), & 0 \leqslant D \leqslant 0.5 \\ \dfrac{T \cdot U_i}{L} \cdot (1-D) \cdot \left(D-\dfrac{\varphi}{2\pi}\right), & 0.5 < D \leqslant 1 \end{cases} \tag{7-9}$$

其最大值为

$$\Delta i_{L\max} = \frac{T \cdot U_i}{4L}$$

设两者比值 k 为

$$k = \frac{\Delta i_L}{\Delta i_{L\max}} = \begin{cases} 4D \cdot \left(1-D-\dfrac{\varphi}{2\pi}\right), & 0 \leqslant D \leqslant 0.5 \\ 4(1-D) \cdot \left(D-\dfrac{4}{2\pi}\right), & 0.5 < D \leqslant 1 \end{cases}$$

当 $\varphi=0$ 时，

$$k_0 = 4D-(1-D), \quad 0\leqslant D\leqslant 1 \tag{7-10}$$

当 $\varphi=\pi$ 时，

$$k_\varphi = \begin{cases} 4D\cdot(0.5-D), & 0\leqslant D\leqslant 0.5 \\ 4(1-D)\cdot(D-0.5), & 0.5< D\leqslant 1 \end{cases} \tag{7-11}$$

2) U_o恒定条件

由式(7-7)和式(7-8)可解得电流变换值为

$$\Delta i_L = \begin{cases} \dfrac{T\cdot U_o}{L}\cdot\left(1-D-\dfrac{\varphi}{2\pi}\right), & 0\leqslant D\leqslant 0.5 \\ \dfrac{T\cdot U_o}{L}\cdot\dfrac{1-D}{D}\cdot\left(D-\dfrac{\varphi}{2\pi}\right), & 0.5< D\leqslant 1 \end{cases} \tag{7-12}$$

其最大值为

$$\Delta i_{L\max} = \frac{T\cdot U_o}{L}$$

设两者比值 k 为

$$k = \frac{\Delta i_L}{\Delta i_{L\max}} = \begin{cases} 1-D-\dfrac{\varphi}{2\pi}, & 0\leqslant D\leqslant 0.5 \\ \dfrac{1-D}{D}\cdot\left(D-\dfrac{\varphi}{2\pi}\right), & 0.5< D\leqslant 1 \end{cases}$$

当 $\varphi=0$ 时，

$$k_0 = 1-D, \quad 0\leqslant D\leqslant 1 \tag{7-13}$$

当 $\varphi=\pi$ 时，

$$k_\varphi = \begin{cases} 0.5-D, & 0\leqslant D\leqslant 0.5 \\ \dfrac{1-D}{D}\cdot(D-0.5), & 0.5< D\leqslant 1 \end{cases} \tag{7-14}$$

图 7-16 为当 U_o 恒定时电流脉动值与占空比的关系曲线。由图可以看出，若 U_o 恒定，采用移相控制方式时的最大电流脉动仅为传统控制方式时的 1/2。

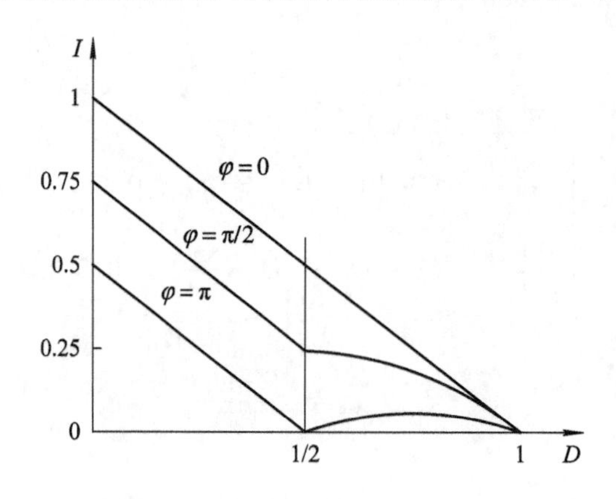

图 7-16　Buck 变换器电流脉动值与占空比的关系曲线

2. Boost 变换器

设 Boost 三电平变换器的电感电流是连续的，变换器(见图 7-11(b))共有四种工作模态：

模态 1：VT_1、VT_2导通，V_1、V_2截止，$U_{AB}=0$；

模态 2：VT_1、V_2导通，VT_2、V_1截止，$U_{AB}=U_o/2$；

模态 3：VT_2、V_1导通，VT_1、V_2截止，$U_{AB}=U_o/2$；

模态 4：V_1、V_2导通，VT_1、VT_2截止，$U_{AB}=U_o$。

当 $0\leqslant D\leqslant 0.5$ 时，电流下降值为

$$\begin{aligned}\Delta i_{L-} &= \Delta t \cdot \frac{U_o - U_i}{L} = T \cdot \left(1 - D - \frac{\varphi}{2\pi}\right) \cdot \frac{U_o - U_i}{L} \\ &= \frac{U_i \cdot T}{L} \cdot \frac{D}{1-D} \cdot \left(1 - D - \frac{\varphi}{2\pi}\right)\end{aligned} \tag{7-15}$$

当 $0< D\leqslant 1$ 时，电流上升值为

$$\Delta i_{L+} = \Delta t \cdot \frac{U_i}{L} = T \cdot \left(D - \frac{\varphi}{2\pi}\right) \cdot \frac{U_i}{L} = \frac{U_i \cdot T}{L} \cdot \left(D - \frac{\varphi}{2\pi}\right) \tag{7-16}$$

1) U_i恒定条件

由式(7－15)和式(7－16)可解得当U_i恒定时的电流脉动值为

$$\Delta i_L = \begin{cases} \dfrac{U_i \cdot T}{L} \cdot \dfrac{D}{1-D} \cdot \left(1 - D - \dfrac{\varphi}{2\pi}\right), & 0 \leqslant D \leqslant 0.5 \\ \dfrac{U_i \cdot T}{L} \cdot \left(D - \dfrac{\varphi}{2\pi}\right), & 0.5 < D \leqslant 1 \end{cases} \tag{7-17}$$

其最大值为

$$\Delta i_{L\max} = \frac{T \cdot U_i}{L}$$

设两者比值 k 为

$$k = \frac{\Delta i_L}{\Delta i_{L\max}} = \begin{cases} \dfrac{D}{1-D}\left(1 - D - \dfrac{\varphi}{2\pi}\right), & 0 \leqslant D \leqslant 0.5 \\ D - \dfrac{\varphi}{2\pi}, & 0.5 < D \leqslant 1 \end{cases}$$

当 $\varphi=0$ 时，

$$k_0 = D, \quad 0 \leqslant D \leqslant 1 \tag{7-18}$$

当 $\varphi=\pi$ 时，

$$k_\varphi = \begin{cases} \dfrac{D \cdot (0.5 - D)}{1-D}, & 0 \leqslant D \leqslant 0.5 \\ D - 0.5, & 0.5 < D \leqslant 1 \end{cases} \tag{7-19}$$

2) U_o 恒定条件

由式(7－15)和式(7－16)可解得当U_o恒定时的电流脉动值为

$$\Delta i_L = \begin{cases} \dfrac{U_o \cdot T}{L} \cdot D \cdot \left(1 - D - \dfrac{\varphi}{2\pi}\right), & 0 \leqslant D \leqslant 0.5 \\ \dfrac{U_o \cdot T}{L} \cdot (1-D) \cdot \left(D - \dfrac{\varphi}{2\pi}\right), & 0.5 < D \leqslant 1 \end{cases} \tag{7-20}$$

其最大值为

$$\Delta i_{L\max} = \frac{T \cdot U_o}{4L}$$

设两者比值 k 为

$$k=\frac{\Delta i_L}{\Delta i_{L\max}}=\begin{cases}4D\left(1-D-\dfrac{\varphi}{2\pi}\right), & 0\leqslant D\leqslant 0.5\\ 4(1-D)\cdot\left(D-\dfrac{\varphi}{2\pi}\right), & 0.5<D\leqslant 1\end{cases}$$

当 $\varphi=0$ 时，

$$k_0=4D-(1-D),\quad 0\leqslant D\leqslant 1 \tag{7-21}$$

当 $\varphi=\pi$ 时，

$$k_\varphi=\begin{cases}4D\cdot(0.5-D), & 0\leqslant D\leqslant 0.5\\ 4(1-D)\cdot(D-0.5), & 0.5<D\leqslant 1\end{cases} \tag{7-22}$$

当 U_o恒定、移相角不同时电流脉动值与占空比的关系曲线如图 7-17 所示。若 U_i恒定，采用交错开关方式时的最大电流脉动仅是传统开关方式时的 1/2；若 U_o恒定，采用交错开关方式的最大电流脉动仅为传统开关方式时的 1/4。

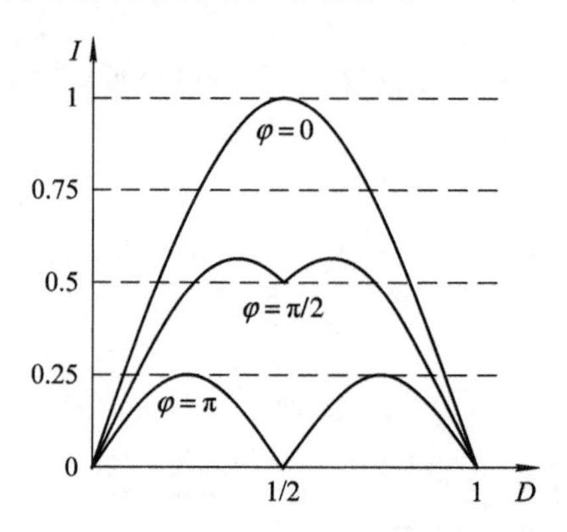

图 7-17　Boost 三电平变换器电流脉动值与占空比的关系曲线

3. Buck-Boost 变换器

Buck-Boost 变换器(见图 7-12(b))在电流连续时有四种工作模态：

模态 1：VT_1、VT_2导通，V_1、V_2截止，$U_{AB}=U_i$；

模态 2：VT_1、V_2导通，VT_2、V_1截止，$U_{AB}=(U_i-U_o)/2$；

模态 3：VT_2、V_1导通，VT_1、V_2截止，$U_{AB}=(U_i-U_o)/2$；

模态 4：V_1、V_2导通，VT_1、VT_2截止，$U_{AB}=U_o$。

当 $0\leqslant D\leqslant 0.5$ 时，电感电流下降值为

$$\Delta i_{L-}=\Delta t\cdot\frac{U_o}{L}=T\cdot\left(1-D-\frac{\varphi}{2\pi}\right)\cdot\frac{U_o}{L}=\frac{U_o\cdot T}{L}\cdot\left(1-D-\frac{\varphi}{2\pi}\right) \tag{7-23}$$

当 $0.5\leqslant D\leqslant 1$ 时，电感电流上升值为

$$\Delta i_{L+}=\Delta t\cdot\frac{U_o}{L}=T\cdot\left(D-\frac{\varphi}{2\pi}\right)\cdot\frac{U_o}{L}=\frac{U_o\cdot T}{L}\cdot\left(D-\frac{\varphi}{2\pi}\right) \tag{7-24}$$

在 U_o恒定条件时，由式(7-23)和式(7-24)可解得 U_o恒定时的电流脉动值为

$$\Delta i_L=\begin{cases}\dfrac{T\cdot U_o}{L}\cdot D\cdot\left(1-D-\dfrac{\varphi}{2\pi}\right), & 0\leqslant D\leqslant 0.5\\ \dfrac{T\cdot U_o}{L}\cdot\dfrac{1-D}{D}\cdot\left(D-\dfrac{\varphi}{2\pi}\right), & 0.5<D\leqslant 1\end{cases} \tag{7-25}$$

其最大值为

$$\Delta i_{L\max} = \frac{T \cdot U_o}{L}$$

设两者比值 k 为

$$k = \frac{\Delta i_L}{\Delta i_{L\max}} = \begin{cases} 1 - D - \dfrac{\varphi}{2\pi}, & 0 \leqslant D \leqslant 0.5 \\ \dfrac{1-D}{D}\left(D - \dfrac{\varphi}{2\pi}\right), & 0.5 < D \leqslant 1 \end{cases}$$

当 $\varphi=0$ 时，

$$k_0 = 1 - D, \quad 0 \leqslant D \leqslant 1 \tag{7-26}$$

当 $\varphi=\pi$ 时，

$$k_\varphi = \begin{cases} 0.5 - D, & 0 \leqslant D \leqslant 0.5 \\ \dfrac{1-D}{D} \cdot (D - 0.5), & 0.5 < D \leqslant 1 \end{cases} \tag{7-27}$$

图 7-18 是当 U_o 恒定、移相角不同时电流脉动值与占空比的关系曲线。由图可以看出，若 U_o 恒定，采用移相控制方式时的最大电流脉动仅是传统控制方式时的 1/2。

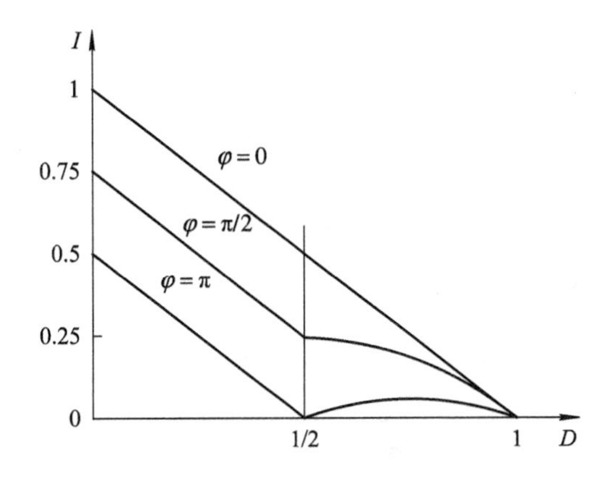

图 7-18　Buck-Boost 变换器电流脉动值与占空比的关系曲线

三电平基本电路引入移相控制方式后，可忽略移相角对电压传输比的影响。在固定占空比条件下，当 $\varphi=\pi$ 时电感的电流脉动值最小，电容的电压纹波也最小。因此，电源设计中可以将移相控制方式引入到三电平拓扑控制中，使得电感电流脉动减小，电容电压脉动降低，达到提高电能质量，降低设计成本的目的。

第8章　开关电源设计

选定主电路拓扑是开关电源设计中重要的基础工作之一，其他相关设计包括元器件设计、磁心件设计、控制电路设计等都取决于主电路。因此，设计之始，仔细研究电源的要求和技术指标，以保证能选取合适的主电路拓扑是十分必要的。许多有关电源的书籍文献大多只介绍每一种电路的工作原理，很少对每一种电路的优缺点进行分析。最新的资料表明，仅仅电源谐振变换器的电路拓扑种类就达上百种之多。本章将通过对实用的设计例子进行分析，介绍中、小功率电源中广泛采用的电路拓扑，并详尽阐述各种电路的优缺点，同时列出一些设计原则，供读者参考。

8.1　通用开关电源设计

8.1.1　120 W/24 V 电源设计

1. 电源设计指标

以图 8-1 所示的 120 W、24 V 开关稳压电源原理图来说明其设计步骤。设计指标如下：

输入电压：AC 85 V～265 V，50 Hz；

输出电压：DC 24 V；

功率：120 W；

输出电流：5 A；

电压调整率：±1%。

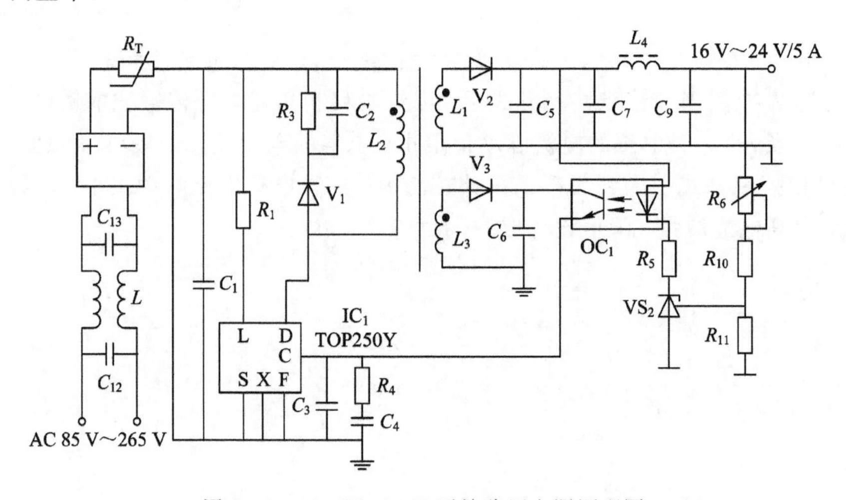

图 8-1　120 W、24 V 开关稳压电源原理图

2. 器件选择

选择 TOP 系列的 TOP250Y 作为核心电路。TOP250Y 的 X 端直接与源极相连。过压

值设定在 DC 400 V，若输入电压超过此值，则 TOP250Y 将自行关断，直到输入电压恢复正常值时 TOP250Y 自行恢复启动。开关工作频率设定在 120 kHz。

3. 脉冲变压器的设计

脉冲变压器的初级电感 L_1 中的电流 I_1 与输入电压 U_o 的关系为

$$I_1 = \frac{U_o}{L_1} \times \tau \tag{8-1}$$

式中：U_o 为初级电感电压；τ 为开关脉冲宽度。

脉冲变压器的初级电感值为 1000 μH 左右，设计时应保证 TOP250Y 中的功率 MOSFET 的漏极电流不能太大，以降低损耗。

4. 电源次级电路的设计

次级电路设计主要是选择整流管和滤波电容。整流管电流 I_{AV} 和电压 U_{RRM} 的选择应根据输出电流和电压裕量值进行(取裕量值为 2.5)，即

$$I_{AV} \approx 2.5I_o = 2.5 \times 5 = 12.5\ \text{A} \tag{8-2}$$

$$U_{RRM} \approx 2.5U_o = 2.5 \times 12 = 30\ \text{V} \tag{8-3}$$

设占空比 D 为 0.5，则脉冲变压器的变比为

$$n = \frac{U_i}{U_o} \times D = \frac{220\sqrt{2}}{12} \times 0.5 \approx 13 \tag{8-4}$$

脉冲变压器的初级励磁电流为

$$I_m = \frac{5}{12} \approx 0.4\ \text{A} \tag{8-5}$$

电源次级整流管采用肖特基二极管，滤波电容 C_7 的容量应满足输出电压纹波的要求，L_1 及 C_9 应能有效地滤除开关过程所产生的高频噪声干扰。

5. 反馈电路的设计

图 8-1 中的反馈电路采用光电耦合器 OC_1 和可调式三端稳压器 VS_2，以及 R_6、R_{10}、R_{11} 组成的输出电压调整电路，R_5 为光电耦合器的限流电阻。检测的电流通过光电耦合器改变 IC_1 控制端的电流，实现预调整，以确保电源在低电网电压和满载启动时达到规定的调整值。C_3 和 R_4、C_4 组成环路补偿电路。

8.1.2 50 W 电源设计

1. 电源设计指标

设计指标如下：

输入电压：AC 220 V；

输出电压：12 V；

输出电流：5.0 A。

2. 电路结构的选择

本设计变换电路如图 8-2 所示，以电流型 PWM 芯片 UC3842 为核心，设定工作频率 30 kHz。电源采用单端正激式电路，开关管 VT 导通时 V_3 导通，次级绕组 N_3 向负载供电，V_4 截止，反馈绕组 N_2 的电流为零；VT 关断时 V_3 截止，V_4 导通，N_2 经 V_2 整流 C_2 滤波后通

过 UC3842 的 7 脚给 UC3842 供电，N_1产生的感应电动势使 V_1导通并加在 RC 吸收回路，保证变压器中的磁场能量可释放，以保护开关管。

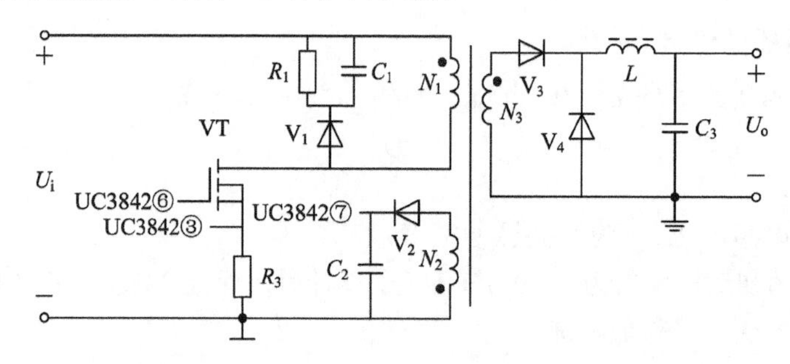

图 8-2　主电路结构

3. 变压器和输出电感的设计

依据 UC3842 开关频率计算公式，选用定时电阻 $R_T=18\ \text{k}\Omega$，定时电容 $C_T=3300\ \text{pF}$。确定开关频率 $f=30\ \text{kHz}$，周期 $T=33.3\ \mu\text{s}$。开关管导通时间按照电源占空比 $D=0.5$ 计算，得

$$t_{on}=T\times D=16.65\ \mu\text{s} \tag{8-6}$$

选择变压器磁心截面积 $S=1.15\ \text{cm}^2$，磁路有效长度 $l=6.6\ \text{cm}$，$\mu=2000$，则电感系数 φ_L为

$$\varphi_L=\frac{0.4\pi\mu S}{l}\times 10^{-6}\approx 4.44\ \mu\text{H} \tag{8-7}$$

变压器初级绕组匝数 N_1为

$$N_1=U_i\frac{t_{on}}{B_{max}S} \tag{8-8}$$

式中：U_i为最小交流输入电压幅值，取 $U_i=110\times\sqrt{2}\approx 156\ \text{V}$；饱和磁通密度 $B_S=0.4\ \text{T}$，取变压器最大工作磁感应强度 $B_{max}=B_S/3\approx 0.133\ \text{T}$。代入上式，得 $N_1=172$。

初级绕组电感为

$$L_1=\varphi_L N_1^2=87\ \text{mH}$$

次级绕组匝数为

$$N_3=\frac{N_1(U_o+U_D+U_L)}{U_i D_{max}} \tag{8-9}$$

式中：U_D为整流二极管 V_3的压降；U_L为输出电感 L 的压降。取 $U_D+U_L=0.7\ \text{V}$，代入式(8-9)，得 $N_3=28$ 匝。由式(8-7)，次级绕组电感为

$$L_2=\varphi_L N_2^2=3.48\ \text{mH}$$

设开关管断开时，N_1两端的感应电动势 $e=310\ \text{V}$；反馈绕组向 UC3842 的 7 脚提供工作电压，设电容 C_2上的电压 $U_C=18\ \text{V}$，由 $N_2=(U_C/e)N_1$，得 $N_2=9.98$，取 10 匝。

变压器次级电流有效值为

$$I_3=I_o\sqrt{D_{max}}=5.0\times 0.707=3.54\ \text{A} \tag{8-10}$$

导线电流密度取 $4\ \text{A/mm}^2$，所需绕组导线截面积为 $3.54/4\approx 0.88\ \text{mm}^2$。

选择初级绕组导线时，初级电流有效值为

$$I_1=\frac{N_3}{N_1}I_o\sqrt{D_{max}}=0.58\ \text{A} \tag{8-11}$$

导线截面积为 0.58/4=0.144 mm²，选用截面积为 0.18 mm²的导线。

设输出电感的电流变化量 $\Delta I_L=0.2I_o=1.0$ A，则输出电感为

$$L=\frac{U_3-U_D-U_o}{\Delta I_L}t_{on} \tag{8-12}$$

式中，U_3为次级绕组电压。取 $U_D=0.6$ V，$U_o=12$ V，计算得

$$U_3=\frac{U_o+U_D}{D}=25\ \text{V}$$

将其代入式(8-12)可得 $L=429.57\ \mu$H。

根据输出电感上的电流 $I_L=I_o$，绕组导线截面积应为 5.0/4=1.25 mm²，选择截面积为 1.50 mm²的导线。

4. 开关管、整流二极管和续流二极管的选择

交流输入电压经全波整流、电容滤波后，直流输入电压的最大值 $U_{imax}=220\sqrt{2}=310$ V，次级整流二极管 V_3所承受的最高反向电压为

$$U_D=310\times\frac{N_3}{N_1}=50.5\ \text{V} \tag{8-13}$$

续流二极管 V_4所承受的最高反向电压与 V_3相同。整流二极管和续流二极管的最大电流稍大于输出电流，取 6 A。

根据以上计算选择肖特基半桥 MBR15120CT，平均电流为 15 A，反向峰值电压为 120 V。开关管选用 MOSFET 2SK787，漏源击穿电压为 900 V，最大漏极电流为 8 A。

5. 反馈电路的设计

电流反馈电路如图 8-3(a)所示，该电路通过检测开关管上的电流作为控制信号。开关管上的电流变化会使电阻 R_6上的电压 U_{R6}变化，将 U_{R6}输入 UC3842 芯片的 3 脚，当 U_{R6}为 1 V 时，UC3842 使输出脉冲关断。通过调节 R_5、R_6的分压比可改变开关管的检测值，实现电流过流保护。

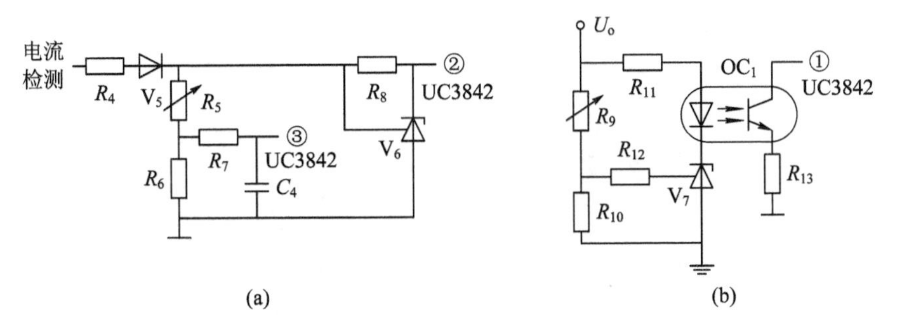

图 8-3 反馈电路

(a) 电流反馈电路；(b) 电压反馈电路

电压反馈电路如图 8-3(b)所示。输出电压通过集成稳压器 V_7和光电耦合器反馈到 UC3842 的 1 脚。若输出电压 U_o升高，集成稳压器 V_7电流增大，光电耦合器输出的三极管电流增大，即 UC3842 的 1 脚对地的分流变大，输出脉宽相应变窄，输出电压 U_o减小。反之，如果输出电压 U_o减小，可通过反馈调节使之升高。调节 R_9、R_{10}的分压比可设定和调节输出电压，达到设计的稳压精度。

6. 保护电路的设计

保护电路主要有过电压保护电路和空载保护电路等。图 8-4(a)为输出过电压保护电路。输出正常时，VS 不导通，晶闸管 V 的门极电压为零，不导通；当输出过压时，VS 被击穿，V 受触发导通，使光电耦合器 OC_1 输出三极管电流增大，通过 UC3842 的 1 脚(零电位)控制开关管关断。

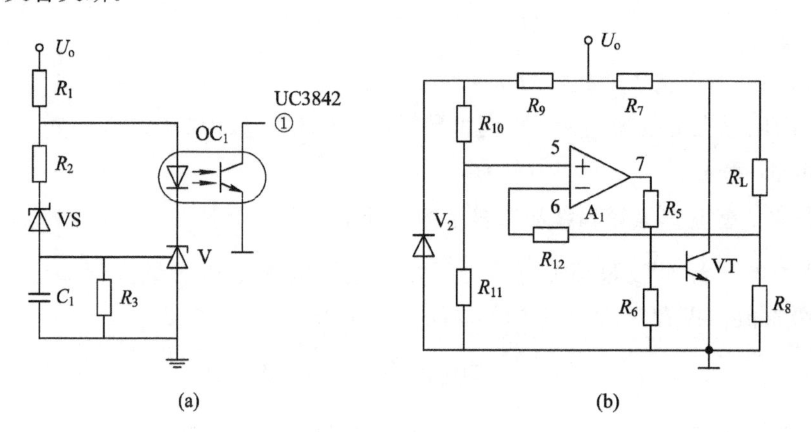

图 8-4　保护电路

(a) 输出过电压保护电路；(b) 空载保护电路

图 8-4(b)为空载保护电路。为了防止变压器绕组上的电压过高，同时也为了使电源从空载到满载的负载效应较小，开关稳压电源的输出端不允许开路。图 8-4(b)中 R_{10}、R_{11} 给运放 A_1 同相输入端 5 提供固定的电压 U_+。R_8 为采样负载电流的分流器，当外电路未接负载 R_L 时，R_8 上无电流，运放的反相输入端 6 的电压 $U_-=0$ V，因此 $U_+>U_-$，运放的输出电压较高，使三极管 VT 饱和导通，将 R_7 自动接入。当电源接入负载 R_L 时，R_8 上的压降使 $U_->U_+$，运放的输出电压为低电平，VT 截止，将 R_7 断开。

8.1.3　三相输入开关电源设计

大功率电源输入电压为交流三相电，设计时电路的功率变换部分采用 IGBT 模块组成半桥型电路，如图 8-5 所示。

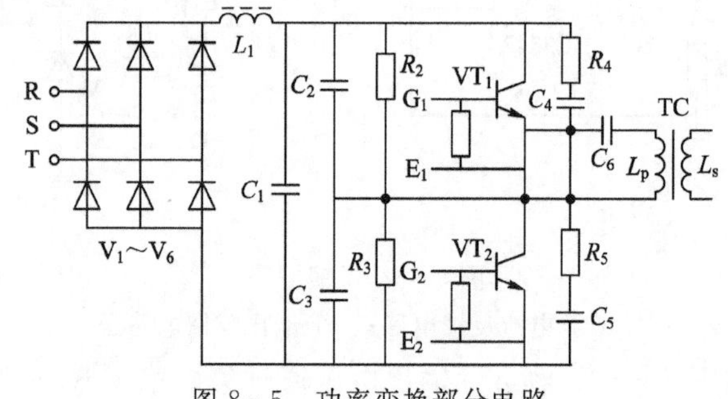

图 8-5　功率变换部分电路

1. 主电路

经过 V_1～V_6 组成的三相全波整流后，得到 560 V 左右直流电压，再经输入滤波电容 C_2、C_3 分压，它们各承受 280 V 左右的电压。当 VT_1 的触发信号使门极电压 U_{VT1} 达到一定值时，VT_1 导通，电容器 C_2 经过 VT_1 的漏极和源极、变压器 TC 的初级绕组放电，向次级传递能量。当 VT_1 截止时，VT_2 的门极电压 U_{VT2} 也达到一定值，使 VT_2 由截止转为导通，电容器 C_3 经 TC 的初级绕组及 VT_2 的漏极和源极放电，向次级传递能量。为避免因 VT_1 与 VT_2 同时导通造成直通故障而损坏，必须要保证 VT_1 和 VT_2 的门极驱动电压有一个共同截止的时间，称为控制脉冲的“死区”时间，要求“死区”时间必须大于 VT_1 和 VT_2 的最长导通饱和延迟时间。

2. *RC* 缓冲电路

图 8-5 中，以 VT_1 为例（VT_2 的缓冲电路与 VT_1 的相同），当 VT_1 截止时，电容器 C_4 通过 R_4 充电；当 VT_1 导通时，电容器 C_4 经 R_4 放电。尽管 *RC* 缓冲电路消耗了一定量的功率，但减轻了开关管关断瞬间的电压。

RC 缓冲电路必须保证以下两点：一是在开关管截止期间，必须能使电容器充电到接近正偏电压 U_{GS}；二是在开关管导通期间，必须使电容器上的电荷经过电阻全部放掉。

3. 驱动电路

IGBT 的驱动采用专用集成驱动器。本设计采用 M57962L 芯片，输出的正驱动电压均为＋15 V 左右，负驱动电压为 －10 V。M57962L 型 IGBT 驱动器的原理图和接线图如图 8-6 所示。

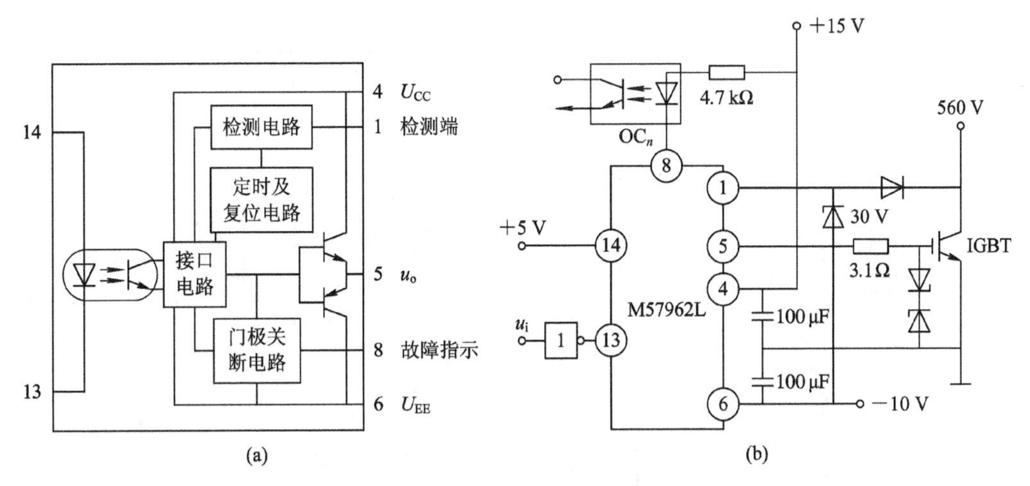

图 8-6　M57962L 型 IGBT 驱动器的原理图和接线图

(a) 原理图；(b) 接线图

8.1.4　半桥型开关电源设计

1. 主电路

半桥型开关电源的主电路如图 8-7 所示。该电路由输入整流滤波电路、半桥型功率变换器、输出整流滤波电路等几部分组成。

(1) 220 V 单相交流电通过 EMI 滤波器滤波，再经过单相整流桥及由 C_5、C_6 和 C_7 电解电容组成的低通滤波器滤波后得到稳定的 310 V 的直流电。R_4、R_5、V_1、V_2、C_8～C_{11} 组成干扰吸收电路。

(2) 驱动 VT_1 使其饱和导通，加在 VT_2 漏极的高压电源＋310 V 经变压器 TC_1 的一次

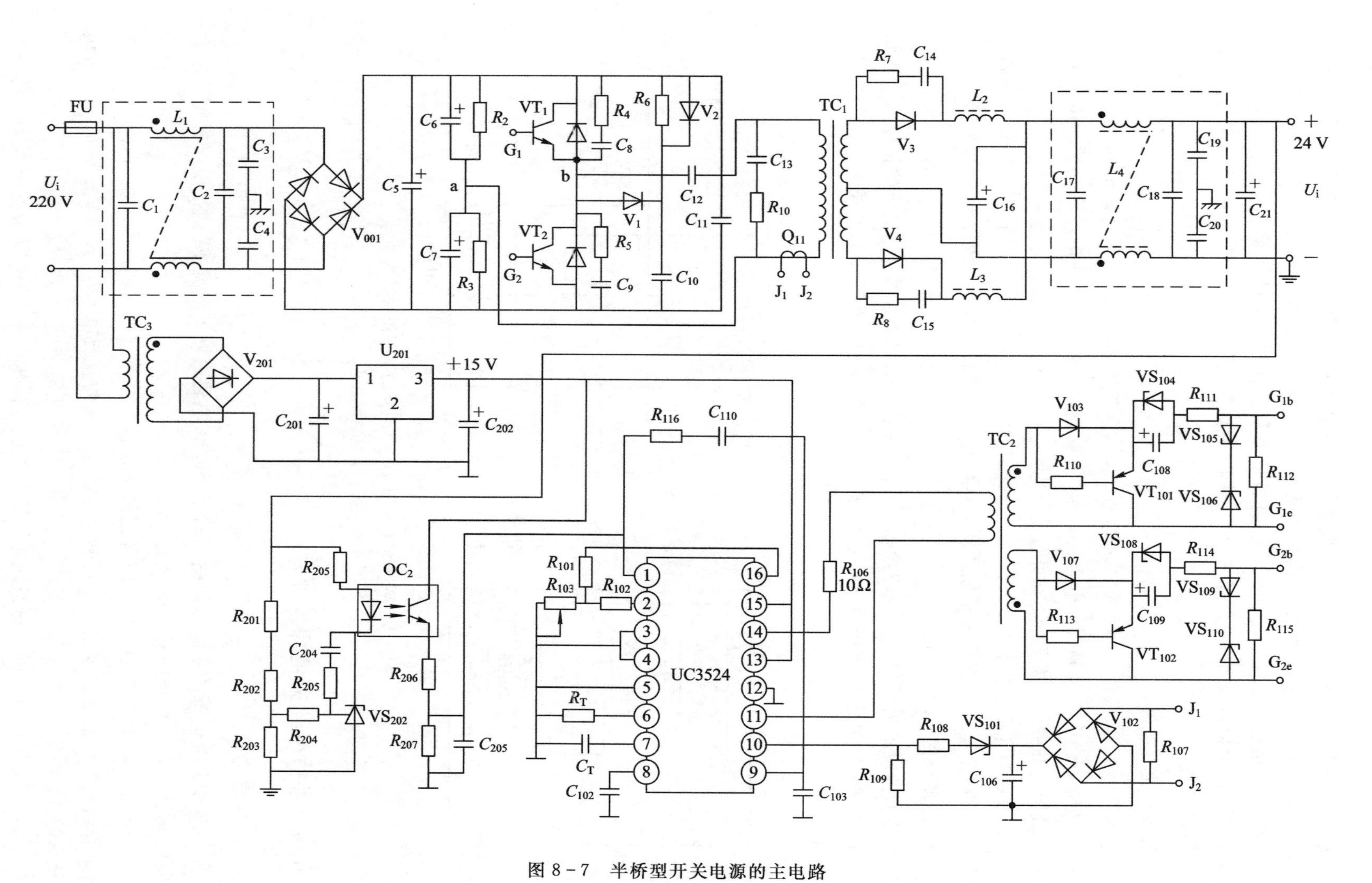

图 8-7 半桥型开关电源的主电路

绕组到 C_{12}，再经 C_7 到地，形成 C_7 充电回路。当 VT_1 截止、VT_2 尚未导通时，两管中点电压 U_b 恢复到接近 1/2 的电源电压值。当桥臂下管 VT_2 饱和导通时，电源电流由 300 V 经 C_6、C_{12}、TC_1 到地，形成 C_6 充电回路。此时，VT_1 截止，C_7 则经 TC_1、C_{12} 与饱和导通的 VT_2 组成放电回路。中点电位 U_a 在开关过程中将以 1/2 的电源电压值为中心，作指数规律的上升和下降变化。半桥型功率变换器由两路相位互为反相的脉冲驱动，功率管 VT_1、VT_2 交替导通和截止，通过高频变压器 TC_1 实现功率转换。变压器 TC_1 由一次和二次绕组组成，起隔离和升压的作用。

(3) V_3、V_4 组成全波整流电路，L_2、L_3 是输出滤波电感，C_{16}、C_{21} 是输出滤波电容。整流滤波电路将变压器二次绕组的高频交流方波电压整流和滤波，得到 24 V 的直流电压，为负载供电。

2. 控制与保护电路

(1) PWM 脉宽控制电路采用 UC3524，开关工作频率由定时元件 R_T、C_T 确定，本电路选用频率 40 kHz。C_{102} 为软启动电容，驱动脉冲经脉冲变压器 TC_2 隔离驱动开关管。TC_2 二次侧正偏时，C_{108} 充电并由 VS_{104} 钳位。正脉冲使开关管 VT_{101} 导通，二次侧电压为 0 时，C_{108} 的储能经晶体管 VT_{101} 放电，为开关管提供反偏关断电压。

(2) 电压反馈信号取自输出电压 24 V，控制电路由 R_{201}～R_{207}、U_{201}、VS_{202} 等元器件组成，用光电耦合器隔离传输反馈信号。调节电阻 R_{202}、R_{203} 确定反馈量，稳定电压输出，光电耦合器 OC_2 次级输出电压加在 UC3524 的 1 脚电压误差放大器的反相输入端，与同相输入端 R_{101}～R_{103} 分压后的参考电压进行比较，产生误差信号与锯齿波比较后调节驱动脉冲宽度，实现稳定控制，并通过调节 R_{103} 改变输出电压。电流反馈信号来自电流互感器，电流互感器一次绕组用一根隔离线绕 1 匝，二次绕组用环形磁心绕 40 匝，电流信号由 J_1、J_2 端输出，经 V_{102} 整流 C_{106} 稳压滤波，输入 UC3524 的 10 脚。当电压高于 2.5 V 时，关闭驱动信号，实现过电流保护。

(3) 由 TC_3 及 U_{201} 等元器件构成+15 V 稳压电源，为 PWM 控制电路 UC3524 及光电耦合器 OC_2 提供电源电压。

8.2 小型开关电源设计

小型电源要求体积小，功耗低，无散热片，且有多种电压输出，并能经受冲击、震动、输入电压波动等，以及具有抗干扰能力。

8.2.1 系统与结构设计

实现高可靠性稳压电源的设计要求，应重视以下几个主要方面：

(1) 供电电源的选择。可供选择的供电电源有两种：50 Hz、220 V 交流电源和 48 V 直流电源。两种电源各有优缺点，50 Hz、220 V 电源波动小、干扰小，但所需要的器件耐压相对要高；而 48 V 电源却相反。可根据应用环境和负载特性确定电源类型。

(2) 确定电源的系统方案。电源系统方案的确定在很大程度上决定了电源的性能和可靠性水平，其主要内容有：选择高可靠性的电源元器件；设计电源系统的电路图；采用合理的热设计和电磁兼容性设计；采取其他可靠性设计和可维修性设计。

(3) 选择性能优良、可靠性高的电源元器件。本例选用 VI－400 电源模块作为主要器件。

(4) 可靠性设计。重点考虑外围电路的设计以及整机的热设计、电磁兼容性设计和其他可靠性设计。例如，采用功率密度更大的 DC/DC 变换器模块和具有多路输出电压的电源模块，设计体积小、重量轻且能适应恶劣环境的电源部件；采用低压差线性集成稳压器进行二次稳压(如采用三端低压差线性集成稳压器，将 5 V 电压经二次稳压得到 3.3 V 电压，将±15 V 电压经二次稳压获得精密的±10 V 电压)。

8.2.2 微波发生器电源设计

微波发生器电源采用模块化设计，主要包括以下内容。

1. 整流模块

采用专用整流模块，将 220 V 交流电整流、滤波后进行 DC/DC 变换，输出 110 V 直流电压(1＃模块)，此电压作为系统母线电压，供给各个 DC/DC 模块(2＃～5＃模块)。如图 8－8(a)所示。根据电流临界条件，$\omega RC \leqslant \sqrt{3}$，其中 $f=20$ kHz，按负载电阻 110 Ω 计算，得出 $C_4=250\ \mu$F，耐压值为 500 V。

2. 掉电保护电路

为了在瞬间掉电时不丢失信息，要求电源具有掉电保护功能。掉电保护电路如图 8－8(b)所示。电路主体为 VI－400 型 DC/DC 变换模块，其中二极管 V_1 和光电耦合器 OC_1 用于隔离输入、输出地线。

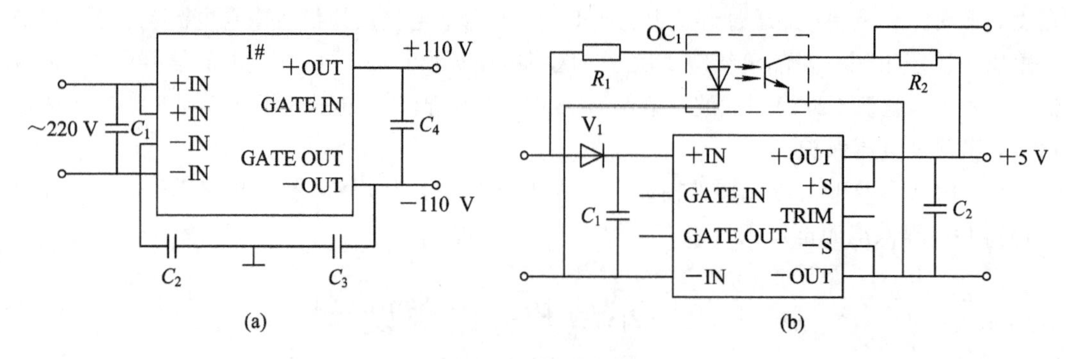

图 8－8 模块电路

(a) 整流模块；(b) 掉电保护电路

R_1 的值由二极管的最小电流 I_1 确定。取电流 $I_1=10$ mA，控制电压为 120 V，则

$$R_1=\frac{120}{0.01}=12\ \text{k}\Omega \tag{8-14}$$

R_2 由＋5 V 电压和流经三极管的电流 I_{VT} 确定。取 $I_{VT}=25$ mA，则

$$R_2=\frac{5}{0.025}=200\ \Omega \tag{8-15}$$

3. 电压调整及保护电路

模块设置有调压电阻 R_3，调节原理如图 8－9(a)所示。调节过程就是改变基准电压，电阻 R_3 基准电压调高后，输出电压将按比例提高。

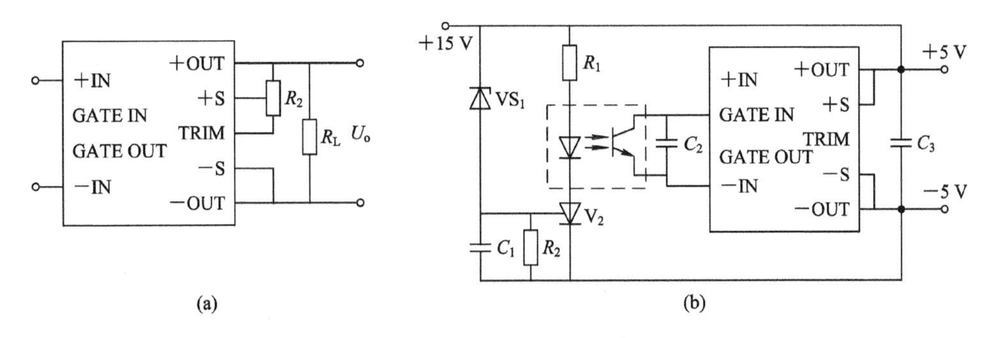

图 8-9　调整及保护电路

(a) 输出电压调整电路；(b) 过压保护电路

VI-400 系列模块有过流、过压和过热保护电路，设置的过压保护电路采用图 8-9(b)所示电路。当+5 V 电压过压时，+15 V 电压使晶闸管导通，使光电耦合器饱和导通，低电平信号进入 GATE IN 端，从而禁止 DC/DC 变换器工作，使输出电压为零。

4. 系统框图

设计的微波发生器电源系统框图如图 8-10 所示。其中，1# 为整流模块，将输入的交

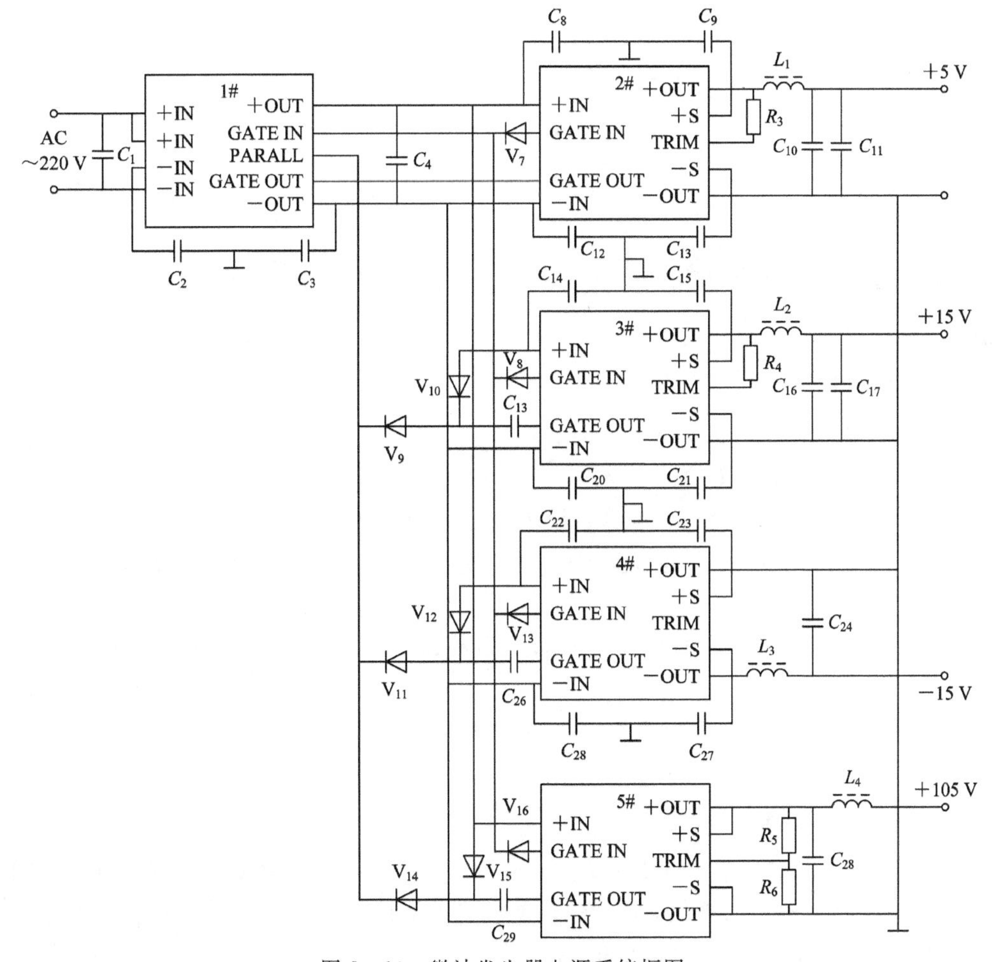

图 8-10　微波发生器电源系统框图

流电压整流为 120 V 直流电压，建立系统的母线电压；2＃为 DC/DC 模块，输出＋5 V 直流电压；3＃、4＃为 DC/DC 模块，分别输出＋15 V 和－15 V 直流电压；5＃为 DC/DC 模块，输出 105 V 直流电压。

8.2.3 机载仪表电源设计

机载仪表电源为一台 DC/DC 变换电源，它可将单一 48 V 直流变换为多种直流，以供仪器所需。设计该电源时可采用模块电源组合实现。

机载仪表对电源的技术要求如下：

输入电压：48V；

输出电压：＋5 V、±15 V、±24 V、±60 V；

稳压精度：≤±1%；

输出电流：5 A、2 A、1 A、0.5 A。

1. 整流滤波电容的计算

采用交流 220 V 供电，整流滤波后进行 DC/DC 变换，输出为直流 48 V 电压。其电路图如图 8－11 所示。

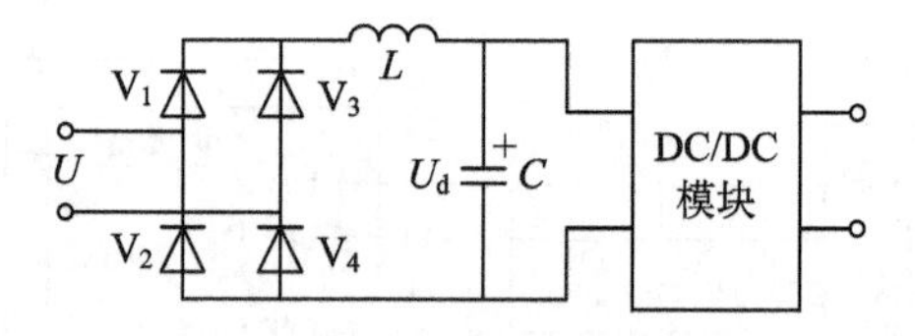

图 8－11　整流滤波电路

根据负载的情况选择电容 C 的值，使 $RC \gg \frac{3\sim5}{2}T$，T 为交流电的周期。电容 C 的近似取值为 250 μF/440 V。

2. 多输出设计方案

由于该电源输出电压种类多，给定的外形尺寸小，且输入电压变化范围大，所以应选用小型、高可靠性的电源模块。

(1) 5 V(5 A)电源选用 GAA 电源模块 N_7。该模块的输出为 5 V(5 A)。

(2) ±15 V(2 A)电源选用两块 VIC 电源模块 N_1、N_2。这两个模块的输出为±15 V (2 A)。

(3) ±24 V(1 A)电源选用两块 VIC 电源模块 N_3、N_4。这两个模块的输出为 24 V (1 A)。

(4) ±60 V(1 A)电源选用两块 VIC 电源模块 N_5、N_6。这两个模块的输出为±60 V (1 A)。

3. 电源电路的结构

图 8－12 所示为机载仪表电源结构图。该电路为直流母线式供电，即将 48 V 母线电压供给模块 N_1～N_7，经 DC/DC 变换后分别输出所需电压。此种结构提高了电源的可靠性，某一模块的损坏不会影响其他模块的运行。

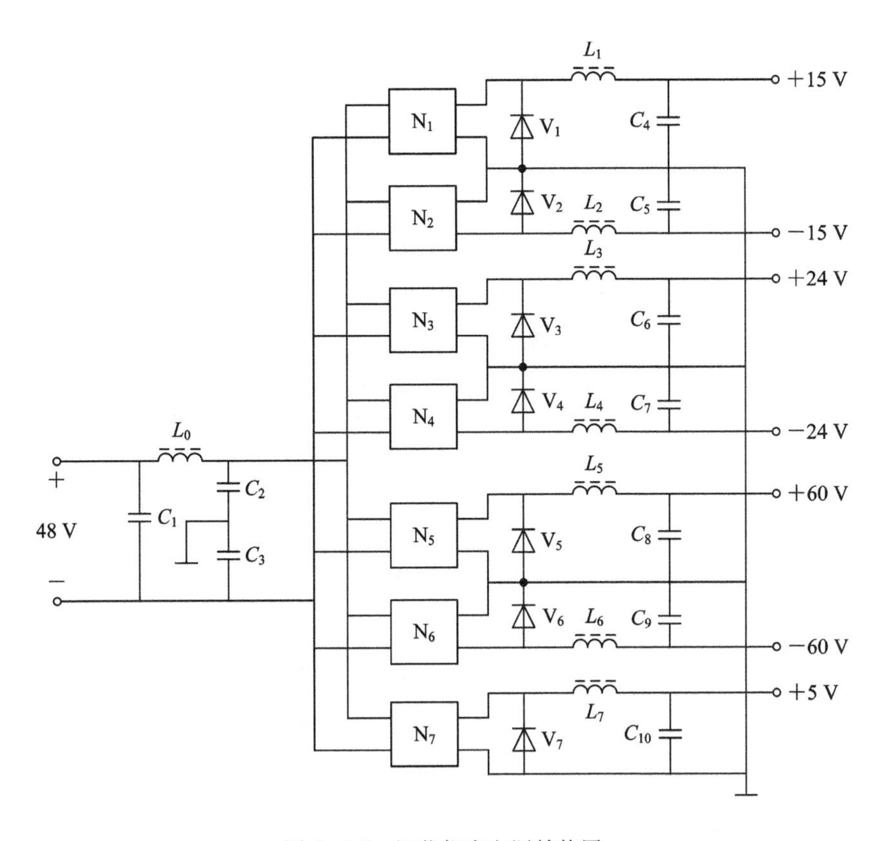

图 8-12 机载仪表电源结构图

8.3 低压大电流电源设计

通信系统需要多路低电压大电流共同输出的供电电源，如 3.3 V、2.5 V，甚至 1.8 V。由于 MCU 或 DSP 的处理速率很高，因此消耗的电流也很大，如 16 路 ADSI 局端板的 3.3 V 电源需要高达 8 A 的电源，而 1.8 V 电源需要的供电电流则更大。传统的开关电源模块无法满足上述要求，本节分析几种典型的通信系统电源电路。

8.3.1 低压输出电源设计

传统设计大多利用线性稳压器从 5 V 或 3.3 V 电源中采用降压方式获得所需要的 3.3 V、2.5 V 或 1.8 V 电压。当系统所需低压电源电流较小时，采用图 8-13 所示电路是一种较好的低成本的解决方案。另外，由于线性电源具有干扰小、输出噪声低等优点，它还能为 DSP 或 MCU 内核提供很稳定的电压。然而，当内核需要的低压电流较大时，如 16 路 ADSL 可能需要 1.8 V 电源提供 10 A 的输出电流，负载系统要求 3.3 V 电源提供 8 A 的电流等，对于前者，如果从 3.3 V 电源中采用线性电源降压方式获得 1.8 V 电压，则该电源消耗的功率为

$$P_i = (3.3 - 1.8)\text{V} \times 10\ \text{A} = 15\ \text{W} \tag{8-16}$$

转换效率 η 仅为

$$\eta=\frac{P_o}{P_1+P_o}=\frac{18}{33}\approx 0.54 \qquad (8-17)$$

除此之外，该电源为了保证正常工作，需要占用一定的PCB面积以便散热；同时负载还需要与该电源保持一定距离，否则系统性能会由于温升太高而受到影响。

1. 升压型电源

现代负载系统所需要的3.3 V或5 V电源电流较小，比如小于2 A，而DSP或MCU所需的3.3 V或5 V电源电流较大，比如5 A以上，采用图8-13(b)所示的升压方案可有效地减小功耗。假定+5 V/40 W电源模块与+3.3 V/35 W模块具有相同价格和相同的转换效率85%，并假定图8-13电路中的开关电源具有相同的变换效率90%，则升压电路的输入功率为11.1 W，而降压电路的输入功率为18.3 W，因此5 V电源模块需要的总功率为37.3 W，而3.3 V模块只需要27.6 W就可满足供电要求。所以采用图8-13(b)所示电路可有效减小功耗。

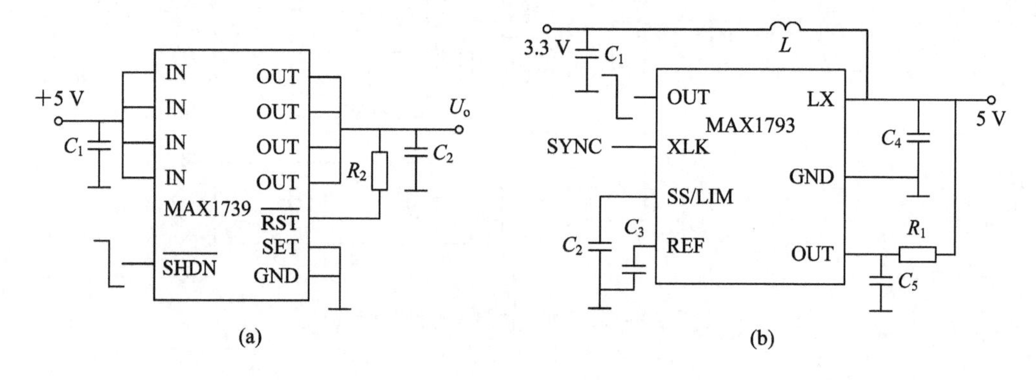

图8-13 采用线性调节器的电路

(a) 低压输出电路；(b) 升压电路

2. 降压型电源

设计电源时除了功耗、价格、体积等因素必须考虑外，电源的输出噪声，特别是输出纹波的大小也必须考虑。如果DSP或MCU消耗的电流保持不变，而工作电压降低到1.8 V，外围电路的供电要求为+3.3 V/2 A，则可采用图8-14所示的降压型电路，由DC/DC转换模块提供3.3 V电源。图中的MAX1714的偏置电压要求最低不小于4.5 V，

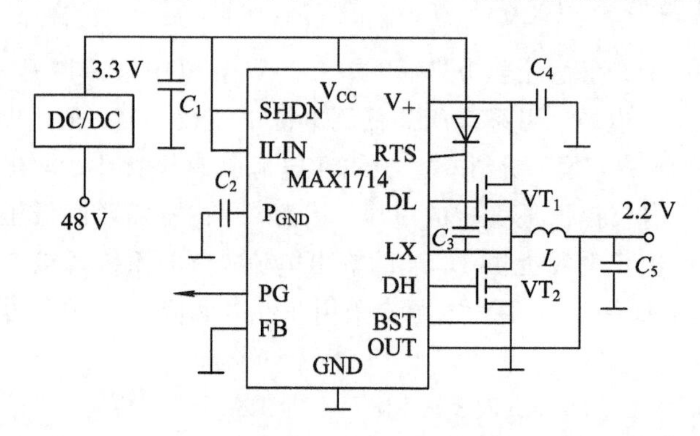

图8-14 低压大电流电路

因此需要增加一个升压芯片将 3.3 V 电压变为 5 V，而 MAX1714 内部控制及偏置电路所需的5 V 电源仅需要不到 40 mA 的电流。利用电荷泵电源 MAX619 即可解决问题。MAX1714 由于采用了同步开关整流技术，转换效率比普通变换器提高了 7%～8%，因而其电源的转换效率可高达 90%以上。

8.3.2 输出可调电源设计

输出可调电源由 TPS54350 组成。该电源的输入电压为 4.5 V～20 V，输出电压≥0.891 V，电流为 3 A，具有可编程外部时钟同步、脉宽频率为 250 kHz～700 kHz、峰值电流限制与热关断保护、可调节的欠压关断、内部软启动、电源安全输出等功能。图 8-15 为 TPS54350 的应用电路，改变 R_2 的阻值可调整输出电压。

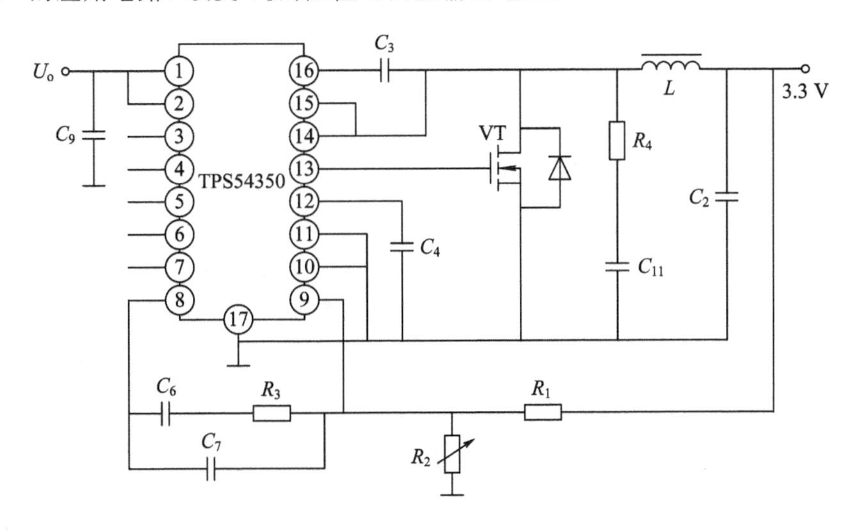

图 8-15 TPS54350 的应用电路

电路的输入电压为 5 V，输出电压为 3.3 V，取 R_1=1 kΩ，R_2 的计算公式为

$$R_2 = R_1 \frac{0.891}{U_o - 0.891} \tag{8-18}$$

当 R_1 为 1 kΩ、10 kΩ 不同取值时的 R_2 的选值见表 8-1。

表 8-1 R_1、R_2 不同时的输出电压

R_1=1 kΩ		R_1=10 kΩ	
输出电压 U_o/V	R_2/kΩ	输出电压 U_o/V	R_2/kΩ
1.2	2.87	1.2	28.7
1.5	1.47	1.5	14.7
1.8	0.96	1.8	9.6
2.5	0.549	2.5	5.49
3.3	0.374	3.3	3.74

8.3.3 DC/DC 电源设计

DC/DC 变换器是电源设备中最常用的功能电路之一，下面以载波机电源为例，利用

Buck 变换原理，采用 UC3524 控制芯片和 MOSFET 器件，分析实现 40 V 变换到 12 V 的 DC/DC 电压变换电路的方法。

1. 控制芯片

UC3524 作为控制芯片，可以直接向 MOSFET 管 IRF840 提供 PWM 信号，6 脚和 7 脚对地分别接电阻和电容，由此确定其开关频率；采样电压经 1 脚引入比较放大器的反相输入端；9 脚对地接有串联 1000 pF 电容和 20 kΩ 的电阻，以实现频率补偿。

UC3524 的工作过程是：直流电源 V_{CC}从 15 脚接入后在内部分为两路，一路加到或非门，另一路送到基准电压稳压器的输入端，产生稳定的+5 V 基准电压。+5 V 再送到内部(或外部)电路的其他元器件作为电源。振荡器的 7 脚外接电容 C_T，6 脚外接电阻 R_T。振荡器的频率为

$$f=\frac{1.18}{R_T C_T} \tag{8-19}$$

设计电源的开关频率定为 20 kHz，取 $C_T=0.003\ \mu F$，$R_T=3.3\ k\Omega$；仅用了 UC3524 的一路振荡器输出驱动 MOSFET 管。UC3524 的 1 脚为反相输入端；2 脚为同相输入端。一个输入端连到 16 脚的基准电压的分压电阻上，以取得 2.5 V 的电压；另一个输入端接控制反馈信号电压。电路图中，UC3524 芯片的 1 脚接控制反馈信号电压，2 脚接在基准电压的分压电阻上。误差放大器的输出与锯齿波电压在比较器中进行比较，从而在比较器的输出端出现一个随误差放大器输出的电压高低而改变宽度的方波脉冲，再将此方波脉冲送到或非门的一个输入端。或非门的另两个输入端分别为双稳态触发器和振荡器锯齿波。双稳态触发器的两个输出端互补，交替输出高、低电平，其作用是将 PWM 脉冲送至 MOSFET 的栅极，使 MOSFET 源极输出脉冲宽度调制波，输出脉冲的占空比范围为 0%～50%，脉冲频率为振荡器频率的 1/2。本设计中将 12 脚、11 脚分别与 13 脚、14 脚并联，使整体输出脉冲展宽，将原有两路占空比展宽为 0%～100%的一路脉冲。为防止由于脉冲过宽而引起的主电路过流，9 脚加有 *RC* 限幅电路。

2. 稳压过程

图 8-16 是采用 UC3524 构成的输出电压为 12 V 的稳压电源的电路原理图。通过采样电阻取出输出电压信号送到 UC3524 芯片的误差放大器的反相端 1 脚，误差放大器的同相端 2 脚接参考电平(2.5 V)。UC3524 的输出脉冲的占空比受该反馈信号的控制。调节过程是当输出电压因突加负载而降低时，使加在 UC3524 的 1 脚的输入反馈电压下降，迅速导致 UC3524 输出脉冲占空比增加，从而使得电源电路输出电压升高；反之亦然。通过 UC3524 的脉宽调制组件的控制作用，可实现整个电源输出自动稳压调节功能。

3. 过流保护电路

过流保护电路是利用 UC3524 的 10 脚加高电平后封锁脉冲输出的功能完成的。当 10 脚为高电平时，UC3524 的 11 脚上输出的脉宽调制脉冲立即消失，输出为零。过流信号通过采样互感器 JK 取自场效应晶体管，经电阻分压送入比较器 LM339。若有过流发生，比较器将输出高电平加至 UC3524 的 10 脚，封锁 PWM 脉冲，UC3524 电路停止工作，从而达到过流保护的目的。R_{P1}用于调节过流保护的动作电流值。

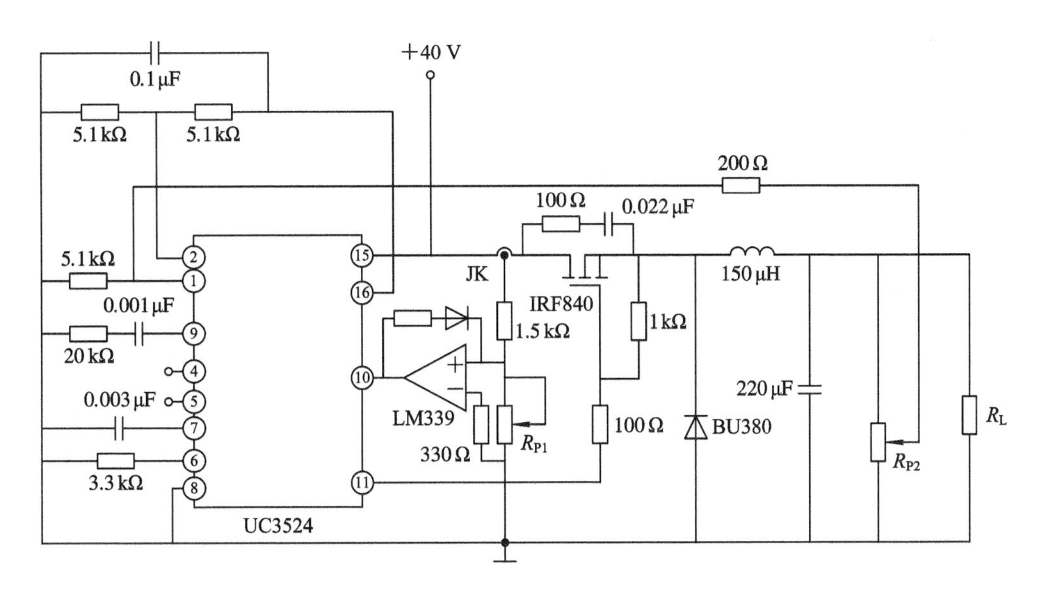

图 8-16　系统电路原理图

4. 功率开关管的选用

选用型号为 IRF840 的 MOSFET 管，其开关速度高，驱动功率小，电路简单。IRF840 是电压控制型器件，静态时几乎不需要输入电流，但由于栅极输入电容 C_i的存在，在开通和关断过程中仍需要一定的驱动电流给输入电容充、放电。栅极电压 U_G的上升时间 t_r，若采用放电阻止型缓冲电路，其缓冲电路的电容 C_S、电阻 R_S需按 MOSFET 在关断信号到来之前将缓冲电容积累的电荷放净的原则选择。如果缓冲电路电阻过小，会使电流波动，MOSFET 开通时的漏极电流初始值将会增大。经计算选取图 8-16 所示的缓冲电路和元件参数。

当 UC3524 的 11 脚输出的脉冲信号是高电平时，MOSFET 管导通，其 G-S 极间接一 1 kΩ 电阻；当脉冲信号是低电平时，电流经过控制极 G 流向 11 脚，以防止有遗漏的电流流过开关管的漏极 D 而使开关管导通。BU380 是快速二极管，起续流作用，当开关管关闭时，为电感中的电流形成回路，使负载继续有电流通过。电感、电容起滤波作用，负载端与开关电源集成控制器的 1 脚相连，形成反馈，以控制开关管的打开与闭合的时间。

5. 输出滤波元件的选用

输出滤波元件决定了电源的稳定性，是 DC/DC 变换器设计中最关键的部分。重点是要选择输出电感 L 和输出电容 C。影响电源稳定性的关键参数是输出电容的 ESR(Equivalent Series Resistance)，一般该值越小越好。

1) 电感值的计算

电感的额定电流必须大于最大输出电流(本设计为 3 A)。电感值的选取可由下式计算得到：

$$L = \frac{U_o D T_S}{2 I_o} \tag{8-20}$$

式中：L 为临界电感量；U_o为输出电压；D 为占空比；T_S为开关工作频率；I_o为输出电流值。本设计取 $L=150\ \mu$H。

2）电容值的计算

电容的额定电压必须大于输出电压，一般至少要比输出电压高出10%，以控制纹波和瞬态响应。电容值的选取可由下式计算得到：

$$C=\frac{U_o T_S^2(1-D)}{8L\Delta U_o} \tag{8-21}$$

式中，ΔU_o为输出纹波电压，其他定义同式(8－20)。本设计取$C=220\ \mu F$。

8.3.4 TOP系列电源设计

1. 间接采样电路

TOP系列的应用电路见图8－17，为标准的间接采样的它激式开关稳压器。其中N_1为初级储能绕组，N_2为次级输出绕组，N_3为采样绕组。220 V输入电压首先经TC_2和C_2、C_6共模滤波，抑制开关脉冲谐波污染电网，同时也避免外界脉冲干扰引起开关管误触发。R_{13}为PTC负温度系数电阻，用以限制开机时滤波电容的充电峰值。

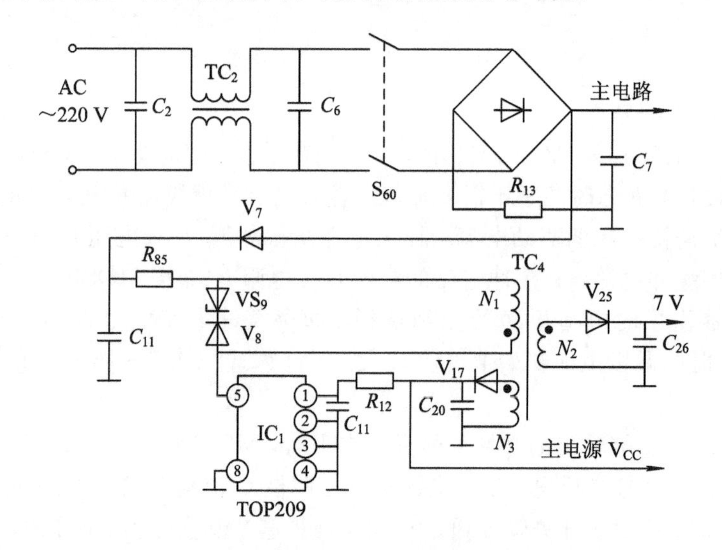

图8－17 间接采样电路

输入供电经整流滤波后形成直流电压，通过TC_4初级绕组N_1向TOP209的5脚D端供电。D端内部除开关管漏极以外，还有恒流源供电系统，所以要求开关管截止期间，D端感应电压不能有过高的脉冲尖峰。在TC_4绕组N_1两端并联接入V_8和稳压管VS_9。为了实现电源初/次级隔离，图中电路采用间接采样方式。当开关管截止时，TC_4采样绕组N_3上端输出正脉冲，V_{17}导通向C_{20}充电，使TOP209控制端产生5.7 V电压。同时，输出绕组N_2经V_{25}向负载提供电流。随着能量的释放，C_{20}两端电压开始下降，使TOP209控制端呈低电平，其内部控制电路再次使开关管导通。由此可见，TOP209的控制方式是通过控制开关管截止时间实现稳定输出电压。为了使采样电路能及时反映TC_4释放磁能产生脉冲电压的变化，C_{20}的容量不能选择过大，推荐电容值为33 μF～47 μF。C_{11}为接于TOP209控制端的抗干扰电容，以免干扰脉冲引起控制电路误动作。

2. 宽输入电源

交流输入电压范围为85 V～265 V，频率为f=47 Hz～440 Hz，电源效率达80%，输出纹波电压的最大值为±50 mV。如图 8-18 所示，C_6与L_2构成交流输入端的电磁干扰(EMI)滤波器。C_6能滤除由初级脉动电流产生的串模干扰，L_2可抑制初级绕组中产生的共模干扰。C_7和C_8滤除由初、次级绕组之间耦合电容所产生的共模干扰。宽范围电压输入时，85 V～265 V 交流电经过整流器 BR、C_1整流滤波后，获得直流输入电压U_i。由 VS_{21}和V_1构成的漏极钳位保护电路可将由高频变压器漏感产生的尖峰电压钳位到安全值以下，并能减小振铃电压。VS_{21}为瞬态电压抑制器(TVS)，其钳位电压为 150 V。V_1为超快恢复二极管(FRD)，其反向恢复时间t_{rr}=30 ns。

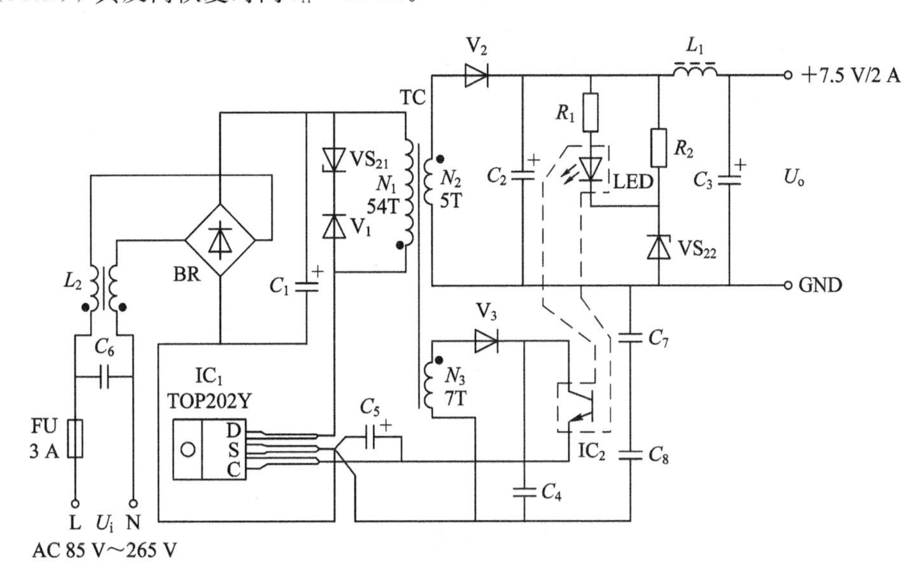

图 8-18　15 W-TOPSwitch 电源电路

次级电压经 V_2、C_2、L_1、C_3整流滤波后产生+7.5 V 的输出电压。R_2和 VS_{22}与输出端并联，构成开关电源的假负载，可提高空载或轻载时的负载调整率。反馈绕组电压经过 V_3整流、C_4滤波后，得到反馈电压，再经过光敏三极管给 TOP202Y 提供一个偏置电压。V_2选择 UGB8BT 型超快恢复二极管，为降低功耗，还可选肖特基二极管。光电耦合器 IC_2和稳压管 VS_{22}还构成了 TOP202Y 的外部误差放大器，能提高稳压性能。当输出电压U_o发生变化时，由于 VS_{22}具有稳压作用，使光电耦合器中 LED 的工作电流 I_F发生变化，进而改变 TOP202Y 的控制端电流 I_C，再通过调节输出占空比，使 U_o保持稳定。R_1为 LED 的限流电阻，并能决定控制环路的增益。C_5是控制端旁路电容，除对环路进行补偿之外，还决定着自动重启动频率。

3. 50 W 电源

图 8-19 所示是采用 TOP204YAI 所设计的 24 V/50 W 高精度运算放大器专用电源电路。从高频整流输出端引出的电压信号经光电耦合器 IC_2送至 TOP204 开关 IC_1的控制端 C，通过 TOP204 器件控制 PWM 的占空比，实现输出电压的稳定。可调稳压管 IC_3串联在光电耦合器 IC_2发光管回路，调整采样电阻 R_{P1}可以改变 IC_3的稳压值，从而导致流过 IC_2阴极和阳极的电流变化，达到改变反馈深度，对输出电压实现微调。一旦输出端出现过流或短路现象，采样电阻 R_{P1}上电压降低，IC_3控制端电流减少，流过 IC_3电流减少，光电耦合器 IC_2发光二极管的亮度下降，光电三极管截止，IC_1停止工作。该电路在输入端加入了电源

噪声滤波器 PNF 和限流热敏电阻 NTC，并在开关变压器初级用 R_1、C_2、V_1组成尖峰电压吸收电路，增加了电路的可靠性。

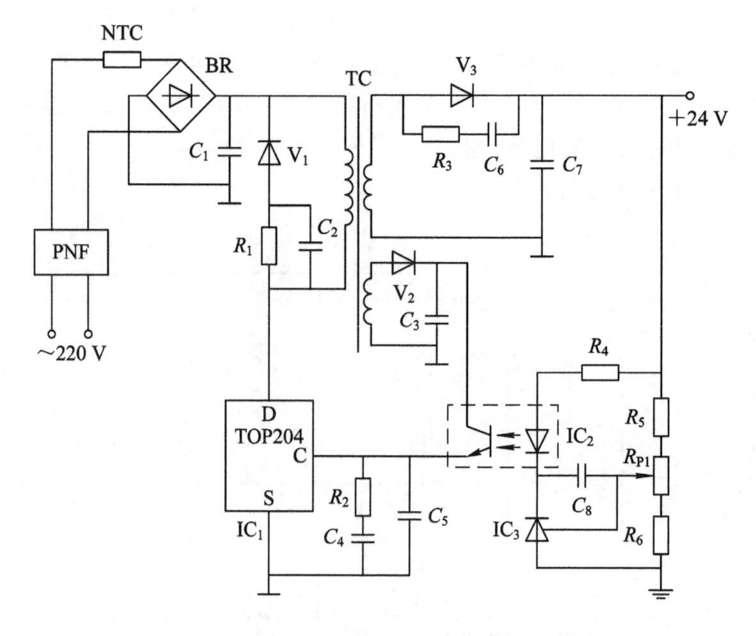

图 8-19　24 V/50 W 高精度运算放大器专用电源电路

8.4　双向变换电源设计

双向变换电源可以实现输入/输出转换，及整流、逆变、功率因数校正和升降压功能。图 8-20 为典型双向变换电源系统的主电路示意图。图中：电池组既是电源，又是负载；VT_1～VT_8为开关器件 IGBT，其中 VT_1～VT_6构成三相桥，组成双向 PWM 变流器，VT_7、VT_8为双向开关；L_P、C_P组成低通电源滤波器。工作中，由 VT_7、VT_8以及 L、C_0组成双向 DC/DC 电路对电池组进行充电和放电；由电流、电压互感器分别检测被控电流、电压等信号，并送入 DSP 芯片，运算产生的 PWM 控制信号通过驱动控制开关管动作。

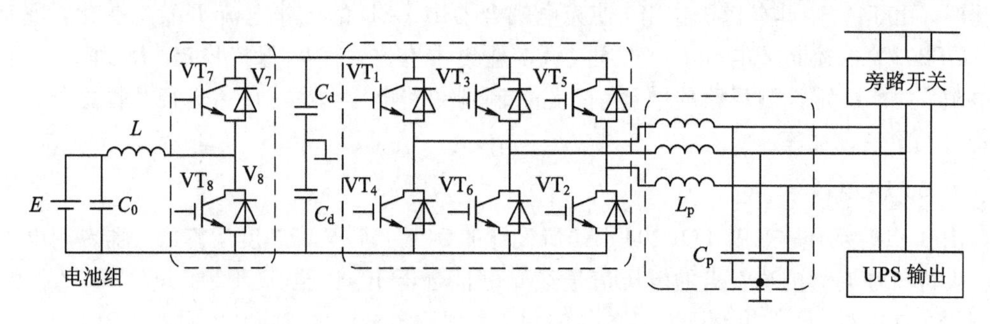

图 8-20　典型双向变换电源系统的主电路示意图

8.4.1　升压模式和降压模式

由电感 L、IGBT 双管 VT_7、VT_8组成的双向 DC/DC 变换器基本电路如图 8-21 所示，在此基础上，可构成升压和降压两种工作模式。

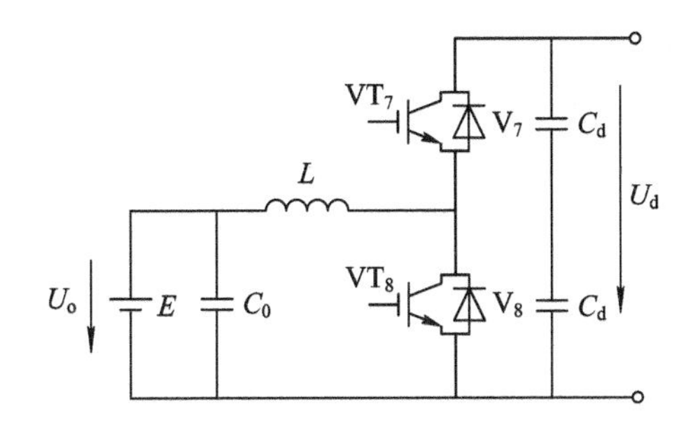

图 8-21　双向 DC/DC 变换器电路

1. 升压模式

双向 DC/DC 电路工作在升压模式时电池组 E 处于放电状态。该升压电路由电感 L、VT_8和续流二极管 V_7组成，如图 8-22 所示。

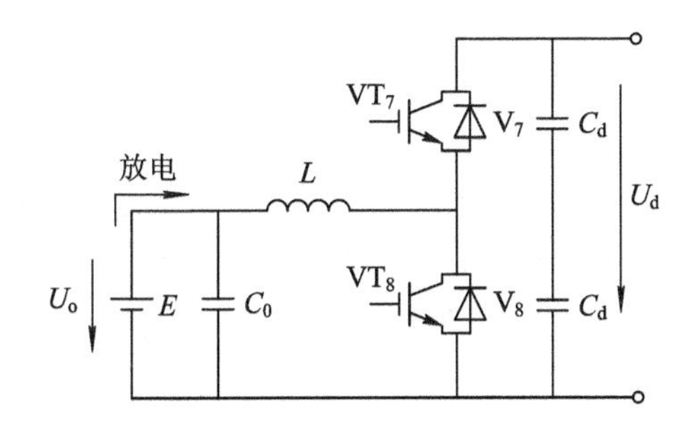

图 8-22　双向 DC/DC 变换器电路的升压模式

在升压模式下，双向 DC/DC 变换器电路又有两种工作状态：

工作状态 1：当 VT_8导通时，电池组电压加到储能电感 L 的两端，二极管 V_7处于反偏截止状态，电流通过储能电感 L 将电能转换成磁能存在储能电感 L 中，同时提供给负载的电能由滤波电容 C_d放电来供给。其等效电路如图 8-23(a)所示。

工作状态 2：当 VT_8截止时，储能电感两端的电压极性反向，二极管变为正偏，为储能电感 L 和电池组串联放电提供通路，电流流经二极管至负载和滤波电容 C_d。储能电感 L 和电池组共同向负载和滤波电容 C_d提供能量。其等效电路如图 8-23(b)所示。

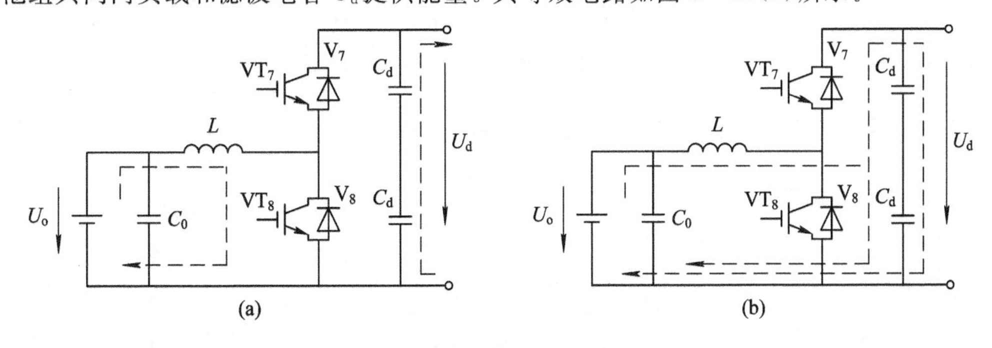

图 8-23　升压模式下的等效电路

(a) IGBT 导通；(b) IGBT 关断

2. 降压模式

双向 DC/DC 变换器电路工作在降压模式时，电池组处于充电状态。该降压电路由电感 L、VT_7、续流二极管 V_8组成，如图 8-24 所示。

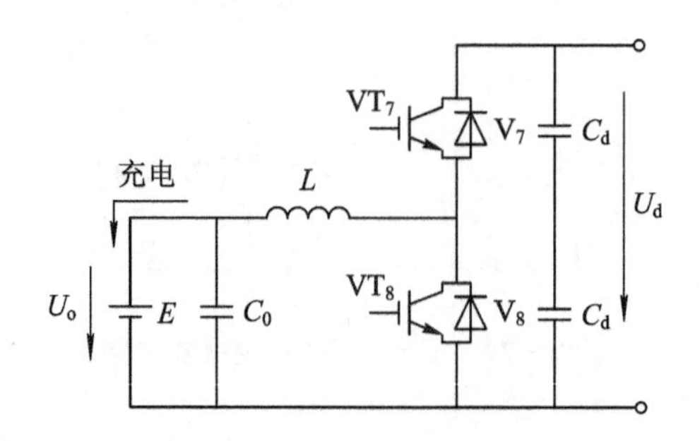

图 8-24　双向 DC/DC 变换器电路的降压模式

在降压模式下，双向 DC/DC 变换器电路也有两种工作状态：

工作状态 1：当 VT_7导通时，二极管 V_8处于反偏截止状态，电流通过储能电感 L 向电池组供电，并同时向滤波电容 C_0充电，电流通过储能电感 L 将电能转换成磁能存在储能电感 L 中。其等效电路如图 8-25(a)所示。

工作状态 2：当 VT_7截止时，储能电感的电流不能突变，在它的两端便感应出一个与原来极性相反的自感电势，使续流二极管导通。此时，储能电感 L 便把原先储存的磁能转换成电能供给电池组。滤波电容 C_0是为了降低输出电压 U_o的脉动而加入的。其等效电路如图 8-25(b)所示。

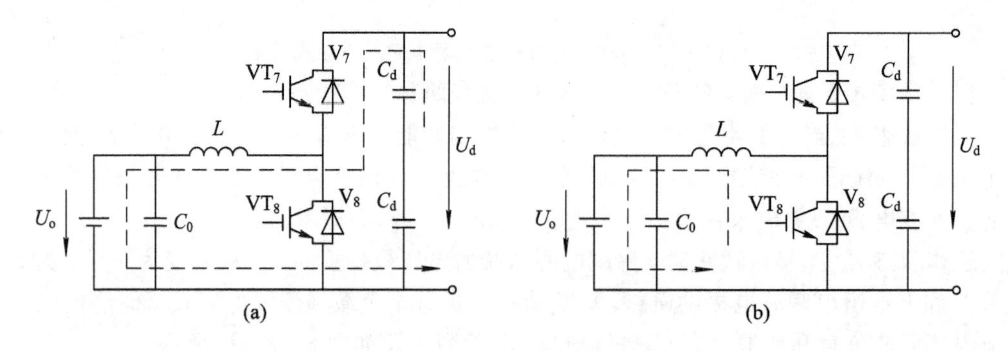

图 8-25　降压模式下的等效电路

(a) IGBT 导通；(b) IGBT 关断

8.4.2　双向 DC/DC 变换器电路主要参数设计

1. 开关管的选用

双向 DC/DC 变换器电路的开关管 VT_7、VT_8及二极管 V_7、V_8由集成的双管 IGBT 模块构成，其中 V_7和 V_8分别是 IGBT VT_7和 VT_8的反并二极管。

设计时根据 IGBT 承受的最大电压和流过 IGBT 的最大电流两个指标进行选择，其公式为

$$U_{max} = U_{dmax} \tag{8-22}$$

$$I_{max} = \frac{1.4P}{U_{dmin}} \tag{8-23}$$

式中：U_{max}为IGBT上承受的最大电压；U_{dmax}为直流母线上的最大电压；I_{max}为IGBT上流过的最大电流；P为电池组端的输出功率；U_{dmin}为直流母线上的最低电压。

2. 储能电感 L 的设计

储能电感L的大小可由如下公式得到：

$$L = \frac{U_d TD(1-D)}{2I_l} \tag{8-24}$$

$$I_l = 0.25I_{0m} \tag{8-25}$$

式中：U_d为直流端电压；T为开关周期；D为占空比；I_l为临界连续电流；I_{0m}为最小负载电流。

3. 电池组端滤波电容的设计

在充电过程中，电池组两端的电压脉动量ΔU_o需满足设计要求，可用下式确定滤波电容C_0的大小：

$$C_0 = \frac{U_d T^2}{8L\Delta U_o} \tag{8-26}$$

式中：U_d为直流端电压；T为开关周期；L为储能电感；ΔU_o为电池组两端的电压脉动量。

4. 开关管功率的选择

双向DC/DC变换器选用双管IGBT模块。设系统的工作效率为80%，对于选用的双管IGBT模块而言，其最大电压和电流值分别为

$$U_{max} = U_{dmax} = 800\ \text{V} \tag{8-27}$$

$$I_{max} = \frac{1.2P/\eta}{U_o} = \frac{1.2 \times 10\ 000/0.8}{360} \approx 41\ \text{A} \tag{8-28}$$

本设计选用IGBT模块CM75DY 24H，其耐压为1200 V，最大电流容量为75 A。

5. 双向变换器功率器件的选用

对于双向PWM变换器选用的6管IPM模块，直流侧最大直流电压为800 V，最大电流为

$$I_{max} = \frac{P \cdot O_L \sqrt{2}R}{\eta \cdot \text{PF} \cdot \sqrt{3}U_{AC}} = \frac{10\ 000 \times 1.2 \times \sqrt{2} \times 1.2}{0.8 \times 0.98 \times \sqrt{3} \times 380} \approx 38\ \text{A} \tag{8-29}$$

式中：P为系统输出功率；O_L为系统最大过载系数；R为电流纹波脉动系数；η为系统效率；PF为功率因数；U_{AC}为三相交流线电压。

本设计选用IPM模块PM50CLA120，其耐压为1200 V，最大电流容量为50 A。

6. 逆变器输出滤波器的设计

逆变器的输出线电流为

$$I_A = \frac{P/\eta}{3U_A \cos\varphi} = \frac{10\ 000/0.8}{3 \times 220 \times 0.98} \approx 19.33\ \text{A} \tag{8-30}$$

式中：I_A、U_A分别是A相线电流和相电压。

设电感上的最大电压持续的时间为$T_S/2$，T_S为开关周期，开关频率为10 kHz，电感

上电流最大纹波峰-峰值 ΔI_L 为 20%，则电感 L 为

$$L=\frac{(U_{\mathrm{d}}/2)(T_{\mathrm{S}}/2)}{\Delta I_L}=\frac{(720/2)(1/2\times 10\,000)}{20\%\times 20}=4.50\ \mathrm{mH} \tag{8-31}$$

本设计选用 5 mH。

7. 直流母线电容的设计

直流母线电容有滤波和掉电维持电压的作用。设系统功率为 10 kW，直流工作电压 $U_{\mathrm{N}}=800$ V，最低工作电压 $U_{\mathrm{L}}=650$ V，掉电维持时间 T_{H} 为 1 个周期(20 ms)，直流侧电容可按下式选取：

$$C_{\mathrm{d}}=\frac{2PT_{\mathrm{H}}}{U_{\mathrm{N}}^2-U_{\mathrm{L}}^2}=\frac{2\times 10\,000\times 0.02}{800^2-650^2}\approx 1840\ \mu\mathrm{F} \tag{8-32}$$

本设计选用 2000 μF/450 V 的电容器。

利用双向 DC/DC 变换器电路，可组成电池充、放电电路。直流母线电压 U_{d} 值的高低将影响到整个系统的指标。从减小电路馈电损耗和分布电感的影响出发，希望在功率器件电压值允许的条件下尽可能提高 U_{d} 值，即采取高电压低电流的设计；但从减少电池串联个数、提高功率密度、降低电源成本的角度出发，则希望降低 U_{d} 值。因此将电池组直接与直流母线连接的方案很难达到设计的优化，而由电感 L、开关管 IGBT 及其反并二极管 V 组成的双向 DC/DC 变换器电路可以有效地解决这一问题。

当电池组放电时，双向 DC/DC 变换器工作在升压模式。由 L、VT、V 组成一个 Boost 升压电路，通过调整 VT 的占空比，可以将较低的电池组电压 E 升压到逆变器所需要的较高的直流母线电压 U_{d}，以此减少电池组串联个数。电池组放电电路原理图如图 8-26(a)所示。

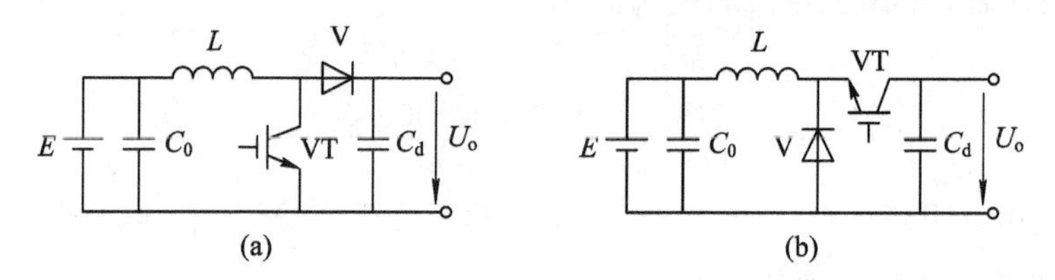

图 8-26　电池组充、放电电路原理图

(a) 放电电路原理图；(b) 充电电路原理图

放电电路采用电压型控制方法，直流输出电压 U_{o} 的采样值 U_{f} 与基准电压 U_{r} 比较后产生的误差信号再与三角波比较，得到控制 VT 管开关的 PWM 信号。这种控制方法通过负反馈使得直流端输出电压可控，实现输出直流电压的恒压控制，向逆变器提供稳定的直流电压。

电池组处于充电状态时，要求双向 DC/DC 变换器工作在降压模式。由 L、VT、V 组成一个 Buck 降压电路，通过调整 VT 的占空比，可以将较高的直流母线电压 U_{d} 降压到电池组允许的较低的充电电压 E。电池组充电电路原理图如图 8-26(b)所示。

为保护电池组，充电电路采用分级充电电路，即在充电初期采用恒流充电方式，当电池组端电压达到其浮充电压后，则采用恒压充电方式。在充电初期，对电池组先采用恒流充电，给定电流限制在 0.25C～0.3C(C 为电池组容量)，利用电流单环 PWM 控制，使流到电池组的电流稳定；当电池组容量达到 80%左右，即检测到端压上升到 2.28 V/单体～2.3 V/单体时，转为恒压充电，利用电压单环 PWM 控制，对电池组进行浮充充电，达到 2.35 V/单体；当检测到充电电流下降到 C/50 时，电池组充电完毕。

8.4.3　充电电源设计

1. 电路工作原理

新型充电电源为多级恒流递减式电源，采用深度脉冲放电模式工作，既消除了一般恒压充电模式在充电初期所产生的过电流充电问题，又解决了一般恒流充电模式在充电后期所产生的过压充电问题。

电源工作原理图如图 8－27 所示。该系统包括电网滤波电路、整流滤波器、半桥逆变器、高频变压器、高频整流器、*LC* 滤波等。半桥逆变器中的功率开关管采用 IGBT，具有输入阻抗高、电压驱动控制、容量大、工作频率高等优点。系统选用 BSN150GB1200N2 IGBT 模块，图中用 VT_1、VT_2 表示；用脉冲变压器实现阻抗匹配，起到了电网与用户系统隔离的目的；选用 40 kHz 的工作频率，变压器体积较小，变压器次级滤波用的扼流圈也可做得较小，减小了整个系统的体积和重量；高频整流部分采用快恢复二极管，以减小整流管反向恢复时间对整流输出电压的影响。

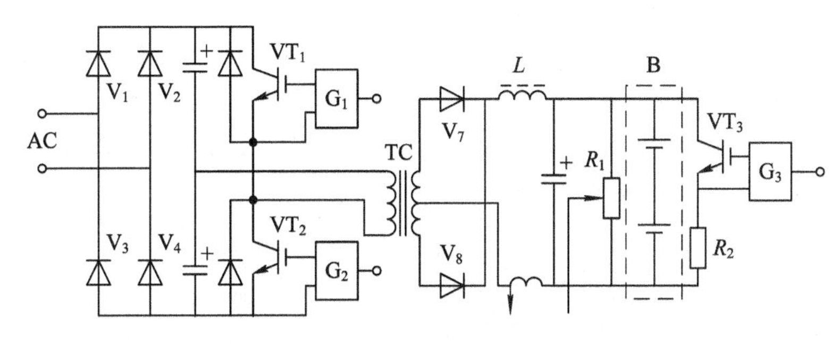

图 8－27　电源工作原理图

2. PWM 控制器电路

PWM 控制器电路的核心采用专用集成芯片 TL494，原理见图 8－28。设计的功能电

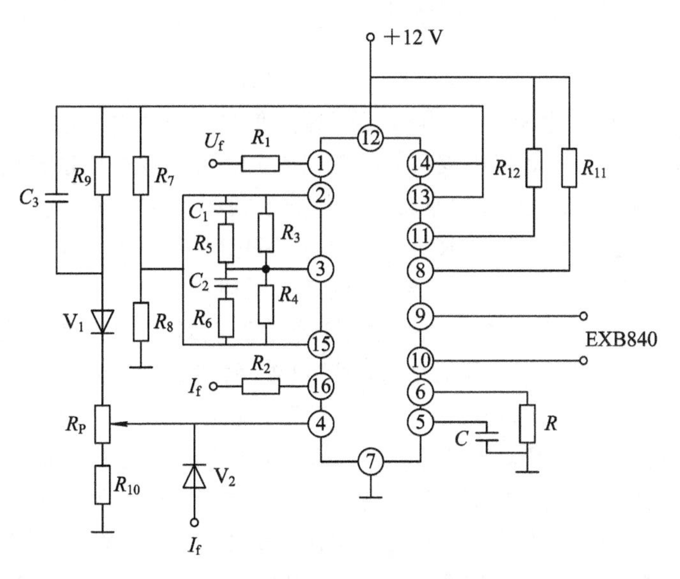

图 8－28　TL494 外围电路

路，不但可以产生 PWM 驱动信号，而且还有多种保护功能。TL494 含有振荡器、误差放大、PWM 比较器及输出级电路等部分。本电路选用开关频率 $f_{OSC}=40$ kHz。

以 EXB840 为核心构成的开关管驱动放大保护电路中，驱动模块 EXB840 的供电电源为+20 V，在模块内部将 20 V 电压变换为+15 V 和−5 V 两种电压，提供给 IGBT 栅、射极导通时所需的正偏电压和关断时所需的负偏电压。TL494 输出的 PWM 脉冲从 9 脚或 10 脚送至 EXB840 的 15 脚。EXB840 驱动模块从 3 脚和 1 脚输出正、负驱动脉冲至 IGBT 的栅、射极之间，开通和关断 IGBT。

8.4.4 监控系统设计

监控电路是以单片机为核心的控制器，具有体积小、重量轻、功率大、智能度高、输出电压可自动调整等特点。监控电路的功能是监控系统高频开关电源的工作状况并进行智能管理，包括电压调整、电池检测、模块限流、故障判断及报警、参数及状态显示等，同时可通过串行口进行远程通信。监控系统硬件框图如图 8－29 所示。控制器可输入 10 个模拟量，包括可采样交流输入电压、输出充电电压、充电电流、电池端电压、电池温度等。通过多路转换电路开关，上述各模拟量传感器变换后送至 CPU 芯片的模/数转换口，由软件控制各通道的通/断控制采样，通过调理获得模拟量数值。利用芯片的输出端产生控制信号，经放大后送至 TL494 电源控制模块控制端，输出 PWM 信号对 IGBT 驱动模块 EXB840 进行控制，达到控制充电电压及充电电流的目的。

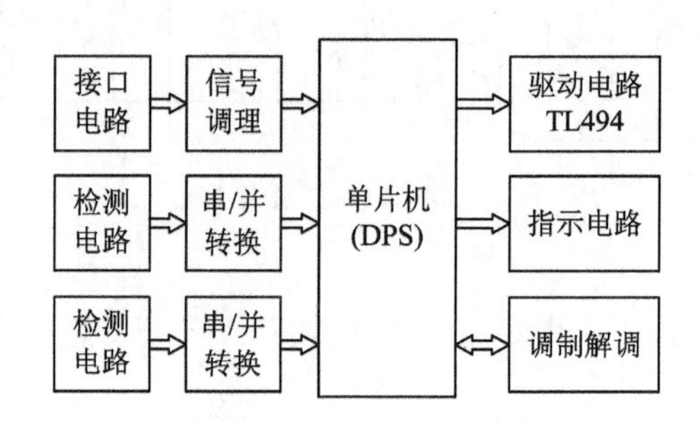

图 8－29 监控系统硬件框图

辅助电路选可编程芯片为接口电路，处理键盘信号、开关输入信号、冷却风扇故障信号以及输出继电器、指示灯和蜂鸣器等，所有输入、输出信号均经过光电隔离，以提高系统抗干扰能力。系统显示部分采用 DMET250D 数字式多参量指示仪表，具有 RS485 数字通信接口，可通过单片机的 TXD、RXD 口，由 MODEM 接入电话网，进行远程通信。

监控系统为适应显示参数较多的要求，软件采用树状分支结构。开机初始化后，显示三个主要的参数值(充电电压、充电电流电压、电池温度)，并对参数数值实时刷新。当需要设置或查看系统有关参数等其他信息时，按“设置”键可进入主菜单选项页面，通过“↑”键和“↓”键移动光标，分别选择电压、电流、温度、充电模式、工作时间等状态，根据要求进行参数设置。按“回车”键确认输入数据，可进入程序运行。运行中依据误差给出控制信号，调整 TL494 的输出，进而控制 IGBT 导通状态，改变输出电压。若设备运行出现故障，则蜂鸣器报警，显示器闪烁发出故障信号，操作人员通过按“故障”键进入故障追踪操作，查找故障内容；故障处理程序将故障内容编号、故障发生时间等保存。为了便于参数调试，专门设计有一子程序用于计算 A/D 转换的系数，通过在线修改这些系数值，使显示的电压、电流值与实际值相符。程序设计采用有效、实用的模块设计方法，模块间相互独立，所用到的辅助单元均有压栈保护。参数修改实际上只是修改对应二进制数转换的 10 个辅助单元中的十进制数值，同时连续显示出来。

通信功能主要利用单片机的串行数据传输口功能来保证远程控制。软件运行时对串行口初始检测，若有数据中断，判断为上位机通信请求，则发出应答信号，然后根据上位机的控制字，先接受数据，将上位机发来的系统设置参数作奇偶校验后传入系统参数设置单元，程序运行后再由软件刷新设定值。发送时，将系统监测的电池电压、充电电流、电池温升等数据向上位机传送。为防止受到干扰，在上位机和单片机之间的通信数据除作奇偶校验外，还规定了若干种限制，以保证通信数据的准确性。

附录A 国家与行业电源标准

电工术语基本术语 GB/T 2900.1—1992

电气图用图形符号 GB 4728.1—1985

电气简图用图形符号 第2部分 符号要求、限定符号和其他常用符号 GB/T 4728.2—1998

电气简图用图形符号 第3部分 导体和连接件 GB/T 4728.3—1998

电气简图用图形符号 第4部分 基本无源元件 GB/T 4728.4—1999

电气简图用图形符号 第5部分 半导体管和电子管 GB/T 4728.5—2000

电气简图用图形符号 第6部分 电能的发生与转换 GB/T 4728.6—2000

电气简图用图形符号 第7部分 开关、控制和保护器 GB/T 4728.7—2000

电气简图用图形符号 第12部分 二进制逻辑元件 GB/T 4728.12—1996

电气简图用图形符号 第5部分 模拟元件 GB/T 4728.13—1996

电气设备用图形符号绘制原则 GB/T 5465.1—1996

电气设备用图形符号 GB/T 5465.2—1996

通信电源设备型号命名方法 YD/T 6383—1998

电工电子设备防触电保护分类 GB/T 12501—1990

通信用电源设备通用试验方法 GB/T 16821—1997

通信用直流/直流变换器检验方法 YD/T 732—1994

电能质量供电电压允许偏差 GB/T 12325—1990

电能质量电压允许波动和闪变 GB/T 12326—1990

电能质量公用电网谐波 GB/T 14549—1993

微波无人值守电源技术要求 YD/T 501—2000

高频开关电源监控单元技术要求和试验方法 YD/T 1104—2001

通信用半导体整流设备 YD/T 576—1992

通信用高频开关整流器 YD/T 731—2002

通信用太阳能供电组合电源 YD/T1073—2000

通信用高频开关组合电源 YD/T 1058—2000

通信用直流/直流变换设备 YD/T 637—1993

通信用直流/直流模块电源 YD/T 733—1994

通信用逆变设备 YD/T777—1999

不间断电源设备 GB/T 7260—1987

信息技术设备用不间断电源通用技术条件 GB/T 14715—1993

通信用交流不间断电源：UPS YD/T 1095—2000

移动通信手持机用锂离子电源及充电器 YD/T 998—1999

传输设备用直流电源分配列柜 YD/T 939—1997

通信用交流稳压器 YD/T 1074—2000

补偿式交流稳压器 JB/T 7620—1994

通信电源设备电磁兼容性限值及测量方法 YD/T 983—1998

附录B　开关电源常用英文标识与缩写

AC INPUT (AC IN)　交流输入

AC INPUT SOCKET　交流输入插座

AC/DC SWITCH　交/直流两用开关

AC LINE FILTER　交流线路滤波器

AC VOLTAGE SELECTOR　交流电压选择器

ADJ (ADJUST)　调整

AC-AC FREQUENCY　交-交变频电路

ACTIVE POWER FILTER(APF)　有源电力滤波器

AMP (AMPUFIER)　放大器

AUDIO　音频

AC-OK SIGNAL　交流电源正常信号

APPARENT POWER　视在功率

BOOST CONVERTER BOOST　变换器，升压斩波器

BUCK CONVERTER BUCK　变换器，降压斩波器

BUCK-BOOST BUCK-BOOST　变换器，升降压斩波电路

BATT (BATTERY)　电池

BAND PASS FILTER　带通滤波器

BAND WIDTH　频带宽度

BLEEDER RESISTOR　泄漏电阻

BREAKDOWN VOLTAGE　击穿电压

BRIDGE CONVERTER　桥式变换器

BRIDGE RECTIFIER　桥式整流器

BURN-IN　老化

CAPACITOR(C)　电容器

CIRCUIT　电路

COM(COMMON)　公共点

CHOPPER CIRCUIT　斩波电路

CIRCULATING CURRENT　环流

COMMUTATION　换流，换相

CONDUCTION ANGLE　导通角

CONSTANT VOLTAGE CONSTANT FREQUENCY(CVCF)　恒压恒频电源

CONTROL　控制

CONTROLER　控制器

CONSTANT VOLTAGE　恒定电压

CONVERTOR　转换器，变换器

CURRENT　电流

CURRENT LIMIT　限流

CENTER TAP　中心抽头

COMMON MODE NOISE　共模噪声

CONVERTER　变换器

CREST FACTOR　波峰因数

CROSS REGULATION　交叉调制

CURRENT MODE　电流型

CURRENT MONITOR　电流监控器

DC(DIRECT CURRENT)　直流电

DC AMP(DC AMPLIFIER)　直流放大器

DETECTOR　检测(波)器

DC-AC-DC CONVERTER　直-交-直电路

DC-DC CONVERTER　直流-直流变换器

DEVICE COMMUTATION　器件换流

DIRECT CURRENT CONTROL　直接电流控制

DRIVE　驱动

DC-OK SIGNAL　直流电源正常信号

DEFERENTIAL MODE NOISE　差模噪声

DROPOUT　跌落电压

DYNAMIC LOAD　电源动态负载

ELECTRICAL ISOLATION　电气隔离

ERROR AMP　误差放大

ELECTRONIC LOAD　电子负载

EVER＋12V　常规 12 伏

EXT　外接

FAST RRCOVERY DIODE(FRD)　快恢复二极管

FAST SWITCHING THYRISTOR(FST)　快速晶闸管

FIELD EFFECT TRANSISTOR(FET)　场效应晶闸管

FILTER　滤波器

FORWARD CONVERTER　正激变换器

FULL-BRIDGE CIRCUIT　全桥电路

FULL-BRIDGE RECTIFIER　全桥整流电路

FULL-WAVE RECTIFIER　全波整流电路

HV(HIGH VOLTAGE)　高压

HIGH-PASS FILTER　高通滤波器

HARD SWITCH　硬开关

HALF BRIDGE　半桥

HAVERSINE　叠加正弦波

HOLDUP CAPACITOR　保持电容器

HOLDUP TIME　保持时间

HOT SWAP　带电插拔

IC (INTEGRATED CIRCUIT)　集成电路

IN (INPUT)　输入

IND (INDICATOR)　指示器

INRUSH CURRENT　输入浪涌电流

LATCH　锁存

LOW - PASS FILTER (LPF)　低通滤波器
LINE REGULATION　电源电压调整率
LOW LINE　最低电源电压
MAIN BOARD　主印制电路板
MAINS　主电路
VOLTAGE SELECTER　电压选择器
MEASURING POINT　测试点
MOTOR　电机
NON SW　非开关(电压)
OCP　过流保护
ON/OFF　开/关
OPERATING POINT　工作点
OPERATOR　按键，操作开关
OSC (OSCILLATOR)　振荡器
OUT　输出
OVP　过压保护
OFF LINE　离线
OVERSHOOT　过冲
ORING DIODE　或二极管
OUTPUT POWER RATING　额定输出功率
PCB　印制电路板
INDICATING LAMP　信号灯，指示灯
POTENTIOMETER　电位器
POWER INDICATOR　电源指示
POWER SW　电源开关
POWER TRANSFORMER　电源变压器
POWER OUTPUT　功率输出
POWER SUPPLY　电源(供给)
POWER ON/OFF　电源通/断
PULSE CLIP　脉冲限幅
PRIMARY SIDE　初级(线圈)
PARALLEL BOOST　并联扩流
PARALLEL OPERATION　并联工作
POST REGULATOR　二次稳压
PULSE WIDTH MODULATION(PWM)　脉冲宽度调制
PUSH - PULL CIRCUIT　推挽电路
PWM RECTIFIER　PWM 整流器
RRCTIFICATION　整流
RECTIFIER DIODE　整流二极管
RESONANCE　谐振
RATED POWER OUTPUT　额定输出功率
REFERENCE VOLTAGE　基准电压
REGULATOR　稳压器

REGULATION　调整率

REFLECTED CURRENT　反射电流

REVERSE PROTECTION　反接保护

SW　开关

SWR　开关稳压电源

SECONDARY SIDE　次级(线圈)

SERVO　伺服

SHOWER　指示器

SHUT OFF　关断

TRANSFORMER　变压器

TRANSISTOR　晶体三极管

TRIGGER　触发(器)

TSP　过热保护

START　启动(电路)

STANDARD VOLTAGE　基准电压

SOFT SWITCH　软开关

TERMINAL　终端

TIMING STANDBY SWITCH　定时开关

TOPOLOGY　拓扑结构

UNREG　非稳压

UNIVERSAL INPUT　通用交流输入电压

VIDIO　视频

VOLT(V)　伏(特)

VOLTAGE　电压

VOLTAGE SELECTOR　电压选择器

VOLTAGE MODE　电压型

WAVEFORM　波形

CAPACITOR　电容器

ZVT　零电压过渡

ZCT　零电流过渡

ZVS　零电压开关

ZCS　零电流开关

参考文献

[1] 林谓勋. 现代电力电子技术[M]. 北京：机械工业出版社，2006.
[2] 王兆安，黄俊. 电力电子技术[M]. 4版. 北京：机械工业出版社，2006.
[3] 陈坚. 电力电子学：电力电子变换和控制技术[M]. 2版. 北京：高等教育出版社，2007.
[4] 张占松，蔡宣三. 开关电源的原理与设计[M]. 北京：电子工业出版社，2004.
[5] 陈国呈. PWM变频调速及软开关电力变换技术[M]. 北京：机械工业出版社，2003.
[6] 刘胜利. 现代高频电源实用技术[M]. 北京：电子工业出版社，2001.
[7] 周志敏，周纪海，纪爱华. 模块化DC/DC实用电路[M]. 北京：电子工业出版社，2007.
[8] 刘凤君. 现代逆变技术及应用[M]. 北京：电子工业出版社，2006.
[9] 徐德鸿. 电力电子系统建模及控制[M]. 北京：机械工业出版社，2006.
[10] Marty Brown. 开关电源设计指南[M]. 徐德鸿，译. 北京：机械工业出版社，2008.
[11] 杨玉岗. 现代电力电子的磁技术[M]. 北京：科学出版社，2003.
[12] 沙占友. 新型特种集成电源及应用[M]. 北京：人民邮电出版社，2003.